Agujeros negros: ciencia, historia y mito

David Blanco Laserna

AGUJEROS NEGROS: CIENCIA, HISTORIA Y MITO

De la relatividad de Einstein a la
ficción de *Interstellar*

© Editorial Pinolia, S. L., 2026
© David Blanco Laserna, 2026

www.editorialpinolia.es
info@editorialpinolia.es

Colección: Divulgación científica
Primera edición: febrero de 2026

Depósito legal: M-27053-2025
ISBN: 979-13-87556-93-8

Diseño y maquetación: Sofía Soltero
Diseño de cubierta: Óscar Álvarez
Impresión y encuadernación: Liberdúplex, S.L.

Printed in Spain - Impreso en España

Para Malen

ÍNDICE

1

ESTRELLAS INVISIBLES, ESTRELLAS OSCURAS

En el mundo físico, todo se manifiesta a través
del mundo de la ficción y de la imaginación.

Alan Moore

Como casi todas las ideas que seducen la imaginación humana, los agujeros negros ofrecen una singular combinación de mito y prosaica realidad. Aunque en su caso hay que reconocer que, hasta lo más prosaico que se pueda decir de ellos, desprende cierto sentido de la maravilla. En definitiva, lo más sorprendente de los agujeros negros acaba siendo que realmente existan. Son soberanos de las regiones más enigmáticas del universo, en las que cualquiera está invitado a entrar, pero de las que nadie puede salir. Qué sucede en la trastienda de un agujero negro será siempre objeto de especulaciones, porque el viajero que alcance a descubrir el misterio nunca regresará para contarlo. La única sonda segura para explorar sus profundidades son unas matemáticas particularmente crípticas, en cuya oscura complejidad se han perdido las mentes más brillantes. Además de guardar secretos inexpugnables, los agujeros negros ofrecen gratis los servicios de una máquina del tiempo. Una máquina, eso sí, capaz de atraparte y destruirte. Si quieres viajar al futuro, solo tienes que acercarte hasta la frontera invisible que protege un agujero negro. Eso sí, pon todo tu cuidado en no traspasarla.

Ante la desvergonzada inverosimilitud que exhiben los agujeros negros, el escepticismo científico ha seguido la máxima de Carl Sagan: «Afirmaciones extraordinarias demandan una evidencia extraordinaria». Los físicos y los astrónomos han exigido un sinfín de pruebas y han tenido que recorrer un largo camino antes de convencerse de su existencia. Como veremos, parte de esas reticencias procedían del sentido común y, por tanto, de los prejuicios. Los agujeros negros ofrecen un ejemplo notable de lo difícil que resulta concebir fenómenos ajenos por completo a nuestra experiencia cotidiana. En el esfuerzo, no ya de comprenderlos sino de imaginarlos, de aproximarse tentativamente a ellos a través de una imagen o incluso de asignarles un nombre, los científicos han echado mano de la cultura. En la literatura, el arte o la filosofía han buscado referencias, antecedentes, analogías, correspondencias, metáforas, sentido. De esta manera, los agujeros negros han propiciado un peculiar cortejo entre ciencia y cultura, casi tan elaborado como el de las aves del paraíso, en el que tan pronto una y otra se buscan como se esquivan, tan pronto se miran de frente como se dan la espalda con un quiebro y se evitan.

Esta es una historia de historias, de nociones culturales que han interferido o ayudado a definir un concepto científico elusivo, pero también de la sombra proyectada por una nueva idea física en la cultura. Este libro se sitúa así en un cruce de caminos, donde florecen los frutos de imaginaciones muy diversas, científicas y matemáticas, pero también literarias y artísticas.

¿Y por dónde empezar? En el fondo, un momento resulta casi tan bueno como cualquier otro, así que pongamos que nuestra historia arranca una sofocante noche de verano, el 20 de junio de 1756, en la ciudad de Calcuta. En esta escena de presentación no encontraremos a ningún científico en su despacho, con la mirada perdida en una pizarra cubierta de ecuaciones, ensimismado, mientras trata de alumbrar una revolucionaria teoría de la gravedad. Tampoco aparecen en ella astrónomos ni telescopios. No la protagonizan galaxias, cielos ni estrellas. La escena tiene lugar en un ámbito muy alejado de la abstracción de la física. Se desarrolla casi a ras de suelo, pegada a lo más mundano, a la guerra, a la venganza, a la codicia, a la muerte. Estos ingredientes dieron forma a un relato sobrecogedor, con un punto macabro, que se transmitiría de boca en boca, de una generación a la siguiente, en una carrera de relevos que iniciarían los ingleses del siglo XVIII y que terminaría por propagarse a toda la esfera de la cultura anglosajona. En particular, se instaló en la memoria de un físico estadounidense, que se inspiraría en ella en la década de 1960 para bautizar con el nombre de «agujero negro» una idea enigmática y polémica, rechazada por Albert Einstein y vindicada por Robert Oppenheimer, una idea que llevaba décadas vagando como un paria por las páginas de las revistas especializadas, a la búsqueda de su nombre definitivo.

El agujero negro de Calcuta

Antes de que os conduzca al interior del Agujero Negro, es necesario que os familiaricéis con algunas circunstancias.

John Zephaniah Holwell

Allí donde concurren los intereses políticos y comerciales se levantan grandes metrópolis. Desde tiempo inmemorial, la desembocadura del río Hugli, al norte de la bahía de Bengala, ofreció a los mercaderes una ubicación ideal para el comercio, y a los militares, una plaza fácil de defender. Ventajas que fueron dando forma a Calcuta, la ciudad de los palacios, motejada por algunos como ciudad de la alegría y, por otros, como ciudad de la tristeza, suma de contradicciones, fuente de riqueza y sima sin fondo de miseria, centro cultural de la India, sede de la capital del futuro Raj y uno de sus principales puertos comerciales. Tras desplegar sobre la mesa el mapa de Asia meridional, la Compañía Británica de las Indias Orientales albergó pocas dudas a la hora de elegir Calcuta para cerrar su línea de asentamientos, que arrancaba en Bombay y recorría de manera intermitente toda la costa india. Si el propósito inicial de los ingleses había sido ganar dinero a espuertas con el comercio del algodón, de la seda, el té, las especias o el tinte de índigo, sin entrometerse demasiado en la política local, esa declaración de buenas intenciones, como tantas otras, se fue malogrando con el paso del tiempo. La creciente inestabilidad de la dinastía mogol ofrecía demasiadas tentaciones al afán de lucro, no solo de la Corona inglesa, sino también de otras potencias europeas, como Holanda, Portugal, Francia y Dinamarca.

La semilla de la discordia se había plantado antes de la llegada de los occidentales. El poder de los mogoles había ido menguando en la misma medida que aumentaba la autonomía de los nababs, príncipes o gobernantes provinciales. Autonomía que muchas veces aprovechaban los nababs para tratar directamente con los europeos, que ansiaban concesiones comerciales o territoriales cada vez más ventajosas. Con todo, la sombra creciente de la intromisión británica no era bien vista por todos los representantes del poder en la India. A finales del siglo XVII la Corona británica había concedido a la Compañía de Indias permiso para armar un ejército, acuñar moneda, adquirir y administrar territorios, concesiones que la compañía había explotado a conciencia. La construcción del fuerte William, con el propósito de proteger el asentamiento comercial de Calcuta de revueltas locales e incursiones extranjeras, había supuesto un hito más en esta progresiva y silenciosa colonización. A pesar de que las autoridades indias caían una y otra vez en la tentación de los beneficios inmediatos, eran muy conscientes de las consecuencias que traerían a largo plazo sus cesiones. Habían abierto su casa a los europeos para celebrar una fiesta de final incierto. Cada hora que pasaba, los invitados les compraban más habitaciones, que acto seguido cargaban de cerrojos y hombres armados.

A mediados del siglo XVIII, el joven nabab de Bengala, Siraj ud-Daulah, observaba con creciente inquietud cómo se intensificaban las hostilidades entre ingleses y franceses, empeñados en transformar sus puestos comerciales en la India en bastiones militares. La confrontación alcanzó su cenit tras el estallido en Europa de la guerra de los Siete Años. Los británicos se abatieron entonces sobre el asentamiento de la Compañía Francesa de las Indias Orientales en la ciudad de Chandernagor, cerca de Calcuta, que contaba con la protección del

Fuerte de Orleans, del que no dejaron piedra sobre piedra. Esta escalada militar convirtió la inquietud de Siraj en alarma e hizo que exigiera a Roger Drake, gobernador británico de Calcuta, que detuviera de inmediato la construcción de nuevas fortificaciones en la futura capital de Bengala. El gobernador hizo oídos sordos a sus requerimientos y las fichas de dominó empezaron a caer una sobre otra, precipitando los acontecimientos.

Llegada del nabab ante la posición de Clive, grabado de Richard Caton Woodville. Fuente: *Illustrated London News,* 1893.

El 16 de junio de 1756, Siraj ud-Daulah marchó sobre Calcuta al mando de un ejército de cincuenta mil hombres, adornado con quinientos elefantes y cincuenta cañones. Este vistoso despliegue consiguió captar por fin la atención de Roger Drake. El gobernador pasó de ignorar desdeñosamente al nabab a huir hacia los barcos ingleses fondeados en el puerto, acompañado de gran parte de su personal y de otros residentes extranjeros. En el fuerte William solo quedaron unas doscientas personas, al mando de un civil, John Zephaniah Holwell, al que encomendaron la ingrata misión de alargar la resistencia el tiempo necesario para que el gobernador pudiera ponerse a salvo.

En el momento del incidente, Holwell, cirujano de formación, trabajaba para la Compañía de las Indias como recaudador de impuestos. A diferencia de otros europeos, que transitarían por tierras extranjeras como los turistas amantes de los Starbucks, Holwell había abierto bien los ojos y los oídos, y había dejado que la cultura india le entrara por todos los poros. De origen irlandés, sus creencias católicas se impregnaron de hinduismo y llegó a convencerse de que en los Vedas o los Upanishads residía la clave para descifrar el verdadero significado de la Biblia. Seguramente fue su adhesión a la metempsicosis la que lo convirtió en un ferviente defensor de los derechos de los animales y del vegetarianismo. Holwell también ocupa un discreto lugar dentro de la historia de la medicina occidental por sus descripciones de la inoculación de viruela o variolización que había observado practicar en Bengala. Esta técnica, muy extendida en el Oriente Medio y Próximo de la época, ya había llegado a oídos de los europeos, a través, por ejemplo, de las crónicas de Mary Montagu, que tuvo oportunidad de familiarizarse con ella en Turquía. La variolización se puede describir como una variante un tanto agreste y primitiva de la vacunación. Consiste en exponer el organismo, en lugar de a variedades más débiles o amables de la viruela, a la versión sin descafeinar del virus. El procedimiento funciona porque el virus se introduce a través de un pequeño corte en la piel, de modo que la infección se extiende mucho menos que si lo hiciera a través de las vías respiratorias.

Al margen de su curiosidad médica, o de sus inquietudes espirituales o nutricionales, Holwell no disponía de los recursos ni del genio militar necesarios para hacer frente al ejército del nabab. Por mucho celo que hubieran desplegado los ingleses a la hora de fortificar Calcuta, poco podían hacer doscientos hombres frente a cincuenta mil. Los propios asediados no tuvieron dificultades para llegar a la misma conclusión y pronto se multiplicaron las deserciones. No solo de los cipayos o de los mercenarios holandeses, que a fin de cuentas se estaban jugando la vida en un conflicto que les traía al pairo, sino también de los propios británicos. Para rematar la situación, los gusanos del fuerte, sin corresponder al amor de Holwell hacia los animales, tuvieron a bien comerse gran parte de las municiones. Las que no se comieron tampoco sirvieron de mucho, ya que la humedad había arruinado casi por completo la pólvora que almacenaban. En un ejercicio de pundonor, el fuerte William resistió cuatro días al asedio y el 20 de junio los británicos izaron la bandera blanca.

Una versión de lo que sucedió después de que las tropas de Siraj ud-Daulah entraran en el fuerte puede encontrarse en un librito de apenas medio centenar de páginas. Su título interminable, *spoilers* incluidos, era muy del gusto de la época: «Un relato verídico de las muertes deplorables de los caballeros ingleses, y de otros, que se asfixiaron en el Agujero Negro del fuerte William, en Calcuta, en el reino de Bengala, en la noche que siguió al día 20 de junio de 1756, contado en una carta a un amigo». El agujero negro al que se refiere aquí Holwell no estaba situado en el centro de la Vía Láctea ni era un portal interdimensional abierto por algún brahmán. Era el nombre con el que se conocía una pequeña celda del fuerte en la que las autoridades británicas confinaban a los condenados por delitos menores.

Según Holwell, Siraj ud-Daulah le dio su palabra de soldado de que no se infligiría ningún castigo a los prisioneros que se habían rendido. Sin embargo, la protección del nabab se fue debilitando a medida que sus instrucciones iban pasando de eslabón en eslabón a lo largo de la cadena de mando, hasta llegar a los soldados de más bajo rango, aquellos que precisamente habían sufrido más bajas durante el asedio. Holwell los encontraría más dispuestos a la venganza que a respetar las condiciones de la capitulación. En cuanto anocheció, los soldados indios condujeron a los ingleses hasta una celda angosta, pensada para albergar solo a dos o tres prisioneros, el famoso agujero negro, y los obligaron a entrar en él a punta de mosquete o de cimitarra. Holwell llegó a contar 146 prisioneros. La mayoría desconocía las verdaderas dimensiones del espacio donde iban a ser confinados: cinco metros y medio de largo por cuatro metros y medio de ancho. La celda disponía de dos pequeñas ventanas con gruesos barrotes que no facilitaban la circulación del aire. Holwell, uno de los primeros en entrar, se apostó en una de ellas, decisión que salvó su vida. Cuando la puerta —que se abría hacia dentro—, quedó atrancada, los relojes de Bengala marcaban las ocho. En el exterior, la ciudad se rendía a una noche sofocante de junio. Para empeorar la situación, el fuego declarado durante el asedio seguía consumiendo el fuerte, aumentando considerablemente la temperatura.

Muchos prisioneros se hallaban malheridos o habían quedado exhaustos tras el combate. Si damos crédito a las cuentas que hizo Holwell, en la celda cada individuo disponía del espacio justo para permanecer de pie: un exiguo cuadrado de unos cuarenta centímetros de lado. La mayoría fue víctima de la deshidratación, el hacinamiento y la asfixia. Los carceleros se mostraron insensibles ante las peticiones de socorro y los intentos de soborno. Unos, por crueldad o animadversión hacia los ingleses. Otros, por miedo a sufrir las iras del nabab si acudían a despertarlo en mitad de la noche para consultarle un posible cambio de ubicación de los prisioneros. Algunos guardias entregaron sombreros llenos de agua a los ingleses, a los que veían atormentados por la sed, no por compasión, sino para provocar peleas entre ellos y disfrutar viendo cómo derramaban el agua. Los cautivos permanecieron encerrados en el agujero negro diez horas interminables, hasta que el nabab se levantó y fue informado de la situación. Para entonces ya habían muerto más de cien prisioneros, cuyos cadáveres se amontonaban en la celda, aplastando a los escasos supervivientes. Según la versión de Holwell, 146 personas entraron en la celda y solo salieron vivos de ella veintitrés.

Ocho meses después de entregar el fuerte William al ejército del nabab, Holwell fue liberado y enviado de vuelta a Inglaterra a bordo del balandro Syren. Durante el viaje, el recuerdo de la masa compacta de compañeros agonizantes, cuyas vidas se iban apagando a su alrededor a medida que pasaban las horas de una noche eterna, bajo un calor abrasador, sin apenas aire, lo atormentaba. Para conjurar las imágenes espantosas que rondaban su cabeza sin descanso, perdía la vista en el horizonte, sentado en la cubierta del barco, tratando de sentirse presente en un espacio que representaba todo lo opuesto al agujero negro de Calcuta. Ante sus ojos se desplegaba una extensión de agua ilimitada, sin muros ni barrotes, donde el aire circulaba sin más impedimentos que las velas del Syren. La travesía resultó de una placidez desacostumbrada y, poco a poco, Holwell fue saliendo de su estupor. Mientras cruzaban la línea del Ecuador, tomó la determinación de dar a conocer su experiencia al mundo.

Sin duda, Holwell fue un testigo nada imparcial de los acontecimientos. Su versión de lo sucedido desató un tsunami de indignación en Gran Bretaña. Algunos utilizaron la historia como arma de propaganda política para inflamar los ardores patrióticos y dar rienda suelta a todas las ambiciones de depredación territorial de la Compañía de Indias. Las represalias que se tomaron los británicos a continuación fueron el horno en el que se cocieron los primeros ladrillos que cimentarían el Raj. Un año después de que Siraj ud-Daulah entrara en Calcuta con sus elefantes, los ingleses habían recuperado el control de la ciudad. Una cenagosa sucesión de cálculos e intrigas acabaría con el nabab ejecutado y con su cuerpo arrojado al río. Quince años después, Calcuta se había convertido en la capital de la India británica, con un gobierno asentado en el mismo fuerte donde había sufrido la mayor de las humillaciones. Sea como fuere, con el paso del tiempo, los historiadores han matizado las cuentas de Holwell, rebajándolas hasta unos sesenta y cuatro prisioneros, cifras que vuelven el relato más creíble, aunque apenas suavizan sus aspectos más truculentos.

La historia del encierro inhumano de un centenar de prisioneros ingleses en una celda angosta y mal ventilada produjo un impacto extraordinario en la cultura popular anglosajona. De hecho, todavía se puede encontrar en algunos diccionarios la expresión proverbial «agujero negro de Calcuta» con el significado de «habitación calurosa, desagradablemente llena de gente». Puede aplicarse a cualquier espacio de hacinamiento, como un vagón de metro en hora punta. En cuanto a la historia en sí, alimentó la imaginación de numerosos escritores. La vemos asomar, por ejemplo, en *Las minas del rey Salomón*, de Henry Rider Haggard, en *El entierro prematuro*, de Edgar Allan Poe, o en la obra de autores tan dispares como Mark Twain, Patrick O'Brian, Thomas Pynchon o Stephen King. Sin necesidad de abrir un libro, muchos británicos y estadounidenses escucharon la expresión en infinidad de programas de televisión, desde los años cincuenta en adelante, o en películas como *La familia Addams* de Barry Sonnenfeld.

De esta permanencia en la memoria colectiva puede dar fe uno de los físicos más notables del siglo XX que, por los caprichos del destino, vino a convertirse en un perfecto desconocido para el gran público: el estadounidense Robert Dicke.

EL ARTE DE NOMBRAR LO QUE NO TIENE NOMBRE

[...] pero resulta más fácil imaginar que describir la atmósfera de aquella tumba improvisada. Si se compara con ella, el Agujero Negro de Calcuta debió de ser una tontería; de hecho, todavía no sé cómo logramos sobrevivir a las horas del día.

Henry Rider Haggard,
Las minas del rey Salomón

ROBERT Henry Dicke se quedó a las puertas de la gloria y de pasar a la historia como autor de uno de los hitos científicos más importantes del siglo XX: el descubrimiento de la radiación de fondo del Big Bang. Dicke tuvo un vislumbre de este episodio legendario, que habría tenido lugar casi al comienzo del universo, cuando su expansión bajó la temperatura lo suficiente para que los primeros átomos coalescieran. Esta forja de átomos primigenios acabaría desprendiendo una ingente cantidad de luz, en una especie de fogonazo primordial, integrado por partículas de luz, o fotones, que se liberarían para iniciar un largo viaje sin retorno. Dicke aplicó leyes físicas y matemáticas para definir mejor este acontecimiento dictado por su imaginación y llegó a la conclusión de que, de haberse producido, algunos fotones peregrinos serían absorbidos tarde o temprano por la materia que se cruzara en su camino: nubes de gas o de polvo, estrellas, la superficie de un planeta, ¿la antena de un radiotelescopio?... La mayoría de los fotones, sin embargo, no tropezaría con ningún obstáculo y continuaría su alegre vagabundeo por el universo durante miles de millones de años.

De acuerdo con sus cálculos, esas partículas luminosas integrarían una radiación electromagnética uniforme que permearía todo el espacio, aquí, en la galaxia Andrómeda y en el más remoto confín del universo. Conformarían una especie de ruido de fondo que se podría detectar con la antena adecuada. Pero aquí el adjetivo «adecuada» tenía su intríngulis, porque el volumen de ese ruido era bajísimo. Se trataba de una radiación de microondas muy débil, que durante mucho tiempo desafió la sensibilidad del instrumental científico. Así estaban las cosas cuando Hitler decidió invadir Polonia.

La Segunda Guerra Mundial dio un impulso extraordinario a la tecnología de detección de ondas electromagnéticas. Hay que tener en cuenta que todos los cuerpos, aun los más furtivos y sigilosos, desprenden radiación electromagnética, es decir, ondas de luz, aunque el ojo humano no alcance a percibirla. Los militares sentían un interés comprensible por detectar esta radiación, sobre todo cuando la generaban vehículos militares, porque al analizarla se podía determinar la posición y velocidad de la fuente. En otras palabras, con un buen radar podías ubicar y poner de manifiesto la presencia de aviones, tanques o misiles. El ejército invirtió ingentes cantidades de dinero y recursos en el desarrollo de esta nueva tecnología. Firmada la paz, pudo aplicarse al estudio de fuentes de radiación menos beligerantes. Objetos estelares, por ejemplo, dando nacimiento a todo un nuevo campo de la ciencia, la radioastronomía.

Durante la guerra, Dicke había trabajado en el Laboratorio de Radiación del Instituto Tecnológico de Massachusetts (MIT) y allí había inventado un radiómetro —un instrumento capaz de medir la intensidad de la radiación— extremadamente sensible a las microondas, que terminaría por convertirse en un componente habitual de los radiotelescopios de medio mundo. El talento físico de Dicke se desenvolvía con envidiable soltura tanto en el terreno teórico como en el experimental. No solo era capaz de elaborar conjeturas sobre el origen del universo, sino también de construir los aparatos necesarios para verificarlas. Con la ayuda de dos jóvenes investigadores, Peter Roll y David Wilkinson, se aprestó a la caza de la esquiva radiación de fondo. Desmintiendo la sentencia bíblica de que quien busca encuentra, la caprichosa providencia entregó la señal de microondas no a Dicke,

Retrato de Robert Dicke. Fuente: AIP Emilio Segre
Visual Archives, Physics Today Collection.

que la estaba buscando con tanto ahínco, sino a dos radioastróno-
mos de los Laboratorios Bell que estaban haciendo todo lo posible
por librarse de ella. Robert Wilson y Arno Penzias llevaban un año
intentando eliminar un molesto ruido de fondo en una antena de
bocina diseñada precisamente para detectar microondas. La dichosa
antena crepitaba a cualquier hora, en primavera y en otoño, registrando una señal sorda que procedía de todos los puntos de la esfera
celeste. Wilson y Penzias se habían vuelto locos intentando deshacerse de aquel fastidioso ruido. Lo habían probado todo, hasta atrapar las palomas que habían anidado en el plato de la antena y rascar
meticulosamente sus excrementos. Descartaron que las microondas
procedieran de los componentes del dispositivo receptor, de la bulli-
ciosa actividad de la ciudad de Nueva York, de una prueba nuclear
en el Pacífico, de cualquier punto de la Tierra, de la atmósfera, de
los cinturones de Van Allen, del sistema solar o de la Vía Láctea.
¿Qué ubicua fuente extragaláctica asediaba su antena día y noche
desde los cuatro puntos cardinales? Al conocer el trabajo teórico del
grupo de Dicke, se dieron cuenta de que nunca lograrían eliminar
la interferencia. Estaban sintonizando nada más y nada menos que
la emisión de radio más antigua del universo: los fotones peregrinos

producidos en la forja de los primeros átomos. Después de recibir la llamada de Penzias, Dicke transmitió la mala noticia a sus ayudantes: «Nos han pisado la exclusiva». Para más inri, la antena de Penzias y Wilson había detectado la radiación de fondo gracias a un radiómetro que incorporaba la tecnología desarrollada por Dicke.

Dicke había pasado a interesarse por la cosmología y el estudio de la relatividad general en un momento clave —entre mediados de la década de 1950 y mediados de la década de 1960—, en el que resultaba inevitable que los agujeros negros se cruzaran en su camino. Al igual que muchos otros estadounidenses, Dicke conocía desde niño la trágica historia del agujero negro de Calcuta: un espacio asfixiante, de extraordinaria densidad humana, que conducía a un metafórico colapso. De hecho, había convertido la expresión en una broma privada. Cada vez que algo se perdía en su casa, un calcetín, un reloj, una pinza de la ropa, un juguete de sus hijos, exclamaba: «¡Ah, se lo ha debido de tragar el agujero negro de Calcuta!». Fuera de casa, comenzó a utilizar la expresión para referirse al fenómeno físico de moda, que traía de cabeza a astrónomos y teóricos relativistas, tanto en las conferencias y cursos que impartía como en las conversaciones informales con sus colegas. Entre ellos figuraba su compañero de la Universidad de Princeton, John Wheeler. Wheeler, uno de los grandes popes de la física estadounidense de la época, sería el principal responsable de la difusión y aceptación del término «agujero negro».

Así, a consecuencia de una serie de escaramuzas coloniales en la India del siglo XVIII, un enigmático fenómeno astrofísico acabó recibiendo el nombre de «agujero negro». A partir de 1756, la locución ya se había instalado en el imaginario colectivo de la comunidad angloparlante con un significado muy particular que, por supuesto, no encerraba ninguna connotación científica, pero la semilla ya estaba plantada. Permanecería casi doscientos años en estado latente, a la espera de que se dieran las condiciones favorables para germinar. Antes de la entrada de Dicke y de Wheeler en el campo de la astrofísica relativista, la muerte de una estrella por implosión gravitatoria había recibido toda suerte de denominaciones tentativas sin que ninguna de ellas llegase a calar. Durante un tiempo, como veremos, fueron «estrellas oscuras», «estrellas congeladas» —designación muy del gusto de los científicos soviéticos— o «estrellas colapsadas», como preferían denominarlas al otro lado del telón de acero, o también «singularidades de Schwarzschild», como las llamaba Einstein.

Ninguna de estas fórmulas suscitaba demasiado entusiasmo y conocieron una vida efímera. También resulta justo reconocer que, antes de imponerse, el nombre de agujero negro encontró sus resistencias, más que nada debido a que para algunos oídos suspicaces la polisemia de la palabra «agujero» conducía a la imaginación por caminos escabrosos cuando se asociaba con un adjetivo que lo oscurecía por completo. Entre los detractores de la expresión de Dicke figuraban científicos nada remilgados, como Richard Feynman. La denominación de agujero negro encontró una particular oposición por parte de un grupo de irreductibles físicos galos, ya que la expresión *trou noir* era de uso común en Francia con un significado obsceno. Quizá fuera la influencia francesa la que motivó que, a finales de la década de 1970, la brigada antivicio de la ciudad canadiense de Winnipeg hiciera una redada en un videoclub para incautarse de todas las copias

Arno Penzias y Robert Woodrow Wilson en la antena de bocina situada en las instalaciones de los Laboratorios Bell en Holmdel, Nueva Jersey. Es la antena con la que detectaron la radiación de fondo de microondas. Fuente: NASA on The Commons.

de la película de ciencia ficción de Gary Nelson *El agujero negro*, bajo la sospecha de que ofrecía un escandaloso catálogo de obscenidades. Pocas veces una película producida por Walt Disney ha merecido tales honores.

Al margen del nombre, ¿podemos reconocer otros elementos de la particular mitología de los agujeros negros deambulando por el inconsciente colectivo, sumidos en esa poderosa corriente que es la cultura popular, mucho antes de que se manifestaran en las ecuaciones de la física? No resulta aventurado responder en sentido afirmativo. Los agujeros negros evocan nociones e imágenes poderosas de las que podemos encontrar ecos en el folclore, el arte o la literatura mucho antes de que su concepción científica cuajara y adoptara una forma precisa. La ciencia ficción ha popularizado su uso potencial como máquinas para viajar en el tiempo y, de manera más inapropiada e inexacta, como portales para trasladarnos a otros universos, pero estas prerrogativas no les fueron concedidas hasta la llegada de la teoría de la relatividad de Einstein, que asoció la presencia de gravedad con distorsiones en el espacio y el tiempo.

Quizá el rasgo más provocador de los agujeros negros nos remita de nuevo a Calcuta y al relato de Holwell, a la sugerencia de una prisión inexpugnable. Los agujeros negros levantan en torno a su centro una barrera invisible, que cualquiera puede cruzar para entrar, pero que nada ni nadie puede franquear para salir. Para enfatizar el alcance de esa prohibición, se suele añadir la coletilla de que «ni siquiera la luz», el escapista más veloz del universo, puede evadirse de ellos. Este poder en apariencia sobrenatural no se ejerce de manera pasiva, como la araña que tiende su trampa enterrándose en la arena. A través de la ficción, los agujeros negros han ganado fama de voraces sumideros interestelares que todo lo tragan. Se trata de una fama injustificada, ya que orbitar en torno a un agujero negro resulta tan peligroso como merodear alrededor de una estrella cualquiera. Siempre y cuando, claro está, uno sepa guardar las debidas distancias. Este supuesto poder destructivo y succionador ha emparentado a los agujeros negros con los tornados. Así, su representación prototípica en las series y películas anteriores a *Interstellar* —desde *Star Trek* hasta la película de Walt Disney que disparó las alarmas de la brigada antivicio

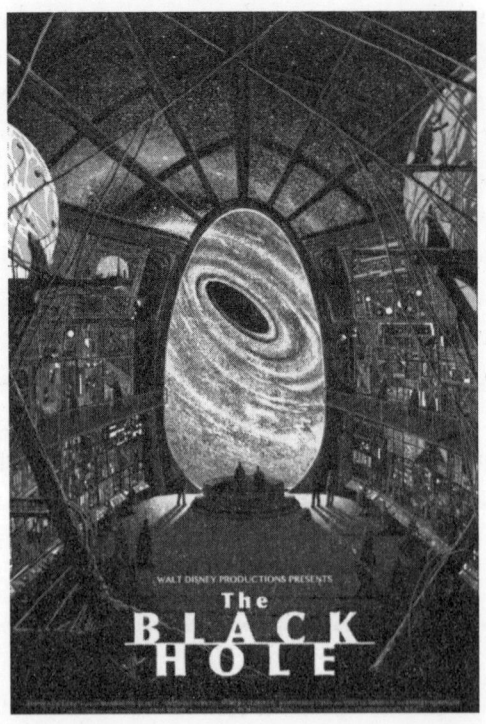

Cartel para la película *The Black Hole* de 1979, dirigida por
Gary Nelson. Realizado por el diseñador Kilian Eng para la
exposición de 2014 «Nothing's Impossible» celebrada durante
el Annual South by Southwest Festival. Fuente: Disney.

de Winnipeg— ha sido un colosal remolino flotando en el espacio,
formado no se sabe muy bien a partir de qué sustancia.

Antes de que la fantasía humana poblara los vastos espacios interestelares de sumideros voraces, había hecho lo propio con los océanos. En parte, el espacio vino a desempeñar en las ficciones el papel
que había interpretado antaño el mar, cuando los aventureros todavía
no sentían que la Tierra se les había quedado pequeña y que habían
agotado todos los lugares inexplorados de los mapas. Durante milenios, el mar ofreció, como el vacío interestelar, la última frontera.
Un dilatado cosmos de soledad al que huir de la compañía de los
seres humanos, en el que perderse en busca de maravillosas aventuras; un territorio desconocido, con frecuencia hostil y peligroso, en
el que templar y poner a prueba el carácter y presenciar fenómenos

que desafiaban la imaginación de los gregarios pobladores de la tierra firme. No por casualidad, gran parte de la imaginería de las narraciones náuticas se trasladaría casi intacta a los relatos de ciencia ficción. Como señalaba el protagonista de la serie *Altered Carbon*: «Partimos como los antiguos navegantes a explorar el ilimitado mar del espacio». Los barcos se transmutarían en naves espaciales, pero seguirían albergando tripulaciones intrépidas, capitanes, contrabandistas y piratas. De forma natural, los vórtices que amenazaban veleros y galeones se transformaron en agujeros negros. Y, recíprocamente, los relatos de mar anticiparon muchas situaciones y fórmulas que la ciencia ficción explotaría a través de los agujeros negros. Estos relatos llegaron a vislumbrar la posibilidad de que los sumideros terribles escondieran en realidad un portal a otro universo.

Maelstrom de agujero negro

Hubo algo que te arrebató,
viviendo siempre esos sueños cadáver,
Maelstrom de agujero negro,
concepción de la mente,
que te absorbe una vez que estuviste allí.

Casketgarden, *Black Hole Maelstrom*

A cualquier persona que viva en el mar, tarde o temprano le ronda la tentación del animismo. Pocos fenómenos de la naturaleza enfrentan tan crudamente al ser humano con su propia insignificancia. La sensación de quedar a merced de fuerzas que te superan acaba por insuflar vida a la inmensa extensión de agua. Los océanos te pueden destruir, colmarte de alimento o, con la ayuda de un viento favorable, transportarte felizmente hasta tu destino. Los océanos tienen sus estados de ánimo entonces, conocen momentos de placidez y de furia. También encierran territorios de peligro. No es de extrañar que, mucho antes de que se estableciera el método científico, la incertidumbre y la superstición poblaran los mares de criaturas fantásticas. En los primeros relatos clásicos de la literatura abundan los viajes accidentados a través de aguas infestadas de dioses y monstruos. El miedo a ser engullido por las fauces del mar ha alimentado las pesadillas de los marineros por lo menos desde los tiempos fabulosos de la Odisea. En su agitado viaje de regreso a Ítaca, Ulises recibió de la hechicera Circe la advertencia de evitar a Caribdis, monstruo apostado en el estrecho de Mesina, entre Sicilia y el sur de la península itálica. Caribdis había adquirido la mala costumbre de tragarse las aguas del estrecho tres veces al día, no se sabe si a modo de purgante, engullendo en el proceso cualquier embarcación que se cruzara en su camino. Así las cosas, la prudencia aconsejaba dar un rodeo, como hicieron otros dos célebres marinos apócrifos de la antigüedad: Jasón y Eneas.

Un variopinto reparto de criaturas fantásticas, caracterizada cada una en función de los caprichos del folclore local, aguardaba a los navegantes en otros estrechos. Las leyendas encomendaron a la imaginación la tarea de explicar fenómenos naturales de dinámica incierta, como el comportamiento de las corrientes marinas que, tan a menudo, decidían la suerte de una travesía. Caribdis era la encarnación fantasiosa de peligros que acechaban ciertamente a los marineros. El estrecho de Mesina conecta el mar Tirreno y el mar Jónico, alcanza una profundidad de 250 metros y encauza una poderosa corriente, que genera intensos remolinos naturales. Se trata, además, de una zona castigada por la actividad sísmica, ya que el estrecho se sitúa sobre la frontera entre dos placas tectónicas.

Los grandes remolinos surgen en el mar cuando chocan entre sí fuertes corrientes o cuando estas se ven desviadas por la peculiar topografía de las costas o el relieve submarino. Los estrechos entre islas o entre una isla y la costa favorecen su formación siempre que canalicen una corriente poderosa, ya que se comportan como embudos que, al constreñir la circulación del agua, incrementan su velocidad. Es el caso del estrecho de Corryvreckan, que separa las islas de Jura y Scarba, en el archipiélago de las Hébridas interiores. La imaginación de los escoceses lo ha convertido en el hogar de diosas celtas y espíritus del agua desde tiempo inmemorial. No sabemos si el agnóstico Georges Orwell avistó alguna de estas criaturas cuando naufragó en el estrecho. El escritor se había retirado a la isla de Jura, huyendo del mundanal ruido, de las exigencias de la vida social de Londres y de la atención suscitada por el éxito descomunal de *Rebelión en la granja*. En aquella punta remota y azotada por el viento de la costa occidental de Escocia, donde era más probable cruzarte con una oveja o un ciervo que con un ser humano, Orwell halló lo que buscaba: «un lugar extremadamente inaccesible». Para llegar desde Londres a Barnhill, la casona encalada sin electricidad que había alquilado, había que invertir dos días de viaje, saltar de un medio de transporte a otro y salvar toda clase de incomodidades hasta llegar a la costa, cruzar el estrecho y recorrer una isla agreste. Orwell advertía a sus invitados de que no podría acudir a recogerlos, ya que su coche se había averiado oportunamente en la única carretera de la isla. El último tramo de doce kilómetros había que hacerlo a pie. Esa distancia disuasoria lo puso a salvo de cualquier distracción que amenazara con interrumpir el trabajo en la que sería su última novela, *1984*.

A pesar de todas las barreras interpuestas, Orwell admitía visitas de vez en cuando. En el verano de 1947, sus sobrinos fueron a pasar las vacaciones con él. Juntos salieron varios días de acampada, para disfrutar de la naturaleza salvaje de las Hébridas. En el viaje de regreso, Orwell se internó en el estrecho de Corryvreckan montado en una barca, acompañado de su hijo y dos sobrinos. La mala fortuna quiso que interpretara mal la tabla de mareas y que se introdujera en la Caribdis del norte en el peor momento. Pronto perdió el control del bote, que comenzó a dar vueltas como un coche de choque zarandeado por un hervidero de remolinos. La corriente los arrastró lejos de Jura y Scarba. Las olas embravecidas los embistieron con ferocidad hasta arrancar el motor fueraborda. Orwell se encontraba ya muy afectado por la tuberculosis y no disponía de muchas fuerzas, así que su sobrino mayor tuvo que hacerse cargo de los remos. El joven se empleó a fondo, poniendo rumbo a la isla más cercana, Eilean Dubh Mòr, el último bastión de tierra antes de que se perdieran en mar abierto. Las aguas encrespadas no se mostraron muy dispuestas a colaborar y volcaron el bote, forzándolos a alcanzar la costa a nado. En la isla solo encontraron la compañía de aves, simpáticos frailecillos en plena temporada de anidamiento. Cuando se le secó el encendedor, Orwell consiguió encender un fuego. Horas después, fueron rescatados por un pescador de langostas. Por desgracia para este libro, Orwell vivió esta aventura mientras escribía una novela de ciencia ficción distópica. Si *1984* hubiera incluido viajes interestelares, quizá la imaginación de su autor hubiera proyectado el Corryvreckan al espacio, proporcionándonos un impagable precursor de agujero negro en la literatura.

Al hablar de aguas que parecen cobrar vida para arrastrar a las embarcaciones a su perdición, una palabra ominosa y rotunda resuena de modo inevitable en nuestra mente: Maelstrom. Bajo este nombre se conoce el sistema de vórtices y remolinos que se manifiestan en el archipiélago de Lofoten, entre la isla de Moskenesøya y el islote de Mosken, frente a las costas de Noruega. Los viejos cartógrafos adoptaron la costumbre de pintar criaturas fantásticas en los territorios inexplorados en los que pudieran acechar peligros. Dragones en tierra firme, serpientes marinas en los océanos tempestuosos. En uno de los mapas más famosos del primer Renacimiento, la Carta Marina de Olaus Magnus, el relieve de Escandinavia se convierte en el escenario de un bestiario abigarrado: vacas marinas, serpientes de mar y rinocerontes de agua salada conviven con narvales, morsas y ballenas. Frente a las islas de Lofoten puede leerse la leyenda: «Hecest horrenda Caribdis». «Esta es la espantosa Caribdis».

La fama del Maelstrom trascendió las advertencias de los pioneros de la moderna cartografía, que a menudo combinaban información contrastada con rumores nada fiables. Este remolino legendario se tragaría una de las naves más célebres de toda la literatura, el Nautilus, y con ella a su no menos famoso capitán, Nemo, en el apoteósico final de *Veinte mil leguas de viaje submarino*. Siguiendo el hilo con el que arrancaba nuestra historia, podríamos conectar a Nemo con el agujero negro de Calcuta, puesto que la personalidad de este enigmático personaje se forjó bajo los golpes del Raj, a consecuencia de las represalias que tomaron los británicos tras el Motín de la India. Esta rebelión de los soldados indios, o cipayos, contra la Compañía de las Indias Orientales tuvo lugar casi cien años después del calvario de Holwell, cuyo relato alentaría las ansias imperialistas de los ingleses. Nemo, antes de borrarse el nombre y envolverse en una nube de misterio, había sido el príncipe Dakkar y se había sumado a la rebelión, en la que perdería a su familia, su título y todas sus posesiones. También encontramos una referencia al Maelstrom al final de otro relato marino extraordinario, *Moby Dick*, en este caso como metáfora para animar la descripción de una zambullida de la gran ballena blanca, en la cacería final desatada por el capitán Ahab.

El Maelstrom, a diferencia de la garganta de Caribdis o de otros remolinos célebres como el del estrecho de Corryvreckan, acecha a las embarcaciones en mar abierto. Quizá Julio Verne escogió el Maelstrom como ambiguo final para el capitán Nemo para rendir homenaje a uno de sus escritores de cabecera, Edgar Alan Poe, que hizo pasar al protagonista de uno de sus relatos por un trance semejante. No sería el único homenaje que le haría Verne, ya que también escribió una continuación de la única novela de Poe, otro relato marinero, *La narración de Arthur Gordon Pym de Nantucket*.

Precisamente en Poe encontramos un curioso nudo en el que se vienen a entrelazar numerosos hilos literarios y científicos entresacados de la madeja de los agujeros negros. En su mente creativa convivieron remolinos aterradores, el encierro de Holwell o la convicción

Carta marina et descriptio septentrionalium terrarum, la Carta Marina de Olaus Magnus, que se publicó por primera vez en 1539. Fuente: Wikimedia Commons.

de que en la gravedad se hallaba la clave para explicar un universo plagado de estrellas invisibles. Fue Poe uno de los escritores más originales que jamás haya pisado la Tierra, en virtud de una imaginación caprichosa forjada al fuego de la melancolía, una lógica implacable y racionalista, los ritmos sagrados de la poesía y un singular gusto por lo macabro. Su obra ha ejercido una influencia perdurable en la cultura popular, ayudando a configurar o redefinir géneros enteros, como el terror, el misterio o la ciencia ficción, y hasta el mismo arte del relato corto. En la ciencia ficción explotó con maestría un truco literario que muchos le copiarían después: el uso de una terminología científica exacta, contemporánea, para dotar de credibilidad a un relato fantástico.

Lo sucedido en el fuerte William de Calcuta la calurosa noche del 20 de junio de 1756 no podía dejar indiferente a un espíritu tan predispuesto a las historias atroces como el suyo. Lo mencionaría al inicio de uno de sus relatos más característicos, *El entierro prematuro*. En el primer párrafo del cuento, el narrador pasa revista a «algunas de las calamidades más notables y famosas de las que se tiene noticia». En una breve lista, Poe sitúa al mismo nivel el encierro en la celda del agujero negro que el terremoto de Lisboa, la gran peste de Londres de 1665, el colapso del ejército de Napoleón al cruzar el río Berézina o la matanza de San Bartolomé. Que en todos estos episodios murieran miles de personas ofrece una idea de hasta qué punto el relato de Holwell había dejado su huella en la cultura anglosajona.

Poe, siendo él mismo marino y un gran amante de los relatos náuticos, jugó con la idea del torbellino que se abre como una fosa vertiginosa en las aguas para enterrar a los navegantes. En *Un descenso al Maelstrom* integra muchos elementos propios del imaginario de los agujeros negros a la hora de describir cómo tres hermanos, pescadores, se ven atrapados en un remolino destructor. La historia ofrece además la peculiaridad de plantear una situación desesperada que el protagonista termina por resolver haciendo uso de sus conocimientos científicos, así que, en cierto sentido, se puede considerar como una precursora de la ciencia ficción dura, es decir, de la variante del género más atenta al rigor científico. El relato ha creado una asociación casi inconsciente en muchos aficionados a la literatura entre la palabra «maelstrom» y el propio Poe, que no en vano fue quien la introdujo en la lengua inglesa, al adoptar una expresión danesa que combina el verbo *malen*, «triturar» y el nombre *strom*, «corriente».

Un descenso al Maelstrom fue uno de los primeros cuentos que Poe publicó en el *Graham's Magazine*. Apareció en el número de mayo de 1841 de manera un tanto precipitada. Poe no lo escribió para ganar fama, lo hizo para ganar dinero. Él mismo se mostró en más de una ocasión descontento con el final, que había escrito de manera apresurada acuciado por la necesidad de cobrar del editor lo antes posible. Para dotar de mayor verosimilitud a la historia, Poe decidió narrarla en primera persona. Así, un viejo marinero rememora, desde la cumbre de un promontorio que se alza en una de las escarpadas islas del archipiélago de Lofoten, cerca de la costa noruega, un episodio fatal en el que perdieron la vida sus dos hermanos. Esta atalaya privilegiada permite observar en directo la formación del Maelstrom, que Poe describe con detalle. Para terminar de preparar la atmósfera de horror psicológico del cuento, el viejo marinero reconoce que es mucho más joven de lo que aparenta. Envejeció en el curso de las seis horas traumáticas que está a punto de relatar.

A continuación, se produce una transición brusca y retrocedemos tres años, a una tranquila y soleada mañana del mes de julio. Los tres hermanos han salido a pescar en las aguas del archipiélago de Lofoten a bordo de un pequeño velero. Conocen al dedillo el mecanismo de las corrientes y mareas que generan y deshacen periódicamente el Maelstrom, dirigiendo las aguas a través del dédalo de canales que se abren entre las islas. Aprovechan su experiencia para faenar en las zonas más peligrosas —que la mayoría de pescadores evitan—, porque también son las que ofrecen más abundancia de pesca. De modo que cruzan una y otra vez las aguas en las que se origina el Maelstrom cuando estas se hallan en calma. No deja de ser una práctica arriesgada, ya que el remolino no se forma con regularidad matemática y las condiciones de la travesía no solo dependen de las mareas, sino también de otros fenómenos impredecibles como los vientos y las tormentas.

Cumpliendo las expectativas despertadas en el lector desde la primera página, el velero acabará siendo arrastrado al Maelstrom. Después de un día de pesca extraordinaria, los tres marineros se disponen a regresar a casa, cuando un extraño viento frena su marcha. En un abrir y cerrar de ojos, el cielo queda cubierto por un toldo de nubes cobrizas que los sume en una completa oscuridad y, sin previo aviso, se desata sobre ellos la peor de las tormentas. El viento desarbola el velero, arrancando los dos mástiles y arrebatando al mar a uno de los tres hermanos. Parece que la naturaleza les ha tendido una trampa que los dirige al corazón del Maelstrom. La tormenta ha alimentado además la formación de un remolino fuera de lo común, a cuyo borde se asoman cuando las olas, altas como un promontorio, levantan el velero y lo precipitan en su garganta de agua. Poe describe su interior como un imponente embudo de paredes líquidas, oscuras y brillantes como el ébano. En el cielo cubierto por las nubes se abre un resquicio por el que asoma la Luna, como un dramático foco de luz que alumbra el drama. El velero completa una vuelta tras otra alrededor del embudo, descendiendo en una espiral inexorable hacia su centro, donde una corriente atroz los aguarda para arrastrarlos por un lecho de rocas afiladas.

El pavor absoluto que se apodera del protagonista de la historia termina por sumirlo en un trance peculiar. La certeza de cuál será su destino infunde en él una calma inesperada, que despierta su curiosidad hacia el fenómeno natural que está a punto de aniquilarlo. En este punto, el narrador, del que nunca se nos dice el nombre, revela un parentesco insospechado con otros personajes de Poe mucho más sofisticados. Con el Auguste Dupin de *Los crímenes de la calle Morgue*, que prefiguraría a Sherlock Holmes, o el William Legrand de *El escarabajo de oro*. Preso de una situación que escapa por completo a su control, se detiene a analizarla de forma lógica y desapasionada. Constata entonces que su barco no es el único objeto atrapado en el remolino. También giran en torno fragmentos de otras embarcaciones, muebles, troncos de árboles… Sin saber muy bien por qué, comienza a calcular las diferentes velocidades de los objetos arrastrados en una caída helicoidal hacia el fondo. Advierte que los cuerpos de mayor tamaño bajan con mayor celeridad y que los objetos cilíndricos lo hacen más lentamente. Estas observaciones lo llevan a recordar la lección de un viejo profesor, que le mostró en la escuela cómo un cilindro, flotando en un remolino, ofrecía más resistencia a la succión que un cono o una esfera. Esta cadena de razonamientos dirige su atención hacia uno de los barriles que cargan en el velero. Haciendo señales a su hermano para que lo imite, se introduce en uno de los barriles y se lanza al agua con él.

La lección de hidrodinámica salva la vida del pescador, pero no la de su hermano, que se resiste a abandonar el velero. Este se precipita al fondo del embudo de agua, mientras el barril desciende mucho más despacio, dando margen a que la tormenta afloje, cambie la marea y las corrientes evolucionen deshaciendo el remolino. El pescador observa cómo las paredes del embudo se van aplanando y la velocidad de giro disminuye. Es aquí donde Poe muestra sus prisas por terminar el cuento y salir corriendo a las oficinas del *Graham's Magazine* para cobrar: «Como soy yo mismo quien le está refiriendo este relato, ya sabe usted que escapé sano y salvo. Además, está enterado de cómo me las arreglé para escapar, así que abreviaré el final de la historia».

Ilustración de Harry Clarke para el relato *Un descenso al Maelstrom* de Edgar Allan Poe. Fuente: Wikimedia Commons.

Llama poderosamente la atención cuántos elementos dispone Poe para adornar la narración que evocan un agujero negro. De entrada, las nubes cubren el cielo para sumergir a los lectores en un ámbito irreal, tenebroso, que parece invocar una imagen del espacio exterior: «Ninguna imaginación humana podría concebir un panorama más funestamente desolado». La frontera entre cielo y mar se desvanece. El velero gira en torno a un centro invisible, sumido en una oscuridad casi completa. Todo se tiñe de un negro impenetrable, solo roto por la irrupción de un elemento astronómico: la Luna. Poe llega a describir cómo alrededor del remolino se dibuja nítidamente la frontera de un horizonte sin retorno:

Una amplia franja de espuma brillante delineaba el borde del remolino, pero ninguna de sus partículas resbalaba por la boca del terrible embudo, cuyo interior, hasta donde alcanzaba la vista que trataba de sondearlo, se mostraba como una pared de agua tersa, brillante y negra como el azabache, inclinada en un ángulo de unos cuarenta y cinco grados respecto del horizonte, y que giraba de forma vertiginosa, una y otra vez, con un movimiento bamboleante y abrumador, mientras emitía a los cuatro vientos un fragor espantoso, entre chillido y rugido, que ni siquiera la poderosa catarata del Niágara profiere al Cielo en su agonía.

En esta descripción, la franja de espuma interpreta un papel semejante al de la esfera de fotones que circunda un agujero negro, compuesta por partículas luminosas que se ven obligadas a torcer sus trayectorias en órbitas circulares a su alrededor. Se trata de una región inestable y, a diferencia de las gotas de espuma que, según Poe, no se deslizan al interior del remolino, los fotones terminan por perder el equilibrio. O bien ceden y caen dentro del agujero, o bien escapan. Los pescadores saben que, una vez crucen ese límite de espuma blanca, perderán toda conexión con el exterior. Habrán traspasado una frontera de no retorno y deberán abandonar toda esperanza de que alguien los rescate. Las leyes de la naturaleza han conjurado la apertura de un sumidero en la masa de agua, provisto de una fuerza succionadora irresistible. Un desenlace fatal aguarda en el descenso en espiral hacia un lecho de rocas irregulares y afiladas. Un progreso inexorable hacia un centro de aniquilación física. Una singularidad.

Los tres rasgos enunciados en el párrafo anterior servirían de trazos elementales para esbozar un agujero negro. En primer lugar, está el establecimiento de una frontera de no retorno, que encierra una región en la que cualquiera está invitado a entrar, pero de la nadie puede salir. Más allá se localiza una órbita inestable, en la que la materia puede girar sin caer todavía en el abismo. En un agujero negro correspondería a la esfera de fotones. Finalmente queda el corazón del Maelstrom en el que se destruye la materia. En la descripción matemática de un agujero negro se definiría como un punto donde las ecuaciones arrojan infinitos y pierden toda capacidad de hacer predicciones razonables: la singularidad. Poe sume además su Maelstrom en las tinieblas, para desplazarlo a un ámbito casi abstracto, semejante a las profundidades del espacio exterior. No contento con todo lo anterior, también incorpora a su relato una distorsión temporal. El narrador es un anciano, de cuerpo frágil y pelo encanecido, una apariencia engañosa que enmascara su verdadera edad, ya que se trata de una persona joven que envejeció aceleradamente a consecuencia de su interacción con el Maelstrom. Esta dramática mutación evoca un fenómeno relativista: la gravedad afecta al paso del tiempo. Una persona que se aproximara en exceso a la frontera de un agujero negro —como le sucede a Joseph Cooper, el protagonista de *Interstellar*—, advertiría al regresar que son las personas que dejó atrás las que han envejecido. El pescador sufre el efecto inverso. Mientras él se convierte en un anciano, para los demás solo transcurren unas horas.

Si nos dejamos llevar por el entusiasmo, podríamos dar un paso más y reconocer en el vórtice aniquilador de Poe una representación anticipada de una de las especulaciones más audaces de la relatividad de Einstein: los agujeros de gusano, parientes próximos de los agujeros negros, que podrían establecer atajos a escala cósmica y conectar puntos del universo en apariencia muy distantes entre sí. Al comienzo de su relato, el protagonista de *Un descenso al Maelstrom* comenta cómo la mayoría de los noruegos se muestra convencida de que en el centro del remolino se abre un «abismo que penetra el globo terrestre y conduce hasta un remoto lugar», que muchos identifican con el golfo de Botnia, en el mar Báltico, entre Suecia y Finlandia. La idea de la existencia de estos pasajes se atribuye, entre otros, al jesuita alemán Atanasio Kircher que, en su tratado de geografía *Mundus Subterraneus*, publicado en 1665, concibió un intrincado y dinámico interior para la Tierra, cuyas entrañas veía atravesadas por el agua y el fuego, que recorrían una red de túneles y catacumbas, asomándose a la superficie en forma de remolinos y volcanes. Así, los vórtices como el Maelstrom no siempre precipitarían a un destructivo callejón sin salida. En ocasiones, ofrecerían una secreta vía de acceso a otros rincones del planeta.

Algunas de estas nociones apuntan ya en los célebres mapas de Mercator, el cartógrafo flamenco del siglo xvi, artífice de la proyección que lleva su nombre, que traslada los accidentes de una superficie esférica (como la de la Tierra) a una superficie plana (su representación en un mapa). La proyección es un artificio matemático, que Mercator utilizó para bosquejar una geografía mitad verídica, mitad fabulosa, una curiosa amalgama de ciencia e imaginación, que se podría interpretar como un ejercicio de ciencia ficción cartográfica. Hay regiones del globo terrestre que Mercator reproduce con escrupulosa exactitud y otras maravillosamente ficticias, que corresponden a los lugares que ningún ser humano había hollado en su tiempo. Al deambular por sus mapas, uno transita inadvertidamente de la latitud de lo real a la de lo imaginario. Mercator recrea el Polo Norte, que no sería explorado hasta los siglos xix y xx, como un escenario de fantasía sobre el que podrían sobrevolar dragones con escamas de hielo. Los océanos de la Tierra devienen en cuatro ríos colosales que convergen en un monstruoso abismo, un remolino. En el centro de este gigantesco desaguadero, Mercator ubica una montaña inmensa. ¿Su color? Negro. ¿Su carácter? Atractivo. Se trata de una montaña magnética, que atrae con rigor dictatorial la aguja de todas las brújulas. De algún modo, Mercator sitúa un agujero negro en el polo norte.

Numerosos científicos han apreciado el poder del Maelstrom como metáfora y han reconocido la contribución de Poe a la imaginería de los agujeros negros. Uno de los grandes teóricos de la relatividad general, Werner Israel, tituló uno de sus artículos científicos

Descenso al Maelstrom: el interior de un agujero negro. Establecía en él un paralelismo entre la exploración teórica de las entrañas de estos elusivos objetos astrofísicos y el azaroso viaje a las profundidades del abismo que relata Poe. En sus primeras líneas, Israel aclaraba: «El viaje al interior de un agujero negro es un descenso, sí, pero, de un modo más fundamental, se trata de una progresión en el tiempo». John Wheeler, el físico teórico que popularizó la expresión «agujero negro», recurrió a la misma metáfora, hablando de un «maelstrom cósmico definitivo» en su autobiografía *Geones, agujeros negros y espuma cuántica*. De hecho, la palabra que Poe introdujo en la lengua inglesa, el *malen strom*, la «corriente trituradora», ha terminado por convertirse en una de las metáforas más manidas de la ciencia ficción a la hora de referirse a los agujeros negros y podemos encontrarla en textos de divulgación de toda laya. En la monumental *The Ascent of Wonder*, una antología de casi mil páginas centrada en la ciencia ficción dura, se dibuja con precisión el linaje de los agujeros negros en la literatura. *Un descenso al Maelstrom*, publicado en 1841, es el relato más antiguo que consideran sus editores, David Hartwell y Kathryn Cramer. En una nota introductoria, declaran: «esta historia constituye un documento fundacional de la visión y la mentalidad propias de la ciencia ficción de la Edad de Oro. Su presentación de un gran objeto natural peligroso, el remolino, quizá sea el ancestro de toda una serie de historias de agujeros negros, como «Kyrie» [publicada en 1968] de Poul Anderson». El linaje se extiende hasta nuestros días. En *El fin de la muerte*, de 2010, la novela que cierra la trilogía de *El problema de los tres cuerpos*, de Liu Cixin, sus personajes deciden reproducir el viaje de los pescadores de Poe al interior del Maelstrom. ¿A qué obedece esta acción temeraria? La sombra que proyectan los agujeros negros sobre los remolinos es alargada:

> Todo el mundo permaneció sumido en sus pensamientos durante el viaje, sin dialogar siquiera con las miradas.
> El significado del Moskstraumen [Maelstrom] resultaba tan evidente que no precisaba ningún pensamiento.
> Pero el interrogante permanecía: ¿Qué relación había entre la posibilidad de rebajar la velocidad de la luz y los agujeros negros?

¿Qué relación había entre los agujeros negros y la advertencia de seguridad cósmica?

Para los físicos, la conexión entre los agujeros negros y los remolinos va más allá de una metáfora. Al menos, algunos han interpretado el paralelismo en un sentido literal. Desde los años ochenta del siglo pasado, se ha venido desarrollando una nueva rama de investigación, conocida con el nombre de gravedad análoga, que estudia cómo medios y materiales muy diversos se comportan, en determinadas circunstancias, de forma muy parecida al espaciotiempo de la relatividad general. Explotan el principio de que fenómenos muy diferentes pueden ser gobernados por ecuaciones muy semejantes. Así, uno puede generar en un fluido una situación en la que las ondas de sonido que lo recorren se conduzcan de modo equivalente a como lo hace la luz en un espaciotiempo relativista. Las matemáticas que describen ambos sistemas son formalmente equivalentes. Esta afinidad permite recrear muchos atributos propios de un agujero negro, que veremos en los capítulos siguientes —como un horizonte de sucesos o la radiación de Hawking—, y construir en el laboratorio un modelo de agujero negro práctico y funcional. Jugando con él, se pueden explorar las propiedades de las ecuaciones que lo gobiernan.

Los resultados de estos experimentos ayudan a entender mejor la dinámica del espaciotiempo astrofísico, aunque obviamente hay que interpretarlos con las debidas precauciones, ya que se trata de extrapolaciones. La gravedad análoga ha permitido crear modelos de agujero negro en fluidos, en fibras ópticas, en condensados de Bose-Einstein o en grafeno. También ha servido para alimentar en la prensa un sinfín de titulares engañosos sobre la creación de agujeros negros en el laboratorio. Cerrando el círculo abierto en las frías aguas de Noruega por nuestro Maelstrom, estos modelos se pueden generar espontáneamente en la naturaleza, en la dinámica turbulenta de las corrientes marinas que, en ocasiones, dan lugar a toda suerte de remolinos y vórtices. Hay científicos que han buscado en ellos espacios como los que describe Poe, en los que una barrera de espuma aísla del entorno una región del agua. Las matemáticas ven en ellos singularidades y horizontes de sucesos. Los físicos han terminado por rastrear los océanos, con la ayuda de imágenes tomadas desde satélites, a la caza de remolinos, parientes del Maelstrom, análogos de los agujeros negros.

Si uno desea contemplar agujeros negros a toda costa y no dispone de una nave espacial que lo traslade al centro de la Vía Láctea, quizá se conforme con entreverlos en el agua. La dinámica de fluidos ofrece la posibilidad de crear modelos caseros bastante convincentes. Basta con imaginar una corriente y situar en ella una barca, la de los tres hermanos que pescaban entre las islas de Lofoten, por ejemplo. Para ajustar la analogía a nuestros intereses, supongamos que la corriente discurre por un canal recto, de izquierda a derecha, y que la velocidad del agua va aumentando gradualmente a medida que nos desplazamos hacia la derecha. Al surcar el canal, los pescadores distinguirán pronto tres regiones que afectan de manera muy distinta a su navegación (figura 1). En el extremo izquierdo, donde la velocidad de la corriente es menor que la que puede desarrollar el bote, los marineros tienen total libertad para desplazarse hacia donde quieran (1). Si deciden internarse hacia la derecha, notarán que cada vez deben enfrentar una corriente más intensa en el momento en el que quieran dar media vuelta y deshacer el camino andado. Llegará un momento en el que la máxima velocidad que puedan imprimir al bote igualará la velocidad del agua que se les opone. Aunque los pescadores se dejen el alma remando contracorriente, permanecerán inmóviles. Ese punto (2) marca una frontera invisible, una línea recta perpendicular al canal. Si ceden al impulso de la corriente y la cruzan, se internarán finalmente en una región (3) en la que las aguas se mueven más deprisa hacia la derecha de lo que ellos pueden desplazarse hacia la izquierda. Ya nunca lograrán escapar de esa región y serán arrastrados inexorablemente hacia la derecha. Han quedado aislados y ya no podrán comunicarse con ninguna barca al otro lado de la frontera.

El modelo se puede adaptar a un pequeño Maelstrom (figura 2): un sumidero en el que se precipiten las aguas más rápidamente cuanto más se acerquen a su centro. Cualquier bote que navegue en su proximidad se encontrará en una situación semejante a la de la barca que surcaba el canal. La frontera que delimita la región de no retorno dibuja ahora un círculo en lugar de una línea recta. Como veremos, los agujeros negros se rodean de un confín parecido, el horizonte de

41

sucesos. En su caso, lo que fluye y arrastra los cuerpos hacia el centro del abismo no es un líquido, como el agua, sino el espaciotiempo, concepto que exploraremos más adelante. Si el espaciotiempo rota, se induce en él una torsión que remeda la formación de un remolino capaz de atrapar la materia del entorno, precipitándola en un verdadero vórtice. Se desata así, como veremos en el último capítulo, uno de los fenómenos más grandiosos y espectaculares del universo.

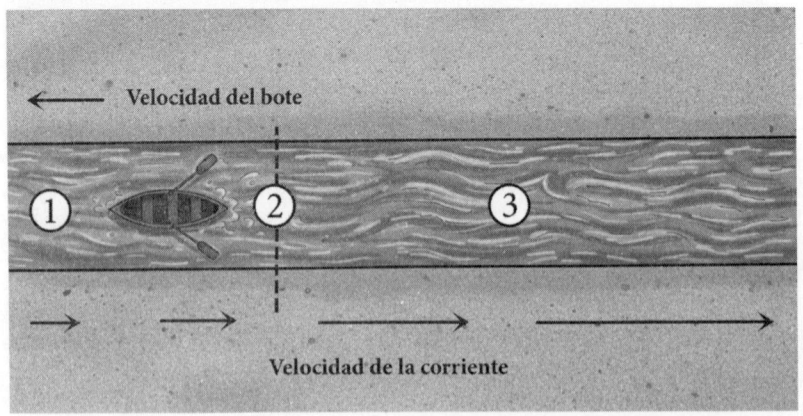

Figura 1. Creación de una frontera de no retorno
en un fluido. En este caso, en el agua.

En la analogía del agua, siempre podemos acoplar al bote un motor capaz de desarrollar una velocidad arbitrariamente alta, que nos permita vencer la fuerza de la corriente y atravesar de vuelta la temible frontera del horizonte de sucesos. Sin embargo, el universo parece plegarse a las leyes de la relatividad de Einstein, que imponen un límite de velocidad a toda la materia: la velocidad de la luz. Esta restricción genera en los agujeros negros un horizonte absoluto, de manera que una vez que uno lo cruza para entrar ya no puede salir. En cierto sentido, ni la materia ni la luz pueden superar la corriente en contra del espaciotiempo que las arrastra hacia la singularidad central. El horizonte de sucesos encapsula así una región del espacio, que queda aislada causalmente. Es decir, quienes queden fuera no podrán recibir ninguna noticia de lo que ocurra allí dentro. Nadie en el universo guarda mejor un secreto que un agujero negro. El precio a pagar por su discreción es desaparecer para siempre en su interior.

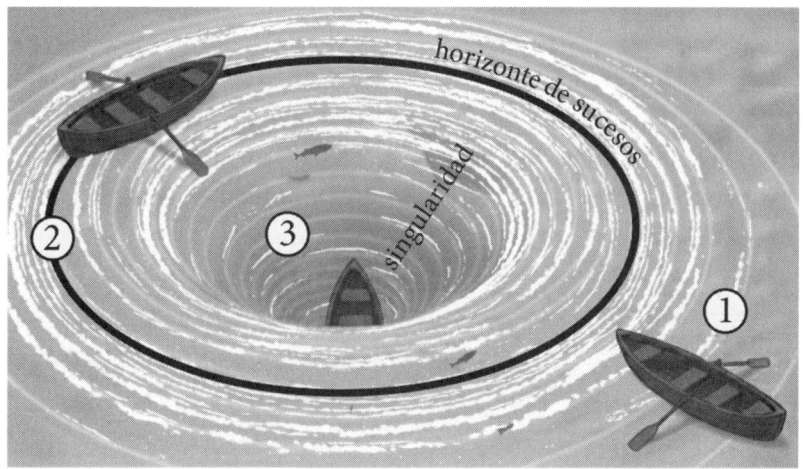

Figura 2. Un horizonte de sucesos circular en un fluido.

POE Y SU ESTRELLA OSCURA

*Perdí las ganas de vivir después de escribir
Eureka. No podría aspirar a un logro mayor.*

Edgar Allan Poe

Aun si *Un descenso al Maelstrom* no nos convenciera como prefiguración estética o dramática de los agujeros negros, todavía nos queda por jugar una baza ganadora: apostar con Poe a la carta del profeta. A menudo los escritores son los peores jueces de su propia obra. Puesto en la tesitura de salvar del fuego una sola de sus creaciones, Cervantes hubiera elegido *Los trabajos de Persiles y Sigismunda*. Kafka hubiera dejado arder en la hoguera su obra entera. Poe probablemente hubiera dejado que se consumieran en las llamas todos sus cuentos, *El gato negro, Los crímenes de la calle Morgue, El pozo y el péndulo, El corazón delator*, el poema de *El cuervo* o su única novela, *Arthur Gordon Pym*. ¿Qué hubiera librado entonces del incendio? Todo parece indicar que hubiera elegido uno de sus empeños creativos más desconocidos. El más ambicioso y, al mismo tiempo, el más fallido: *Eureka*, un libro publicado en 1848, un año antes de su muerte.

Poe estaba convencido de que esta obra le granjearía fama imperecedera, además de hacerle rico e inspirar una revolución intelectual de calado no menor a la de Newton. Poe dijo de *Eureka*: «Lo que aquí propongo es la verdad: por tanto, no puede morir; o si, por alguna razón, ahora fuera pisoteada hasta hacerla morir, volvería a alzarse para vivir eternamente […]. A pesar de ser un poema, es la única obra por la que deseo que se me juzgue cuando haya muerto». Por suerte, como sucedió en el caso de Kafka, cuando le pidió a su amigo Max Brod que quemara todos sus obras inéditas —entre otras, *El proceso* y *El castillo*—, sus plegarias no fueron atendidas.

En *Eureka* abundan los párrafos en los que Poe se admira de que otros no hayan llegado antes que él a sus conclusiones visionarias. Claro que su opinión sobre los científicos tampoco era muy buena. En una carta a un comerciante de Nueva York, George Isbell, le confiaba que: «De todas las personas de este mundo, [los físicos] son al mismo tiempo las más prejuiciosas y las más incapaces de usar, generalizar o tomar decisiones acerca de los hechos que sacan a la luz en el curso de sus experimentos». Muchos físicos, en justa correspondencia, han considerado *Eureka* como un vertedero de chatarra pseudocientífica. Hay que reconocer que pocos libros de divulgación científica pueden presumir de un estilo tan claro y al mismo tiempo tan poético como el de *Eureka*. Lástima que todo ese torrente argumentativo, todas esas imágenes y ese domino de la forma trabajen al servicio de una mala digestión de las ideas de Faraday, Herschel o Laplace. Según se lea, se puede considerar como una especie de oráculo científico cuyas crípticas sentencias aciertan en todo o como la brillante verborrea de un charlatán inspirado.

El propio Einstein experimentó esta ambivalencia ante *Eureka*. Intentó la lectura del libro de Poe en dos ocasiones. La primera, en 1933, a petición de Richard Gimbel, un veterano de las guerras mundiales que tenía el corazón dividido entre dos obsesiones igual de exigentes: la aeronáutica y la bibliofilia. En este último terreno, sus autores predilectos fueron Dickens y Poe. Einstein comenzó a leer *Eureka* a instancias de Gimbel, que deseaba conocer su opinión acerca de las ideas científicas de Poe, pero pronto otras ocupaciones vinieron a distraer al físico alemán. Sus impresiones sobre esas primeras páginas no hubieran disgustado a Poe: «en mi opinión se trata del logro muy hermoso de una mente extraordinaria e independiente». Pero todos tenemos derecho a cambiar de opinión. Siete años después, a otra persona se le ocurrió la misma idea que a Gimbel y llamó a la puerta de Einstein para conocer su opinión sobre las visiones científicas de *Eureka*.

Arthur Hobson Quinn, escritor y crítico literario, autor de una de las biografías canónicas de Poe, invirtió bastantes esfuerzos en tratar de aquilatar el mérito científico de *Eureka*. Para ello buscó la opinión de los expertos. Animado por Hobson, Einstein llegó más lejos en su segunda incursión en el libro y, por el camino, se le agriaron los elogios. Reconoció que la lectura le había supuesto una profunda decepción: «la exposición en su conjunto muestra un parecido sorprendente con las cartas de científicos chiflados que recibo todos los días». La obra recibió juicios más amables por parte de otros científicos. Según Arthur Eddington, «aquellas sugerencias que Poe llegó a definir mejor [...] no carecían de inteligencia, pero eran propias de un *amateur*».

Eureka es un artefacto literario complejo y polifacético. Si se observa desde un determinado ángulo, genera la ilusión de que Poe, en un trance alucinatorio, supo anticipar la teoría del Big Bang, la inflación cósmica, la existencia de sistemas planetarios al margen del sistema solar, la noción de multiverso, la teoría de la evolución, la necesidad de interacciones cuánticas que resistan la tendencia de la gravedad a colapsar la materia, el concepto de espaciotiempo o la creación de agujeros negros primordiales. Nada parece escapar a su ojo presciente. En el primero de estos puntos, Poe parece ganarle la mano a Albert Einstein. *Eureka* cuestionó la imagen rígida y estática del universo que predominaba en el siglo XIX y lo contempló como una entidad dinámica, capaz de evolucionar. Justo lo contrario de lo que hizo Einstein casi siete décadas después, cuando obligó a sus ecuaciones de la relatividad general a adoptar una postura forzada para que se ajustaran a la visión que la mayoría de sus contemporáneos tenía del universo: una sola galaxia, inmóvil, varada entre el infinito y la eternidad.

Uno de los pioneros de la moderna cosmología, Alexander Friedmann, se alineó con Poe y observó el formalismo de Einstein con una mirada más desprejuiciada. Según Friedmann, si uno dejaba que las ecuaciones de la relatividad general se expresaran libremente, describían un universo dinámico, que se estaría expandiendo o contrayendo. Ese era el universo que había entrevisto Poe. Pues bien, aunque no haya constancia de que Friedmann leyera *Eureka*, sí sabemos que fue un rendido admirador del autor de *El pozo y el péndulo*. Puestos a soñar, quizá Georges Lemaître también leyera a Poe. Este sacerdote belga disfrutó de una particular fortuna al combinar la ciencia con su fe religiosa y ver en la naturaleza dinámica del espaciotiempo relativista la prueba de que el universo había sido creado.

Si el universo se estaba expandiendo, ¿qué sucedería si uno rebobinaba mentalmente la película de su historia? Sería como rebobinar la secuencia de un globo que se expande. Veríamos cómo, gradualmente, este se va desinflando. En el caso del universo, uno asistiría al prodigioso desfile, marcha atrás, de toda su materia y su radiación, que iría concentrándose en volúmenes cada vez más pequeños, convergiendo hacia un mismo punto. En ese punto, Lemaître veía un comienzo, el acto creador de dios. Otros, menos solemnes, prefirieron llamarlo Big Bang. Einstein frunció el ceño al contemplar cómo otros utilizaban su propia relatividad general para destruir su plácida imagen de un universo estático. «Sus cálculos son correctos» —le dijo a Lemaître, «pero su física me parece abominable».

¿Resulta aventurado suponer que Lemaître había leído *Eureka*? Llaman la atención algunas coincidencias en la terminología. Lemaître describe así el punto de partida de la expansión del universo —su hipótesis del átomo primigenio—, tomando prestadas algunas nociones de otra teoría tan joven entonces como la relatividad, la mecánica cuántica:

Si retrocedemos en el curso del tiempo, iremos encontrando cada vez menos cuantos, hasta encontrarnos toda la energía del universo concentrada en unos pocos o incluso en un único cuanto [...]. Podríamos concebir el comienzo del universo en la forma de un único átomo, cuyo peso atómico sería la masa total del universo. Este átomo altamente inestable se dividiría en átomos cada vez más pequeños mediante algún tipo de proceso superradioactivo.

Georges Lemaître y Albert Einstein, fotografiados en torno a 1933.
Fuente: Archives Lemaître, Université Catholique, Lovaina.

En *Eureka*, Poe también supone que el universo tiene un comienzo y lo imagina como un proceso expansivo a partir de una partícula primordial. En su descripción se vale de un lenguaje convenientemente hermético, que fluctúa entre lo filosófico y lo científico, para sostener que la absoluta unidad de la partícula primigenia implica también su infinita divisibilidad. Acatando la voluntad divina, la divisibilidad se pone en práctica, y la materia se irradia en todas direcciones, dispersándose en forma de átomos diminutos y desiguales a través de un espacio preexistente. No se trata, claro, de un fenómeno relativista. Para Friedmann o Lemaître no tiene sentido hablar del espacio o el tiempo antes del Big Bang y, por tanto, nada se puede diseminar explosivamente en un espacio preexistente. La expansión es la encargada de crear nuevo espacio a base de dilatar el propio tejido espaciotemporal.

En cualquier caso, quién sabe si aquí, de nuevo, la cultura no influyó en la ciencia. Si la cosmogonía poética y visionaria de Poe inspiró en Friedman o Lemaître una lectura diferente de las ecuaciones de Einstein. Si en el átomo primigenio de Lemaître queda alguna traza de la partícula primordial de Poe. De ser así, constituiría un maravilloso ejemplo de cómo la cultura puede afectar al modo en el que los científicos imaginan la ciencia.

Como dijimos ya, Poe fue un pionero en el uso del vocabulario científico para dotar de credibilidad a sus relatos de ciencia ficción, recurso que explota con generosidad en *Eureka*. Sin embargo, el abuso de este truco produce en ocasiones efectos abracadabrantes. En el fondo, su espíritu es más presocrático que científico. Hilvana un argumento tras otro, aplicando un aparente sentido común o estético sobre unas premisas más o menos arbitrarias. Una determinada idea «es demasiado bella para no poseer la verdad como esencia». A cualquier físico le llamaría la atención su desprecio olímpico por los tres pilares de la ciencia moderna: la dinámica inductiva-deductiva, las matemáticas y las pruebas experimentales. La forma de entender la naturaleza que tenía Poe, entre racionalista y poética, no lo situaba del todo del lado de la ciencia.

En un momento dado, se jacta: «Yo no pruebo nada». Quizá por eso *Eureka* añade a la suma de sus aciertos incontables errores. Afirma que la Luna desprende una luz propia, que nunca se podrá determinar la trayectoria del Sol o que la gravedad es la más intensa de las fuerzas fundamentales —en realidad, es la más débil. Poe consideraba la investigación científica de un modo muy particular, como un ejercicio intuitivo, fruto del arte y la imaginación. Con todos sus fallos, *Eureka* es una obra no exenta de encanto, en gran medida gracias a la expresividad de Poe y a su capacidad para exponer con absoluta claridad y de manera convincente las ideas más abstrusas. Hubiera sido un extraordinario divulgador científico.

En su original y poética interpretación del universo, Poe tiene un vislumbre de algo que, si no es exactamente un agujero negro, se le parece tanto como uno se podía permitir en 1848. Considera razonable la posibilidad de que existan «soles no luminosos, es decir, soles cuya existencia determinamos por los movimientos de otros». Está hablando, por tanto, de astros que emiten luz —son soles—, pero que se nos presentan como oscuros, negros si se quiere, invisibles contra el telón de fondo del espacio interestelar. El único modo que tenemos de localizarlos es rastrear su influencia gravitatoria, advertir cómo modifican la trayectoria de otros cuerpos que sí alcanzamos a ver.

Si apuramos nuestra confianza en Poe como Nostradamus cosmológico, hasta podemos concederle la visión presciente de Sagitario A*, el agujero negro supermasivo situado en el centro de la Vía Láctea. En el tercio final de *Eureka*, Poe se hace eco de la «hipótesis del sol central», desarrollada por el astrónomo berlinés Johann Heinrich von Mädler. Esta hipótesis sugería que las estrellas de la Vía Láctea daban vueltas en torno a un centro común, que Mädler ubicó erróneamente en el cúmulo estelar de las Pléyades. Acto seguido, Poe revisa ciertos reparos, no muy bien armados, que se habían formulado contra dicha conjetura. El que más nos interesa argumentaba que, igual que el Sol presenta más masa que la suma de cuerpos que giran a su alrededor, este centro galáctico tendría que equilibrar y dominar las masas de los millones de estrellas que orbitasen en torno suyo. Para ello, tendría que exhibir una masa de, como mínimo, cien millones de soles. ¿Por qué razón no se apreciaba rastro de este monstruo en el firmamento? Poe arguye que podría tratarse perfectamente de una de las estrellas oscuras que había mencionado antes, aunque descarta la idea por otras consideraciones. Le hubiera sorprendido saber que los núcleos de las grandes galaxias albergan agujeros negros supermasivos, con millones de masas solares. Sin duda, contribuyen al centro de masas de las galaxias, aunque no se pueden considerar sus centros de rotación, ya que su desaparición súbita no afectaría sustancialmente a la trayectoria de la mayoría de sus estrellas, incluido nuestro Sol.

Al leer estos fragmentos de *Eureka*, uno se pregunta si la extraordinaria idea de los soles no luminosos se le ocurrió a Poe. De no ser así, ¿de dónde pudo sacarla? ¿Acaso a mediados del siglo XIX había ya algún científico que jugase con la noción de agujero negro, aunque fuera en un contexto clásico, newtoniano?

LOS AGUJEROS NEGROS PERDIDOS DE NEWTON

Estrellas, ocultad vuestros fuegos; que
ninguna luz vea mis profundos y oscuros deseos.

William Shakespeare, *Macbeth*

Fue precisamente en el Siglo de las Luces cuando se concibió la existencia de un astro que no dejaría escapar nada de sus dominios, «ni siquiera la luz». Newton pudo perfectamente haber fantaseado con él. Quién sabe si, en efecto, la idea no le rondó la cabeza, ya que para armar estos particulares agujeros negros, que podríamos llamar clásicos, hay que echar mano de dos de sus grandes creaciones: la ley de gravitación universal y su teoría corpuscular de la luz. La primera determina que dos masas cualesquiera siempre experimentan una atracción mutua. La segunda sostiene que, si fuéramos capaces de examinar muy de cerca un rayo de luz, descubriríamos que está compuesto por un chorro de partículas o proyectiles diminutos.

Fantaseara o no con estos astros singulares, Newton dejó el terreno abonado para que otros lo hicieran. En su *Óptica*, se preguntaba: «¿Los cuerpos no actúan a distancia sobre la luz y, mediante esta acción, doblan sus rayos; y no resulta esta acción más fuerte cuanto menor sea la distancia?». Si la luz está compuesta por partículas materiales sensibles a la atracción gravitatoria, un astro con suficiente masa podría desviar sus trayectorias. Es lo que hace la Tierra con cualquier piedra o proyectil que trate de abandonar su superficie. Cuanto mayor sea la masa del astro, mayor será su influencia sobre la luz. Una estrella modesta podría torcer la trayectoria rectilínea de las partículas luminosas y forzarlas a trazar una curva. Incrementando la masa de la estrella, aumentaríamos su efecto sobre la luz, acentuando la curvatura de la trayectoria, haciendo que esta se doble más y más. Hasta el punto de hacerla dibujar un arco que devuelva las partículas a la superficie. En ese punto, la luz quedaría atrapada. Por mucho empeño que pusiera en abandonar la estrella y conocer mundo, la atracción gravitatoria de la estrella la obligaría a dar media vuelta y regresar a casa.

Si nos situamos cerca de la superficie de esta hipotética estrella, seríamos testigos de este constante ir y venir, arriba y abajo, de la luz. Para nosotros, la estrella se comportaría como un monumental surtidor de partículas luminosas, el centro de infinidad de rayos que se proyectarían rumbo al infinito, tratando de escapar, trazando parábolas que los devolverían de manera inexorable a la superficie (figura 3). Sin embargo, si nos desplazamos más allá del punto donde las partículas dan media vuelta y emprenden su viaje de regreso a la estrella, la luz ya no podría alcanzarnos. Ninguna partícula impactaría nuestros ojos. Se produciría una transición de la luz a la oscuridad. Al dirigir nuestra mirada de vuelta a la estrella, no contemplaríamos otra cosa que oscuridad. Con todo, seguiríamos experimentando su atracción gravitatoria.

A partir de una cierta distancia, las estrellas oscuras resultarían invisibles, pero no indetectables, ya que su masa afectaría sin duda la trayectoria de otros cuerpos visibles. Al lanzar un proyectil en sus inmediaciones, veríamos asombrados cómo una presencia invisible, ominosa, la desviaría de su curso.

Estos agujeros negros retro, o *vintage*, no se comportan como cárceles perfectas. Por un lado, habitan un universo, diseñado por Newton, en el que no existen los límites de velocidad relativistas. Por tanto, nada impide arrojar un cuerpo a, pongamos, siete veces la velocidad de la luz desde la superficie de la estrella y conseguir que llegue más lejos que las partículas luminosas. También se puede escapar de la estrella a bordo de un cohete que se desplace a una velocidad mucho menor. En otras palabras, hay medios para vencer la atracción de la estrella por fuerte que sea su tirón gravitatorio. Un astronauta podría acercarse a la estrella cuanto quisiera y luego regresar para contar lo que ha visto: el maravilloso espectáculo del surtidor de partículas luminosas atrapadas.

Parece inevitable que, si uno se para a pensar el tiempo suficiente en la gravedad, acabe soñando con agujeros negros. Por supuesto Newton, ocupado en revolucionar la física y las matemáticas del siglo XVII, no tuvo tiempo para resolver todos los detalles. De ello se encargarían sus epígonos, que fueron legión, y que se entregaron con celo a la ingente tarea de completar la visión newtoniana del universo. A este ejército se alistaría el reverendo John Michell, rector durante casi una treintena de años de la parroquia de Thornhill, una pequeña localidad minera del condado de Yorkshire.

Antes de casarse, hacerse párroco y adoptar la decisión de huir del mundanal ruido, Michell había seguido los pasos de Newton medio siglo después de que este muriera. Como Newton, había nacido un día de navidad y había estudiado matemáticas en la Universidad de Cambridge, donde más tarde daría clases de aritmética y geometría. Dotado de una suma destreza tanto experimental como teórica, se dedicó a cultivar con devoción el jardín newtoniano. Para su felicidad, había terreno de sobra para desbrozar. La ley de la gravitación interpelaba a todas las masas, de ahí que hubiera recibido el apelativo de «universal». Ningún cuerpo, por grande o diminuto que fuera, se tratara de un grano de sal o de una estrella, quedaba exento de cumplirla. Los planetas o los cometas habían dado ya muestras suficientes de acatar la ley. Las órbitas elípticas de Kepler, que seguían Venus o Saturno, se ajustaban como un guante a las predicciones de Newton. Sin embargo, esta norma con rango de aplicación supuestamente universal no se había verificado en ámbitos más mundanos. Nadie había

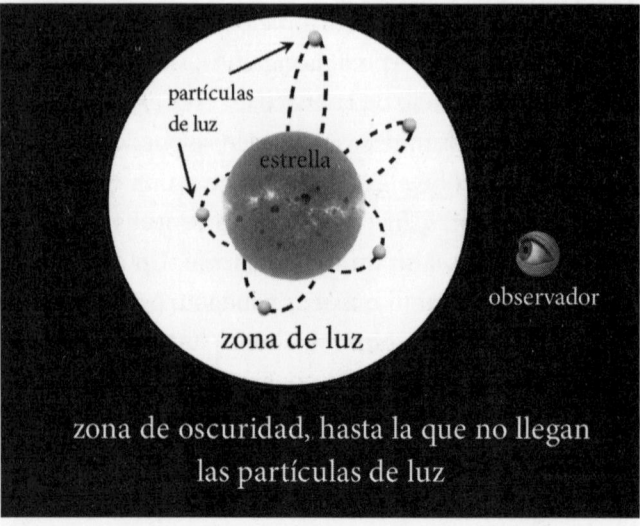

Figura 3. Una estrella oscura. Visible y luminosa dentro de una esfera determinada. Invisible a partir de una cierta distancia, que la luz no alcanza.

medido la atracción gravitatoria entre dos personas, por ejemplo, o entre un árbol y el pájaro que se posa sobre una de sus ramas.

La razón hay que buscarla en la debilidad extrema de la fuerza de la gravedad. Basta compararla con una de sus hermanas, la fuerza electromagnética, para ponerlo de manifiesto. El más humilde de los imanes permanece pegado a la superficie de una nevera, sin caer al suelo, desafiando la atracción de todo un planeta. Cuando las masas son enormes, cuando tratamos con planetas o estrellas, resulta sencillo registrar los efectos de las atracciones gravitatorias, pero las fuerzas entre cuerpos pequeños son tan débiles que advertirlas supone todo un desafío experimental.

Michell se propuso reunir evidencias de la acción de la gravedad allí donde nadie había sabido encontrarlas. Lo hizo espoleado por su amigo Henry Cavendish, que se ganaría un lugar en los libros de texto por haber descubierto el hidrógeno y por haber sido la primera persona en medir la fuerza de atracción entre dos masas en un laboratorio. Este último experimento lo ideó en realidad Michell, que además diseñó y construyó una balanza de torsión, un instrumento concebido con total alevosía para registrar tan sutilísimo efecto. Por desgracia, la muerte sorprendió a Michell en 1793, antes de que hubiera visto cumplido su sueño. Cavendish quiso honrar la memoria de su amigo y tomó el relevo. Partiendo de la balanza que había construido Michell y de sus diseños, culminó el experimento con éxito. En el proceso, obtuvo una medida bastante precisa de la densidad media de la Tierra y, por tanto, de su masa.

La amistad entre Michell y Cavendish fue fruto de una afinidad electiva. Ambos dieron muestras de un carácter retraído, la marca de muchos pioneros en el estudio de la gravitación. Newton, desde luego, no fue el más sociable de los hombres. Tanto Cavendish como Michell quisieron llevar una vida retirada, consagrada a los estudios científicos. Michell, en su parroquia de Thornhill; Cavendish, en un apartado rincón del bullicioso Londres. Aunque Cavendish fuera uno de los hombres más ricos de Inglaterra, prefería dormir en el laboratorio que se había construido en un suburbio de Clapham que en su suntuosa mansión del Soho. El único motivo razonable para romper este aislamiento era acudir a las reuniones de la Royal Society. Con todo,

Michell y Cavendish trabajaron al margen de la máxima «publica o muere» que atenaza hoy en día a los científicos y se permitieron el lujo de dejar inédita la mayor parte de sus descubrimientos, rasgo ciertamente muy newtoniano.

En su afán por verificar el ámbito universal de la gravedad, Michell también consideró sus posibles efectos sobre la luz. Una vez metido en faena, fue más allá de los cálculos e imaginó la existencia de estrellas mucho más grandes que el Sol, cuyo poder gravitatorio las convertiría en trampas de las que la luz no podría escapar. En 1784 escribió que, si un cuerpo estuviera dotado de masa suficiente, «su propio poder gravitatorio forzaría a toda la luz que emitiera [...] a regresar a él». ¿Qué consecuencias tendría esto? «Si en la naturaleza existieran realmente cuerpos con una densidad no inferior a la del Sol y diámetros más de 500 veces el diámetro del Sol, dado que su luz no podría llegar hasta nosotros [...], no podríamos recibir ninguna información visual [...] de la existencia de [dichos] cuerpos». Gracias a esta afortunada mezcla de imaginación y razonamiento científico, Michell fue la primera persona en concebir un agujero negro. Él decidió llamarlo con un nombre más poético, casi un oxímoron: «estrella oscura».

Michell supuso que, aunque no las viéramos, el universo bien podía albergar infinidad de estrellas oscuras. Siendo invisibles, ¿cómo podría uno verificar su existencia? Lo cierto es que la propia gravedad delataría su presencia. Bastaría con que la estrella oscura contara con una compañera visible, un sol luminoso que orbitase a su alrededor. Que las estrellas oscuras vivieran en pareja tampoco era una hipótesis aventurada, ya que para entonces los astrónomos habían identificado muchos sistemas de estrellas dobles. Para cazar una estrella oscura, tendrían que estar atentos al comportamiento peculiar de una estrella que describiera una órbita misteriosa tras otra, como hechizada, en torno a un centro gravitatorio invisible. El procedimiento esbozado por Michell revelaría a finales del siglo pasado la presencia de varios agujeros negros. Sin ir más lejos, el agujero negro supermasivo que habita en el centro de la Vía Láctea, donde una decena de estrellas bailan espectralmente alrededor de la más absoluta oscuridad. John Wheeler describiría esta técnica a través de una analogía musical. Imaginad, nos decía, un local de fiesta bien entrada la noche, la pista de baile en

Litografía «Cómo Henry Cavendish pesó la Tierra
en 1798». Fuente: Bridgeman Images.

penumbra, sobre la que se deslizan y dan vueltas las parejas: hombres
de trajes negros abrazados a mujeres que lucen deslumbrantes vestidos blancos. La falta de luz mantiene a los hombres en la oscuridad,
pero inferimos su presencia a partir de los movimientos de las baila-
rinas, que giran sin descanso en torno a sus compañeros invisibles.

Ya dijimos que, si uno piensa el tiempo suficiente en la gravedad,
acaba por soñar con agujeros negros. Michell fue el primero, pero no
el único en vislumbrar un universo poblado por estrellas colosales
e imperceptibles. Si hacemos caso a Edgar Allan Poe, Pierre-Simon
Laplace —también conocido como el Newton francés— exhibía un
dominio virtuoso de las matemáticas, a cambio de una clamorosa
falta de imaginación. Sin embargo, tuvo la suficiente para concebir la
existencia de un astro que ningún telescopio había observado hasta
el momento y que ningún telescopio podría observar jamás: un *corps*

obscur. «La atracción gravitatoria de una estrella con un diámetro 250 veces el diámetro del Sol y una densidad comparable a la de la Tierra sería tan grande que ninguna luz podría escapar de su superficie». Hasta donde sabemos, llegó a esta conclusión de manera independiente, sin conocer los artículos que Michell había publicado en la *Philosophical Transactions* de la Royal Society. Laplace escribió en 1796: «Por tanto, es posible que los cuerpos luminosos más grandes del universo resulten, por estas razones, invisibles». Una paradoja que hubiera satisfecho a Chesterton: las mayores fuentes de luz del universo serían al mismo tiempo los astros más oscuros.

El artículo de Michell despertó la curiosidad de Cavendish, incitándole a determinar cuánto se desviaría un rayo de luz bajo el influjo gravitatorio de una masa. Cavendish no podía saberlo entonces, pero ese tipo de cálculo interpretaría, casi un siglo después, un papel decisivo en el triunfo de la relatividad general, porque la magnitud de la desviación difiere en función de si uno la estima utilizando las fórmulas de Newton o si echa mano de las de Einstein. En otras palabras, las dos teorías no se ponen de acuerdo y arrojan predicciones diferentes. Cavendish no se animó a publicar sus resultados, que quedaron enterrados bajo una montaña de papeles inéditos. Menos reservado se mostró el astrónomo alemán Johann Georg von Soldner, que sí dio a conocer en 1804 un cálculo muy semejante, motivado en su caso por la lectura de la obra de Laplace.

Un aspecto interesante del trabajo de Michell y Laplace es que su imaginación científica jugó dentro de los límites clásicos. De ahí que concibieran las estrellas oscuras con una densidad igual a la del Sol o la Tierra, es decir, compuestas por lo que para ellos era materia ordinaria. En estas condiciones, sus ecuaciones dictaban que las estrellas tenían que ser mucho más grandes que el Sol. Los astrónomos de la época solo habían logrado determinar el tamaño de nuestra estrella, pero para Michell y Laplace no supuso ningún problema imaginar estrellas de tamaño mucho mayor. Curiosamente, las mismas ecuaciones permitían construir estrellas oscuras del tamaño del Sol, o incluso del tamaño de una canica o de un átomo. A cambio, tenían que exhibir una densidad muy superior a la del oro, el material más denso conocido entonces. La densidad se convertiría en un obstáculo conceptual importante, como veremos, en el largo camino hacia los agujeros negros. Para que una estrella dé lugar a un agujero negro es preciso someter a la materia a estados ciertamente extraordinarios de acuerdo con los parámetros de nuestra experiencia cotidiana.

Por tanto, a caballo entre los siglos XVIII y XIX, la ciencia ya había tenido su primer encuentro con los agujeros negros, si bien en una versión algo prosaica, newtoniana, sin potestad alguna sobre el tiempo. Las superestrellas oscuras de Michell y Laplace no hubieran servido como máquinas para viajar al futuro ni como portales a otros universos. Por tanto, no hubieran servido para justificar los dramáticos giros argumentales de *Interstellar*. ¿Su nulo impacto en la cultura popular se debe a esta falta de *glamour*? Cuando, en noviembre de 1783, Cavendish presentó ante la Royal Society las especulaciones de su amigo Michell —que no se había animado a salir de su retiro provinciano y viajar hasta Londres—, la paradójica idea de una estrella emboscada en la más absoluta oscuridad fue recibida con una salva de aplausos. ¿Cuál fue la razón de que se apagara este sincero entusiasmo? El propio Laplace apostató con discreción de sus *corps obscurs*. Había aventurado su existencia en 1796, en la primera edición de su monumental *Exposition du système du monde*. Este libro presentaba una minuciosa y convincente descripción del sistema solar basada en las leyes de Newton. Laplace mantuvo las estrellas oscuras en la segunda edición, pero en la tercera suprimió discretamente el fragmento donde las mencionaba. ¿Qué le hizo cambiar de opinión en los doce años transcurridos desde la aparición del texto original?

Como dijimos al principio de esta sección, las superestrellas oscuras de Michell y Laplace surgen del maridaje entre dos grandes creaciones de Newton: su ley de gravitación universal y su teoría corpuscular de la luz. Einstein no destronaría la primera hasta 1915, pero la segunda se vio seriamente cuestionada mucho antes. Ya en tiempos de Newton, la teoría que considera que la luz está formada por un chorro de partículas conocía una poderosa rival: la teoría ondulatoria abanderada por el holandés Christiaan Huygens. En las escaramuzas iniciales entre las dos teorías, pesó más el prestigio de Newton, pero en 1801, el descubrimiento por parte de Thomas Young de un nuevo fenómeno óptico, la interferencia, pareció dictar sentencia en contra de la teoría corpuscular.

La interferencia es un fenómeno que revela casi de forma inapelable la naturaleza ondulatoria de una entidad física cualquiera. Se manifiesta de manera evidente en la superficie del agua. Supongamos que arrojamos a un estanque dos piedras de igual tamaño, de manera que toquen la superficie al mismo tiempo y en dos lugares separados por una determinada distancia. A partir de los puntos de impacto, se propagarán dos frentes de onda circulares que terminarán por cruzarse, de forma que sus acciones se superpondrán en cada punto de la superficie del agua. Donde coincida un valle con otro valle se formará un valle más profundo; donde coincidan dos cumbres, se elevará una cumbre más alta. Si coincide un valle con una cumbre, sus efectos se cancelarán y el agua quedará al mismo nivel que antes de los impactos. Se forma así un patrón de interferencia: la marca que delata la presencia de ondas. Young logró producir precisamente ese mismo patrón a partir de dos focos de luz, donde los refuerzos generaban zonas más brillantes y las cancelaciones, zonas de oscuridad.

Si la luz estaba compuesta por partículas, tenía todo el sentido del mundo suponer que se vería afectada por la presencia de otras masas. Si, por el contrario, Huygens y Young tenían razón, ¿a través de qué medio podría afectar la gravedad a una onda luminosa inmaterial? Nadie fue capaz de concebir un mecanismo viable. Con este divorcio de la luz y la gravedad, las estrellas perdieron su capacidad de atrapar de vuelta las ondas luminosas que hubieran emitido. Así fue cómo las estrellas oscuras se desvanecieron del universo clásico.

De no ser por la interferencia —nunca mejor dicho— de Young, quizá la ciencia ficción decimonónica nos hubiera regalado algún viaje a las estrellas de Michell y Laplace. Historias protagonizadas por exploradores barbudos, tocados con sombreros de copa, que veríamos subir a bordo de vehículos con forma de bala. Un largo cañón los dispararía contra la más completa oscuridad del espacio, donde descubrirían repentinamente una estrella deslumbrante, invisible hasta entonces. Quizá esas historias hubieran introducido los agujeros negros en la cultura popular cien años antes, a través de las obras de Julio Verne o Herbert George Wells. Quizá esas historias se hayan escrito en algún universo paralelo. En el nuestro, su vuelo se cortó antes de que pudieran siquiera despegar del suelo. Tendremos que conformarnos, pues, con un atisbo de lo que no fue. *El jardín botánico*, el largo poema escrito en 1791 por el abuelo de Charles Darwin, Erasmus — quien fuera amigo de Michell—, esconde una críptica alusión a nuestros agujeros negros newtonianos:

> ¡Flores del cielo! Vosotras también sucumbiréis al tiempo,
> tan frágiles como vuestras hermanas de la pradera.
> Desde el alto arco del Cielo se precipitará una estrella tras otra,
> Soles se hunden en soles, y sistemas aplastan sistemas,
> Caen de cabeza, extintos, hacia un oscuro centro,
> ¡Y todos, Muerte, Noche y Caos, se mezclan entre sí!
> Hasta que, de las ruinas, emergiendo de la tormenta,
> la NATURALEZA inmortal alza su versátil forma,
> se eleva desde su pira funeraria en alas de fuego,
> y asciende y brilla, distinta y la misma.

2

EL UNIVERSO DE LAS VANGUARDIAS

La ciencia tiene algo fascinante.
Con una inversión mínima en hechos
te hace rico en conjeturas.

Mark Twain, *La vida en el Misisipi*

L os agujeros negros son hijos naturales de la gravedad y la historia de la ciencia ha conocido dos grandes teorías capaces de explicar con éxito los fenómenos gravitatorios: la teoría de la gravitación universal, de Isaac Newton, y la teoría de la relatividad general, de Albert Einstein. En la primera, ningún nexo sofisticado relaciona espacio y tiempo. Con ellos se pone en pie un universo que admite agujeros negros —las estrellas oscuras—, despojados, eso sí, de sus aspectos más intrigantes: las distorsiones temporales. La trampa gravitatoria que tienden resulta hasta ingenua, ya que cualquier astronauta a bordo de una nave espacial provista de buenos motores puede escapar de su prisión. Al margen de que en el universo hubiera o no, en efecto, estrellas oscuras, su concepción no supuso ningún desafío para los físicos clásicos. Como vimos, la primera vez que Cavendish propuso su existencia, en una reunión de la Royal Society, la idea tuvo una excelente acogida. Los agujeros negros einsteinianos son ya harina de otro costal. Habitan un universo en el que espacio y tiempo esconden un vínculo profundo y en el que las masas afectan al paso del tiempo.

Newton hubiera aceptado sin reservas las estrellas oscuras de Michell y Laplace como hijos naturales de su teoría. Einstein renegó siempre de los agujeros negros. Aunque los repudiara como hijos bastardos de la relatividad general, las ecuaciones que sostenían su teoría no ponían reparos a su creación. Sin embargo, a pesar de contar con la bendición de las matemáticas, los agujeros negros tuvieron un parto largo y complicado. Cuanto más se definía su naturaleza, más parecían desafiar todos los códigos de etiqueta que los físicos exigían al buen comportamiento de la materia. Durante décadas fueron un intruso molesto, ese extraño que nadie sabe muy bien quién ha invitado a la fiesta y que todos esperan que se marche de un momento a otro.

Antes de profundizar en todos los quebraderos de cabeza que causaron, veamos qué tipo de universo habitan los agujeros negros. Veamos qué clase de revolución científica desató Einstein a comienzos del siglo XX y por qué albergaba, solapadamente, una bomba de relojería que ni siquiera él mismo supo desactivar.

LOS VÉRTIGOS DEL RELATIVISMO

Que hoy el espacio-tiempo nos concedió.
Un tren que pasa, una estación.

Robe, *Cuarto movimiento*

En el plazo de una década, Einstein dio a conocer dos teorías de la relatividad —que se distinguen con los apelativos de «especial» y «general»—, con las que reformaría dos auténticos muros de carga de la física clásica, levantados por Isaac Newton en las postrimerías del siglo XVII. La primera teoría corregía sus célebres leyes de la dinámica. La segunda venía a reemplazar la ley de gravitación universal.

La relatividad especial explora las consecuencias de aceptar dos sencillos postulados. Por un lado, está el principio de relatividad: si un observador permanece quieto o se desplaza con velocidad constante, su punto de vista es tan bueno como el de cualquier otro observador que tampoco se mueva o que lo haga siempre a la misma velocidad. Estos observadores disfrutan del mismo estatus y en la jerga relativista reciben el nombre de «inerciales». La teoría concluye que no existen referencias absolutas que nos permitan decidir si un cuerpo está «de verdad» quieto o se está moviendo siempre con la misma velocidad. Ningún observador puede imponer su forma de ver las cosas a los demás. Todos los puntos de vista inerciales se consideran equivalentes.

Todos hemos experimentado la ambigüedad fundamental que sostiene este principio de relatividad. Con los ojos cerrados, a bordo de un coche en marcha, en un momento en el que el vehículo no frene ni acelere ni tome una curva, sentimos la ilusión de inmovilidad. O al revés, sentados en un vagón de tren, experimentamos la ilusión de movimiento, aunque estemos detenidos, cuando otro convoy arranca a nuestro lado y observamos su marcha al otro lado de la ventanilla. Durante unos segundos somos incapaces de decidir quién se está desplazando, ellos o nosotros. La aceleración, que nos clava en el respaldo del asiento o nos impulsa hacia delante, que impone un incómodo traqueteo o bandazos, es el verdadero chivato del movimiento. Incluso con los ojos cerrados, el cuerpo nos advierte de cuándo estamos sufriendo aceleraciones.

El segundo postulado relativista sostiene que, en el vacío, cualquier observador inercial medirá el mismo valor para la velocidad de la luz.

A pesar de la aparente modestia de los dos postulados que acabamos de enunciar, su aceptación expulsó a los científicos del paraíso de la física clásica. A cambio de ponerse de acuerdo en qué velocidad de la luz miden en el vacío, los observadores inerciales se ven obligados a discrepar en cuestiones que —de acuerdo con el sentido común— no deberían admitir ninguna desavenencia. Un observador puede concluir, así, que la longitud de un objeto es menor cuando se mueve que cuando está en reposo, o que el tiempo transcurre más despacio en el interior de un vehículo en movimiento, o que dos sucesos que otro observador considera simultáneos ocurren en instantes diferentes. Estas discrepancias a la hora de describir los fenómenos (contracción espacial, dilatación temporal y ruptura de la simultaneidad) parecen arrojarnos en brazos de un subjetivismo radical. «La realidad se vuelve ilusoria y centrada en el observador cuando estudias relatividad [...]. O budismo. O te reclutan», bromea el soldado protagonista de *La guerra interminable*, la novela de ciencia ficción de Joe Haldeman. Sin embargo, la relatividad revela cómo todas las discrepancias entre observadores inerciales emergen de una misma realidad subyacente perfectamente lógica y coherente. Podemos verlo recurriendo a una sencilla analogía.

Trasladémonos a un taller de pintura. La profesora está distribuyendo encima de una mesa media docena de objetos para componer con ellos un bodegón: una botella, una manzana, un azucarero, una vela, una copa de vino... A continuación, dispone a los alumnos con sus caballetes en círculo alrededor de la mesa. Cada alumno observa los objetos desde una perspectiva diferente y refleja sus posiciones relativas en un cuadro distinto. Desde el punto de vista de Rosa, la botella y el azucarero aparecen juntos, y así los pinta: la mitad del cuerpo del azucarero asomando detrás de la botella. Para Alberto, los dos objetos están claramente separados por una distancia de un palmo. La representación bidimensional, en un lienzo, de la posición de estos objetos, que hacen Rosa y Alberto, resulta a primera vista contradictoria. Al menos lo sería para una criatura bidimensional, plana, que habitara en cada uno de los cuadros. Si caminara en la superficie del cuadro de Rosa, en cuanto saliera del azucarero entraría en la botella. En el bodegón de Alberto, tendría que recorrer un espacio entre ambos objetos.

El desacuerdo entre las dos representaciones —si los objetos se encuentran juntos o separados—, no pone en evidencia ninguna interpretación incoherente de la realidad, porque una única disposición del azucarero y la botella, perfectamente definida, es responsable al mismo tiempo de las dos perspectivas. Eso sí, para advertirla, necesitamos añadir una dimensión más a la superficie plana de los lienzos, trasladándonos a un ámbito superior de tres dimensiones. Rosa y Alberto pueden visualizar ese ámbito hasta con los ojos cerrados y deducir sin dificultad bajo qué ángulo estará contemplando la escena su compañero de taller. Apoyándonos en esta analogía, podemos interpretar las diferentes perspectivas que adquieren los observadores inerciales al considerar los fenómenos relativistas. Su aparente contradicción se produce en un ámbito de representaciones tridimensionales, las que nos proporcionan los sentidos, y se deshace si las consideramos en un espacio más amplio, de cuatro dimensiones. En él, un mismo fenómeno, que podemos definir sin ninguna ambigüedad, da lugar a diferentes interpretaciones tridimensionales. La falta de consenso entre los observadores inerciales desafía al sentido común porque afecta al tiempo, porque nuestra mente es incapaz de visualizar un espacio tetradimensional y porque solo se ponen de manifiesto a velocidades próximas a la de la luz, lo que las sitúa fuera del ámbito de nuestra experiencia cotidiana, donde se han forjado la intuición y el sentido común.

El primero en interpretar la relatividad desde esta óptica geométrica no fue sin embargo Einstein, sino uno de sus profesores de la Escuela Politécnica Federal de Zúrich, el matemático lituano Hermann Minkowski. Minkowski tomó el espacio y el tiempo y los ensambló de una manera muy peculiar para componer con ellos una estructura de cuatro dimensiones —tres espaciales (largo, alto y ancho) y una temporal—, el «espaciotiempo». El 21 de septiembre de 1908, en una conferencia dictada en Colonia, selló para siempre esta singular alianza:

> Las ideas acerca del espacio y el tiempo que deseo exponer ante ustedes han surgido del terreno de la física experimental, y en ello radica su fuerza. Muestran una tendencia radical. De ahora en adelante, el espacio y el tiempo, como entidades aisladas, se desvanecerán por completo como espectros, y solo una especie de unión entre ambos gozará de existencia independiente.

Minkowski reformuló matemáticamente la relatividad especial que Einstein había construido a partir de sus postulados, revelando cómo cuando dos observadores no se ponen de acuerdo sobre la longitud de un objeto, el ritmo al que discurre el tiempo o si un suceso ocurrió antes o después de otro, en realidad solo están confrontando diferentes perspectivas del mismo fenómeno. Advierten distintas facetas tridimensionales de una realidad tetradimensional, del mismo modo que los cuadros en el taller de pintura captan diversas facetas bidimensionales de una composición tridimensional. Bajo la aparente pluralidad de perspectivas, subyace en todos los casos una única realidad. De ahí que la relatividad, a pesar de su engañoso nombre, no abogue por la subjetividad o el relativismo, sino más bien por todo lo contrario.

Retrato de Hermann Minkowski. Fuente: Dibner Library
for the History of Science and Technology.

Conviene precisar que la idea de ensamblar espacio y tiempo en una superestructura tetradimensional tampoco se debe a Minkowski. Como él mismo se ocupó de subrayar: «Nadie ha reparado nunca en un espacio, si no es en un instante dado, ni en un instante, si no es en un lugar determinado». En la física clásica, ubicamos los sucesos en un espacio y un tiempo. Hay, por tanto, implícito, un espacio-tiempo newtoniano, aunque pocos autores subrayaran su entidad tetradimensional. Adoptar esa perspectiva superior, tan incómoda e imposible de visualizar, no parecía aportar nada en el contexto clásico. La gracia del espaciotiempo minkowskiano radica en cómo el tiempo se une a sus compañeras, las tres dimensiones espaciales, para generar todos los efectos relativistas. Al principio, Einstein no apreció demasiado la interpretación matemática de Minkowski. Se le antojaba una ocurrencia formal que de poco iba a servir, aparte de estorbar a la intuición física. Incluso se permitió algunas bromas al respecto: «desde que los matemáticos han tomado al asalto la teoría de la relatividad, ni yo mismo la entiendo».

A Einstein, sin embargo, no le quedó más remedio que cambiar de opinión. A lo largo del tortuoso camino que lo conduciría desde la relatividad especial hasta la relatividad general, se vio forzado a asumir el marco conceptual de Minkowski. Eso sí, de algún modo Einstein le devolvería el golpe a su viejo maestro, ya que, si bien compró su ámbito tetradimensional, lo hizo para retorcerlo y distorsionarlo, ampliando de manera dramática el repertorio de posibles espaciotiempos. En la interpretación geométrica de Minkowski, los observadores inerciales son como puntos o líneas rectas que se trazan sobre un folio apoyado encima de una mesa (un espaciotiempo plano). Este rígido escenario cobra vida en la relatividad general. El espaciotiempo se vuelve elástico, adquiere pliegues y accidentes, una orografía cambiante de cumbres y valles, que desvía el curso de las trayectorias inerciales. Esta geometría dinámica es la manifestación de la gravedad, de la presencia de masas y de energía en el universo.

Se puede entender que Einstein no cedió a la pulsión de los matemáticos de *geometrizar* la física, sino que más bien consiguió darle la vuelta a la tortilla y *fisicalizó* la geometría.

La naturaleza secreta de la gravedad

*Creo que la amplísima aceptación de
la relatividad general se debió en gran
medida a los atractivos de la propia
teoría; en suma, a su belleza.*

Steven Weinberg

¿Por qué los planetas orbitan alrededor del Sol? Newton ofreció una audaz respuesta a la pregunta. Como preámbulo a su explicación, señaló que los cuerpos exhiben un comportamiento inercial —permanecen inmóviles o se desplazan en línea recta con velocidad constante— siempre y cuando ningún agente externo los perturbe. Por tanto, para obligarlos a describir una curva cerrada, como hace un planeta, alguien debe ocuparse de incordiarlos todo el tiempo. Recordemos que la aceleración no es más que un cambio en la velocidad de un cuerpo, bien sea porque la velocidad aumenta o disminuye, bien sea porque cambia de dirección. Sin duda, para describir un círculo o una elipse, un planeta tiene que modificar constantemente la dirección de su movimiento hasta completar una vuelta y regresar al punto de partida. En el momento en el que deje de sufrir aceleración, se entregará a su naturaleza inercial: mantendrá constante su velocidad y seguirá en línea recta. En otras palabras, se saldrá por la tangente. Un sencillo experimento ilustra el principio. Basta con atar un peso al extremo de una cuerda y, sosteniéndola por el otro extremo, hacerla girar en círculo por encima de la cabeza. Si la cuerda se rompe, el peso saldrá disparado en una línea recta... que solo la atracción de la Tierra torcerá en una parábola.

La tensión de la cuerda tira del peso hacia el centro del círculo que traza en el aire y rectifica constantemente su tendencia a salirse por la tangente. En el caso de los planetas, ninguna cuerda los sujeta. ¿Qué los obliga entonces a trazar una curva cerrada en torno al Sol e impide que abandonen el sistema solar? Para explicarlo, Newton concibió una suerte de tensión intangible, que llamó «fuerza de la gravedad».

Dictaminó que cualquier pareja de masas experimenta una atracción mutua, que se ejerce en la misma dirección que las une. Dicha atracción impide que los cuerpos se atengan a su carácter inercial y vivan siempre en reposo o desplazándose en línea recta. La fuerza gravitatoria impone aceleraciones, tira constantemente de las masas, alterando cualquier velocidad que lleven. Es la cuerda que rectifica sin tregua la propensión natural de los planetas a escapar. Newton expresó con precisión matemática la magnitud de este tirón, directamente proporcional al producto de las masas implicadas e inversamente proporcional a la distancia que las separe. Cuando uno recurría a sus ecuaciones para describir la dinámica del universo, este parecía ajustarse milimétricamente a su criterio.

Lo que no hizo Newton fue explicar la naturaleza de tan misteriosa atracción. ¿Qué la provocaba? Newton se encogió de hombros y se contentó con solventar el cómo, soslayando el porqué de la gravedad. En privado, compartía la opinión de quienes le criticaban por esta omisión. Así lo hacía, por ejemplo, en una carta al filólogo inglés Richard Bentley:

> Hasta tal punto me parece absurdo que un cuerpo pueda actuar a distancia sobre otro a través del vacío, sin la mediación de ningún agente, a través del cual se pueda transmitir de uno a otro la acción o fuerza de la gravedad, que pienso que ningún hombre que albergue una mínima facultad competente a la hora de pensar en asuntos filosóficos pueda jamás incurrir en él. La gravedad debe ser causada por un agente que actúe de manera constante, de acuerdo con ciertas leyes, pero si dicho agente es material o inmaterial es una cuestión que he dejado a la consideración de mis lectores.

No dejaba en manos de sus lectores una tarea sencilla. Descartes, sin ir más lejos, fracasó en ella. Concibió un circuito cósmico de remolinos, agitados por una corriente de partículas diminutas, que chocaban contra los planetas y los mantenían en movimiento. Sin embargo, todos los modelos matemáticos basados en vórtices de partículas invisibles fueron incapaces de reproducir las observaciones. Este fracaso inesperado terminó de encumbrar a Newton. Durante más de doscientos años, no hubo teoría capaz de proyectar la más mínima sombra sobre la fuerza newtoniana de la gravedad. Cuando esta se introducía en las leyes de la dinámica, se obtenían ecuaciones que reproducían con precisión asombrosa las trayectorias que seguían los astros en el firmamento o los proyectiles que los artilleros lanzaban desde la superficie de la Tierra.

¿Qué impulsó a Einstein a meterse en el jardín de Descartes y cuestionar una de las leyes científicas más exitosas y contrastadas de todos los tiempos? Un descubrimiento embarazoso: la ley de gravitación universal y la relatividad especial eran incompatibles. Una vez que Einstein fijó sus dos postulados relativistas, hubo que modificar y ajustar a la nueva normativa las famosas leyes de la dinámica de Newton, que los estudiantes de física aprenden con diferentes grados de entusiasmo durante la secundaria. Al emprender la reforma, uno se da cuenta de que el vínculo relativista entre el espacio y el tiempo afecta a las reglas para sumar velocidades, algo que después de todo resulta razonable, puesto que la velocidad establece precisamente una relación entre espacio y tiempo. Sin embargo, de la reforma emerge un inesperado límite de velocidad: ningún cuerpo que se encuentre en reposo o se desplace a una velocidad inferior a la de la luz puede acelerar hasta superar la velocidad de la luz.

Y aquí es donde surgía el problema: la ley de gravitación universal no se sometía al nuevo límite de velocidad. Según Newton, la súbita desaparición del Sol afectaría de forma instantánea al resto de masas del universo. Roto el vínculo gravitatorio, el sistema solar se desharía de inmediato y todos los planetas se saldrían de sus órbitas. Esta inmediatez chocaba de frente con el credo relativista, que establecía que nada podía viajar más rápido que la luz. En caso de que el Sol hiciera mutis por el foro, tendrían que transcurrir, como mínimo, ocho minutos antes de que nos diéramos cuenta. Es el tiempo que necesita el mensajero más veloz, la luz, en salvar la distancia entre nuestra estrella y la Tierra. Nada, ni siquiera una mala noticia, podría llegarnos más deprisa.

Ante este conflicto, a Einstein no le quedó más remedio que buscar una nueva formulación para la interacción gravitatoria, de manera que un cambio de estado en una masa tardase un tiempo en repercutir en las demás masas del universo. Sin embargo, esa nueva formulación debía reproducir al mismo tiempo todos los vaticinios exactos que había ofrecido la teoría clásica y que se llevaban verificando siglos. Parecía una tarea sobrehumana y, al completarla con un éxito rotundo, Einstein se encumbró a la altura de Newton.

¿Cuál fue su respuesta a la pregunta de por qué los planetas orbitan alrededor del Sol? Resulta fácil verlo a través de un símil. Imaginemos una canica que se desliza sobre una superficie horizontal tan pulida que nos permita ignorar el rozamiento. Mientras nada la perturbe, la canica seguirá una trayectoria en línea recta con velocidad constante, como un observador inercial. ¿Qué sucede si la canica entra en una región donde la superficie presenta pequeñas depresiones o resaltes? Su trayectoria se modificará para ajustarse al relieve. Cambiará de dirección una y otra vez, subirá o bajará desniveles. Es decir, sufrirá aceleraciones. Si se desliza por una concavidad de pendiente suave, puede llegar a describir una órbita cerrada y quedar atrapada en ella. Sería el tipo de trayectoria que seguiría la canica si la hiciéramos rodar en el interior de un cuenco.

Sustituyamos ahora la superficie por una lámina elástica, de manera que las hondonadas las produzca el propio peso de los cuerpos que se apoyan en ella. Situemos una esfera pesada en un punto y echemos a rodar la canica en línea recta, a una cierta distancia. La presencia de la esfera pesada deforma la lámina, creando un declive que desvía el curso de la canica, atrayéndola, hasta forzarla a completar una vuelta a su alrededor. De no existir ningún rozamiento entre la lámina y la canica, esta describirá una órbita detrás de otra a perpetuidad.

En general, la forma de la lámina condiciona el movimiento de las esferas que ruedan sobre su superficie, pero las propias esferas son, además, las que crean los accidentes de la superficie (figura 1). En caso de que la lámina fuera invisible, ¿a qué atribuiríamos el obstinado peregrinar de la canica en torno a la esfera pesada? Quizá a una misteriosa atracción mutua, cuya verdadera razón de ser no sabríamos determinar, al no distinguir la superficie. ¿Cómo sospechar siquiera que la inercia de la canica se limita a ceñirse al contorno peculiar que adopta la lámina en cada región por la que pasa?

La analogía de la lámina ilustra cómo la geometría proporciona una fórmula para crear aceleraciones, es decir, para desbaratar el

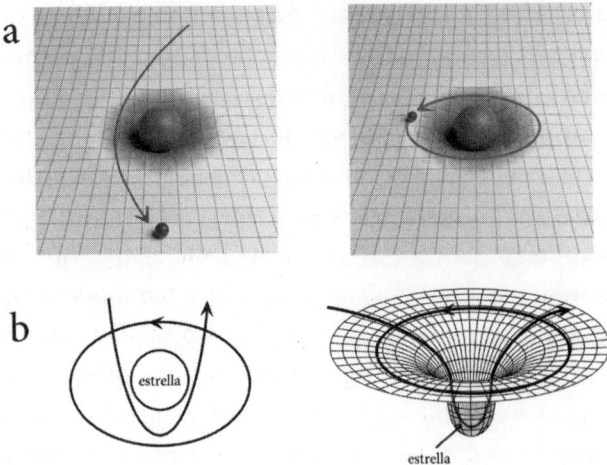

a

b

estrella

estrella

Figura 1. En a), la analogía de la lámina elástica para la gravedad. Dos canicas describen trayectorias abiertas y cerradas al internarse en la hondonada que crea otra esfera más masiva. En b), dos descripciones alternativas del movimiento de dos cuerpos en torno a una estrella. La primera descripción, clásica, obedece a una atracción instantánea. La segunda, relativista, a las restricciones que impone la geometría del espacio.

comportamiento inercial, consustancial a los cuerpos en ausencia de gravedad. El movimiento de la canica depende de las irregularidades de la superficie sobre la que se desliza. No se desplaza del mismo modo cerca de la esfera que lejos de ella. Según en qué punto de la lámina la situemos encontrará un entorno diferente y responderá en consecuencia. Donde es plana, no sufre aceleración y se mantiene en reposo o rueda en línea recta con velocidad constante. Donde hay una pendiente, su trayectoria se tuerce. Cuanto mayor sea el desnivel, mayor será la desviación y, por consiguiente, la aceleración. De modo semejante, Einstein imaginó que había una razón de ser geométrica detrás de los diversos cambios de velocidad que experimenta un cometa, por ejemplo, según dónde se halle, en la vecindad del Sol o recorriendo el espacio entre Saturno y sus satélites. La irrupción de la aceleración, de las variaciones de velocidad que experimentaban los cuerpos celestes, obedecía al carácter irregular de una estructura subyacente invisible, el espaciotiempo. Su naturaleza era dinámica, muy distinta del espaciotiempo de la relatividad especial, plano en todos sus puntos. Al carecer de accidentes, el espaciotiempo de Minkowski no modifica la naturaleza inercial de los observadores. Si estos quieren acelerar, deben hacerlo por sus propios medios, a través de una colisión, por ejemplo, o utilizando un cohete.

En el universo de Newton, espacio y tiempo levantan un escenario neutro que no se hace notar y nunca estorba a sus ocupantes. En él se representa el enigmático drama de las interacciones gravitatorias, que se introducen a través de un mecanismo artificioso. Por el contrario, en el universo de Einstein, espacio y tiempo se asocian para dar forma al espaciotiempo, un medio que posibilita el diálogo entre las masas, del que emerge la gravedad con naturalidad. El espaciotiempo presenta una curvatura local y dicha curvatura se manifiesta como una fuerza gravitatoria. Cuanta más masa se concentre en un volumen determinado, tanto más se alejará la geometría de esa región de un espacio plano, mayor será su curvatura y más impacto gravitatorio tendrá en los cuerpos que se internen en ella. Como veremos, los agujeros negros constituyen una distorsión extrema del tejido del espaciotiempo.

Un aspecto fundamental de la relatividad general es que se reduce a la física de Newton cuando la gravedad es débil y los cuerpos se mueven a velocidades bajas comparadas con la de la luz. Entonces el relieve del espaciotiempo se ajusta casi a la perfección a las aceleraciones que dicta la ley de gravitación universal. Estas condiciones se cumplen siempre y cuando las masas no se concentren dentro de ciertos volúmenes críticos y la lámina del espaciotiempo, aproximadamente plana, presente solo hondonadas modestas con pendientes muy suaves como sucede en el entorno de la Tierra. Las divergencias entre las predicciones de ambas teorías se vuelven entonces casi imperceptibles. No obstante, si se contrastan con la realidad, la naturaleza siempre falla a favor de Einstein. Al mismo tiempo, esta nueva manera de interpretar las interacciones gravitatorias elimina los molestos efectos instantáneos de la ley de Newton. Si retiramos la esfera pesada de la lámina elástica, esta no se alisa de inmediato. La canica tarda un tiempo en acusar la ausencia y sigue dando varias vueltas a medida que la hondonada se va reduciendo hasta desaparecer. De modo semejante, el espaciotiempo va modificando su geometría de manera gradual —acomodándose a los cambios que le impongan las masas—, a una velocidad que nunca supera la de la luz.

Llegados a este punto, podríamos caer en la tentación de considerar el espaciotiempo como algo tangible. Un misterioso material, elástico e invisible, en el que los cuerpos se hallan inmersos. Sin embargo, no hay que interpretar la imagen de la lámina en un sentido literal. Nunca hay que perder de vista que se trata de una analogía. Las ecuaciones de Einstein se limitan a establecer que las propiedades del espacio cambian de un punto a otro, modificando las condiciones que encuentran los cuerpos que se desplazan a través de él. Que estas propiedades cambien en función de si uno está cerca de la superficie de Júpiter o en mitad de una nube de gas interestelar no se debe a la intervención de ningún material que lo permea todo. Es la presencia de masa o energía la que, a través de la gravedad, modifica las condiciones del espacio que atravesamos, interfiriendo en nuestra naturaleza inercial.

De hecho, la analogía de la lámina elástica no refleja bien algunos aspectos fundamentales de la relatividad general. Su superficie solo representa dos dimensiones espaciales del espaciotiempo. La tercera dimensión que se observa en las distintas imágenes de la figura 1 (que es tridimensional y tiene profundidad), no encuentra un equivalente en la naturaleza y constituye un mero artificio para representar gráficamente, por medio de hondonadas y desniveles, cómo pueden cambiar las propiedades de un espacio —en este caso, de una superficie— de un punto a otro. En una versión completa, tetradimensional, del espaciotiempo, los accidentes de su inestable geometría no se limitarían al espacio. Así, cuando un cuerpo recorre las cuatro dimensiones del universo, encuentra que el paso del tiempo tampoco es uniforme. Allí donde la gravedad es más intensa, avanza más despacio. Un reloj situado cerca de una masa marcha a un ritmo más lento que otro situado lejos de ella. El efecto pasa por completo desapercibido cuando intervienen gravedades tan modestas como la que impone la Tierra. En el caso del Sol, el tiempo cerca de su superficie transcurre un par de millonésimas de segundo más despacio que en un lugar remoto, en el que apenas se deje sentir su influencia gravitatoria. Dos relojes, uno próximo a la superficie del Sol y otro distante, acumularían una diferencia de poco más de sesenta segundos en el curso de un año.

En determinadas circunstancias, este espaciotiempo tetradimensional puede adoptar una geometría muy particular en torno a una curvatura extrema, delimitando una región en la que las masas o la luz puedan entrar, pero no salir. Lo que impide huir de esa región no es en realidad una irresistible atracción gravitatoria, sino el modo en el que cambian las propiedades del espacio en su interior, desviando la trayectoria de la masa o de la luz que se ha internado en ella, como hacen los desniveles con la canica, conduciéndola siempre a un mismo punto. Ese punto está situado en el centro de la región y obedece al nombre de singularidad.

Cuanto más se aleja uno de la singularidad, más se va suavizando la curvatura del espaciotiempo. Llega un momento en el que se vuelve imperceptible. A una distancia prudencial, la forma del espaciotiempo se vuelve indistinguible de la que crearía una estrella o un planeta a su alrededor. Sus accidentes podrían desviarnos más o menos de nuestro curso o incluso podrían atraparnos en una órbita estable. Sin embargo, si viajamos a bordo de una nave equipada con cohetes de potencia suficiente, nada nos impediría abandonar la órbita y alejarnos. Pero existe una frontera invisible que debemos guardarnos de cruzar. Si la traspasamos, entraremos en una región en la que los propios accidentes del espaciotiempo nos irán conduciendo paso a paso, sin remedio, hasta la singularidad. La frontera que, una vez traspasada, nos embarca en este viaje sin retorno, recibe el nombre de horizonte de sucesos. Ciertamente dibuja un límite desconcertante. Todo lo que se sitúe en su interior se halla desconectado causalmente del exterior. En un lenguaje más llano, nada situado en su interior puede comunicarse con el exterior. En particular, nada puede salir. Todos los caminos de esa región del espaciotiempo conducen a Roma, a la singularidad.

Por supuesto, esta singular geometría que se arma en torno a una curvatura extrema es lo que se conoce como un agujero negro.

PICASSO Y PROUST EN LA REPÚBLICA DE EINSTEIN

*La teoría de la relatividad general era por
aquel entonces bastante reciente y Littlewood
y yo solíamos hablar de ella sin parar.
Discutíamos si la distancia que mediaba
entre nosotros y la oficina de correos era o
no la misma distancia que mediaba entre la
oficina de correos y nosotros. Acerca de este
punto, nunca llegamos a una conclusión.*

Bertrand Russell

Con la entrada del siglo XX, se aceleró el vértigo de lo nuevo, convirtiendo esa sensación agridulce en una de las premisas del mundo contemporáneo. Ante el desfile constante de innovaciones, experimentación y vanguardias en todos los órdenes de la creación y de la experiencia humanas, ya fuera en el arte, la tecnología, la psicología, la arquitectura, la música o la literatura, ¿quién podía resistir la tentación de subir al mismo tren las ideas de Einstein? ¿Acaso no eran todas ellas manifestaciones de una misma corriente subterránea? ¿No era el signo rupturista de los tiempos? En este sentido, un largo censo de movimientos culturales, muchos ismos, se quisieron asociar con la relatividad: el cubismo, el modernismo, el futurismo, el expresionismo, el surrealismo... Corrientes artísticas que a menudo defendían un subjetivismo a ultranza o que, en el caso de la literatura, celebraban la caída en desgracia del narrador omnisciente, para entronizar en su lugar una representación fracturada de la realidad. Esta, o bien no existía, o bien resultaba inaccesible, debido a que no se admitía ningún punto de vista privilegiado, con derecho a prevalecer sobre los demás.

Hasta hubo un movimiento, el dimensionismo, que promulgó la conquista —artística, eso sí— de la cuarta dimensión. Su manifiesto, firmado en 1936 en París, reconocía su origen en «las nuevas ideas del espaciotiempo del espíritu europeo (difundidas sobre todo a través de las teorías de Einstein)». Si en el terreno de la literatura el dimensionismo había conducido a la escritura de poemas eléctricos, sus mayores logros habían de producirse en el terreno de la escultura, donde se debía abandonar «el espacio cerrado, inmóvil y muerto, es decir, el espacio tridimensional euclídeo, para entregar a la expresión artística el dominio del espacio de cuatro dimensiones de Minkowski». En el manifiesto, de una página, no figuraban instrucciones muy precisas de cómo llevar a la práctica tan ambicioso programa. Eso sí, contaba con el respaldo de un puñado de artistas célebres que firmaban al pie. Entre ellos, Joan Miró, Alexander Calder, Robert Delaunay, Marcel Duchamp y Vasili Kandinski.

El dimensionismo debe entenderse, sin embargo, como una excepción, ya que la mayoría de los movimientos que agitaron la esfera cultural a comienzos del siglo pasado se fraguaron antes de que Einstein entrara en escena o cuando solamente un grupo reducido de científicos estaba al tanto de sus teorías. Hay que tener en cuenta que la popularidad de Einstein no estallaría hasta noviembre de 1919, cuando una reunión conjunta de la Royal Society y la Royal Astronomical Society certificó en Londres que la relatividad general había superado con nota un espectacular examen experimental. La prueba en cuestión la había concebido Einstein ocho años atrás, al abordar la vieja cuestión que ya se habían planteado Newton, Michell o Cavendish: ¿la materia afecta a la propagación de la luz? Einstein se hizo la pregunta en un marco distinto, su nueva teoría de la gravedad, que todavía no había completado. Esta determinaba que la luz se ajusta a los accidentes del espaciotiempo y, por tanto, su trayectoria se desvía al internarse en la hondonada que genera la presencia de una gran masa, como la de una estrella. En definitiva, la gravedad sí que afecta a la luz. En un artículo publicado en 1911, en la revista *Annalen der Physik*, Einstein proponía un experimento para poner a prueba este vaticinio: «de acuerdo con la teoría que pasaré a exponer, los rayos de luz que pasan cerca del Sol experimentan una desviación a causa de su campo gravitatorio, de modo que una estrella fija que parece próxima al Sol muestra un aumento aparente de su distancia angular con respecto a este, que asciende a casi un segundo de arco».

Es decir, la presencia o ausencia del Sol cambia la ubicación de la estrella en nuestro campo de visión. De día, la masa solar desvía ligeramente los rayos de luz procedentes de la estrella, modificando su posición aparente. De noche, el Sol se encuentra lejos de la estrella y no perturba sus rayos luminosos (figura 2). El problema radicaba, claro, en que de día cualquier astrónomo que pretendiera determinar la posición de una estrella adyacente al Sol quedaría cegado por este. Einstein encontró un modo de solventar la dificultad: «Esta consecuencia de la teoría se puede contrastar con la experiencia, ya que las estrellas fijas situadas en las porciones del cielo adyacentes al Sol se vuelven visibles durante los eclipses de sol totales [...]. Sería muy deseable que los astrónomos abordasen esta cuestión, incluso si las consideraciones aquí presentadas pudieran parecer insuficientemente fundamentadas o incluso aventuradas».

Los astrónomos prestaron oídos al desafío, pero el estallido de la Primera Guerra Mundial desbarató una primera expedición, alemana, a Crimea en agosto de 1914, que pretendía verificar las predicciones relativistas durante un eclipse de sol total. «Mi buen amigo, el astrónomo Freundlich —se lamentaba Einstein—, en lugar de experimentar un eclipse de Sol en Rusia, va a tener que experimentar la cautividad en dicho país». Por suerte, Freundlich recuperó pronto la libertad en un intercambio de prisioneros. Por desgracia, el ejército ruso confiscó su instrumental científico y no le permitió llevar a cabo su experimento. Cinco años después, en 1919, dos expediciones científicas organizadas por los observatorios de Greenwich y Cambridge tuvieron más fortuna. El equipo de Greenwich partió hacia Sobral, en Brasil, y el equipo de Cambridge, que dirigía Arthur Eddington, viajó hasta la isla del Príncipe, en el golfo de Guinea. Ambos equipos tomaron fotografías del cielo en la proximidad del Sol, en el preciso instante en el que la Luna bloqueaba por completo el fulgor de nuestra estrella. De vuelta en Inglaterra, compararon las imágenes del eclipse con otras fotografías del mismo campo de estrellas, tomadas de noche. En el cotejo, saltaron pequeñas diferencias en las posiciones aparentes de las estrellas, que ponían de manifiesto la interferencia de la gravedad solar. Además, la magnitud de las diferencias se ajustaba a las predicciones de las fórmulas relativistas. Einstein conoció el resultado del experimento que él mismo había propuesto a través de un telegrama. Cuando se lo enseñó a una de sus estudiantes, esta le preguntó cómo hubiera reaccionado si las observaciones hubieran refutado su teoría. «Entonces habría tenido que sentir lástima por nuestro querido Señor», respondió, «porque la teoría es correcta».

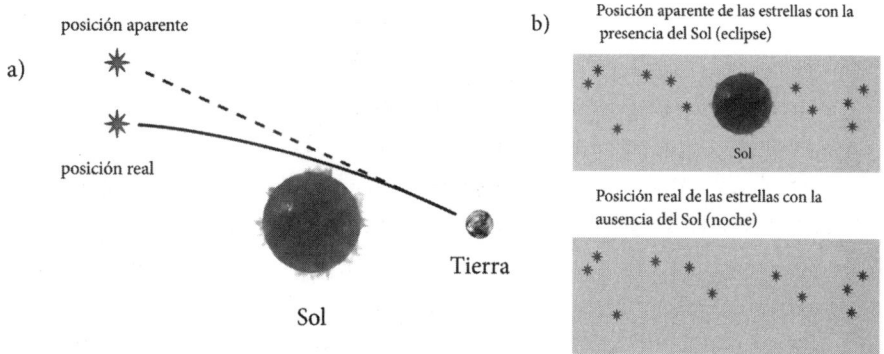

Figura 2. a) La presencia del Sol desvía la trayectoria de la luz emitida por una estrella lejana y modifica la posición aparente de esta última para un observador terrestre. b) Posiciones aparentes de las estrellas de día (durante el eclipse) y de noche.

Una reunión conjunta de la Royal Society y la Royal Astronomical Society, en noviembre de 1919, hizo públicos los resultados del análisis de las placas fotográficas tomadas durante el eclipse. Por sorpresa, la noticia se abrió camino hasta la primera página de los principales periódicos. Dando un repaso a algunos titulares de la época, podemos leer: «La teoría de Einstein triunfa» *(The New York Times)*, «Revolución en la ciencia», «Derrocadas las ideas newtonianas» *(The Times)*, «Una nueva gran figura en la historia mundial: Albert Einstein» *(Berliner Illustrirte)*. Einstein reaccionó ante el revuelo causado por el éxito del experimento con escepticismo. En una carta a un colega expresaba su convicción de que su repentina fama no tardaría en desvanecerse. No podía estar más equivocado.

A partir de la segunda década del siglo XX, Einstein ya se había convertido en un fenómeno de masas, muy superior al furor que se desataría en torno a la figura de Stephen Hawking medio siglo después. Casi en un tiempo récord, media humanidad había asimilado la jerga relativista. En 1920, Einstein se quejaba a su amigo Marcel Grossmann: «El mundo es un extraño manicomio. Hoy en día, no hay cochero o camarero que no se dedique a debatir si la teoría de la relatividad es correcta». El mismo año, el periodista y escritor alemán de origen polaco, Alexander Moszkowski, comentaba con humor:

En cada esquina, surgían veladas sociales formativas y aparecían universidades [...] con profesores errantes que sacaban a la gente de la miseria tridimensional de sus vidas diarias para conducirlas a los más hospitalarios campos elíseos de la tetradimensionalidad. Las mujeres desatendían sus preocupaciones domésticas y se ponían a discutir acerca de sistemas de coordenadas, del principio de simultaneidad o de electrones con carga negativa.

Esta divertida y desconcertante einsteinmanía alcanzó cotas surrealistas. La conocida cadena de almacenes Selfridges de Londres exhibió un artículo del físico alemán en los escaparates de una de sus tiendas. Las seis páginas, pegadas a los cristales, atraían multitudes. En 1929, un documental sobre la teoría de la relatividad desbordó el aforo del Museo Americano de Historia Natural de Nueva York. Al año siguiente, una asociación de astrónomos aficionados programó una nueva proyección gratuita de la película, enviando mil quinientas invitaciones a sus miembros. Poco antes de la proyección, se habían congregado cerca de cinco mil personas en las inmediaciones del museo. Cuando los guardias salieron a la puerta e informaron de que accederían primero aquellos que tuvieran una entrada, fueron recibidos con una tormenta de abucheos. A continuación, se desató el caos. Una furiosa oleada se abatió sobre la entrada y la muchedumbre tomó al asalto las instalaciones del museo hasta abarrotar la sala de proyección. Solo se consiguió reestablecer el orden después de la intervención de la policía.

Algunos artistas y creadores se contagiaron de este furor relativista en diversos grados. Sin duda, resulta aventurado responsabilizar a la teoría de Einstein de la fiebre de subjetividad que asoló el arte, la música o la literatura del siglo xx. Quizá el malentendido se deba en gran medida a una mera coincidencia temporal: Arnold Schoenberg, Georges Braque y Pablo Picasso, la revolución de Freud, los experimentos formales de Virginia Woolf y James Joyce... todos parecían haber acatado la máxima modernista de Ezra Pound, «hazlo nuevo».

¿Acaso Einstein no había practicado el mismo credo en el ámbito de la ciencia? Los escritores venían desarrollando diversas fórmulas para separarse de la tradición literaria y algunas parecían concordar con algunas descripciones muy superficiales de la relatividad, como jugar con la percepción subjetiva del tiempo o desterrar la tercera persona del observador omnisciente, que casi se podría tachar de newtoniano. Estas supuestas afinidades podían crear la ilusión de que existían unas líneas maestras subterráneas que se manifestaban en todos los órdenes de la creación humana.

En *Por el camino de Swann* —la primera parte de *En busca del tiempo perdido*, de Marcel Proust— encontramos una evocación literaria que crece como una enredadera en torno a la noción de espaciotiempo. En un mismo espacio arquitectónico, la iglesia de Combray, se superponen diferentes épocas, como estratos geológicos que van desplegando una narrativa tetradimensional. Proust pasa revista a una serie de elementos que se fueron incorporando al edificio en sucesivos periodos: el pórtico, negro y picado, como una espumadera; las vidrieras; dos tapices, que representan la coronación de Ester; un sepulcro, de pórfido y cobre esmaltado; una cruz de oro:

> Todo esto [...] hacía que yo anduviera por la iglesia, mientras me dirigía hacia nuestras sillas, como a través de un valle visitado por las hadas [...]; todo esto revestía a la iglesia ante mis ojos de un carácter distinto por completo al resto de la ciudad: el ser un edificio que ocupaba, por así decir, un espacio de cuatro dimensiones —la cuarta era el Tiempo— y que al desplegar a través de los siglos su nave, de bóveda en bóveda y de capilla en capilla, parecía vencer y franquear no solo unos cuantos metros, sino épocas sucesivas, de las que iba saliendo triunfante.

¿Había estudiado Proust los artículos de Einstein? O, mejor aún, ¿había leído en la *Physikalische Zeitschrift* el artículo «Espacio y tiempo», en el que Minkowski hacía públicos los contenidos de su famosa conferencia de Colonia? El propio Proust nos resuelve la duda, en una carta al duque Armand de Guiche, en la que menciona a Albert Einstein: «Aunque, de hecho, hay gente que me ha escrito para sugerir que yo tomé ideas suyas, o él mías, no entiendo una sola palabra de sus teorías, ya que no sé de álgebra. Y, por mi parte, dudo que él haya leído mis novelas. Al parecer, tenemos maneras análogas de deformar el tiempo». Proust parece adherirse, así, a la tesis de una secreta convergencia entre diversas pulsiones creativas que obedecía a las claves ocultas de una época.

Un físico o un matemático seguramente movería la cabeza con un gesto de desaprobación al escuchar palabras como las del periodista y novelista húngaro Arthur Koestler:

> El espacio de Einstein no se encuentra más cerca de la realidad que el cielo de Van Gogh. El esplendor de las ciencias exactas no se origina en una verdad más profunda que la de Bach o Tolstoi. Comienza a partir del mismo acto de creación. Los descubrimientos de un científico imponen su propio orden en el caos y dependen del sistema de referencia del observador. Este cambia de siglo en siglo como un desnudo de Rembrandt y uno de Manet.

¿Tenía Koestler la más remota idea de lo que estaba diciendo? Probablemente, no. Pero, al mismo tiempo, ofrece un testimonio de cómo las ideas de Einstein —más o menos distorsionadas, en función del interés, la curiosidad o la formación científica que atesorara cada uno— afectaron al impulso creativo de muchos artistas, aunque solo fuera en su calidad de ciudadanos de una época en la que, como tantos otros, se vieron expuestos a la divulgación de la relatividad. En este sentido, cabe destacar un par de ideas relativistas que, sin ser comprendidas del todo, actuaron como focos creativos:

- La realidad física se puede interpretar dentro un ámbito tetradimensional, el espaciotiempo.
- Diferentes observadores, a la hora de compartir sus descripciones de un mismo fenómeno, pueden incurrir en contradicciones (aparentes, eso sí).

La noción de espaciotiempo parecía en perfecta sintonía con los estudios sobre el movimiento de Eadweard Muybridge, en los que descomponía el galope de un caballo o el caminar de una persona en una secuencia de fotografías. Una prefiguración del cinematógrafo, que se desarrolló como industria popular justo en los años en los que se estaba fraguando la relatividad. El famoso personaje del vagabundo, de Charles Chaplin, hizo su debut en la gran pantalla un año antes de que Einstein culminara su reforma de la gravedad newtoniana. El cine ofrecía una engañosa metáfora para el espaciotiempo, ya que añadía a un ámbito espacial familiar de dos dimensiones, como es la superficie de un lienzo o de una fotografía, la dimensión temporal. La sucesión de estampas bidimensionales conformaba una entidad superior, que se extendía más allá de los límites del espacio, que se desenvolvía en el tiempo. Las películas se podían proyectar hacia delante y hacia atrás, haciendo que el espectador se desplazara en un sentido u otro de la dimensión temporal, igual que una persona avanza o retrocede por un sendero. Con todo, el modo euclidiano en el que el espacio y el tiempo se relacionan en las películas —dejando al margen los cortes y cambios de localización introducidos por el montaje— arman un espaciotiempo clásico. Profundizaremos un poco más en este aspecto cuando consideremos el impacto de la relatividad en los relatos de viajes en el tiempo de la ciencia ficción.

El segundo foco de inspiración que hemos apuntado se presta más a confusiones, ya que los presupuestos relativistas no ponen en jaque en ningún momento la objetividad. Hasta el punto de que no faltaron las propuestas de cambiarle el nombre a la teoría y llamarla, por ejemplo, «teoría de los invariantes». Es cierto que cada observador inercial dispone de sus propias reglas graduadas y sus propios relojes, y que los resultados de sus medidas dependen de dónde se encuentre y a qué velocidad se esté moviendo. Sin embargo, como vimos, las ecuaciones de la relatividad permiten a cualquier observador inercial deducir cómo será la descripción de la realidad que hagan los demás observadores inerciales. Es decir, la teoría facilita las herramientas para relacionar subjetividades y definir una objetividad subyacente, al margen de la multiplicidad de puntos de vista. La relatividad descansa sobre una descripción del universo tan objetiva como la newtoniana, aunque la incorporación del tiempo en el juego de perspectivas genere ciertas perplejidades.

Además, estas discrepancias entre observadores pasan por completo desapercibidas a las velocidades que adquirimos o registramos en nuestra experiencia cotidiana, que es la que se refleja de manera predominante en el arte o la literatura. Prueba de ello es que nadie reparó en los fenómenos relativistas hasta que una teoría aventuró su existencia en 1905. Nadie, a lo largo de milenios de historia, los había advertido antes, porque resultan, en efecto, imperceptibles, salvo que uno se desplace a velocidades próximas a la velocidad de la luz. Así que poco tenía que aportar la relatividad al subjetivismo, a los monólogos interiores o a la *stream of consciousness* de los escritores modernistas.

Que para los físicos no tuviera ningún sentido aplicar la relatividad a la experiencia subjetiva, cotidiana, de los mortales no iba a impedir que una legión de escritores, filósofos o artistas defendiera lo contrario. Jean-Paul Sartre criticaba así el uso que hacía su compatriota François Mauriac de la tercera persona omnisciente en su novela *El fin de la noche*:

> Como la mayoría de nuestros escritores, ha tratado de ignorar el hecho de que la teoría de la relatividad se aplica por completo al universo de la ficción, que no hay más espacio para un observador privilegiado en una verdadera novela que en la obra de Einstein, y que no resulta más viable llevar a cabo un experimento en un sistema ficcional para determinar si el sistema se encuentra en movimiento o en reposo que en un sistema físico.

No seré yo quien le enmiende la plana a Sartre, si estas ideas le llevaron a escribir *La náusea* en una subjetivísima primera persona. Lo cierto es que el invento tampoco era tan nuevo. Antes de las vanguardias, ya se conocían ejemplos de historias narradas desde un doloroso subjetivismo —*El corazón revelador*, por volver a Poe, sin ir más lejos— o una multiplicidad de puntos de vista —como en el extenso poema narrativo de 1868, *El anillo y el libro*, escrito por Robert Browning. Este último relata un crimen a través de las versiones de una serie de testigos que se contradicen. Henry James ya había alcanzado el magisterio en el manejo del narrador poco fiable antes de que Einstein publicara su primer artículo sobre la relatividad.

Aunque estas consideraciones pseudorrelativistas no guardaran relación alguna con la física, inspiraron la fascinante experimentación formal de *El cuarteto de Alejandría*, de Lawrence Durrell. Si uno le preguntara a un físico teórico, probablemente no reconocería una sola idea de Einstein en las casi mil páginas que componen las cuatro novelas del cuarteto. Cuando uno le preguntaba a Durrell, este respondía:

> La literatura moderna no nos ofrece Unidades, así que he acudido a la ciencia y estoy tratando de completar una novela en cuatro partes cuya forma se fundamente en el presupuesto relativista. Tres dimensiones del espacio y una del tiempo constituyen la receta instantánea para un continuo. Las cuatro novelas se ajustan a este patrón. Sin embargo, las tres primeras partes se despliegan espacialmente [...] y no están conectadas entre sí formando una secuencia. Se solapan y entrelazan en una relación puramente espacial. El tiempo es estático. Solo la cuarta parte representará el tiempo y constituirá una verdadera secuela.

En un momento dado, Durrell describe una escena en la que *Justine*, la protagonista que da título a la primera novela, se prueba un vestido de piel de tiburón. Situada frente a un espejo múltiple, exclama: «¡Fíjate! Cinco imágenes diferentes de la misma persona. Ahora, si yo fuera escritora, ensayaría un efecto multidimensional sobre el personaje, una especie de visión de prisma. ¿Por qué no iba a mostrar la gente más de un perfil al mismo tiempo?». ¿Acaso no era ese el efecto que perseguían también los pintores cubistas? ¿No era lo que experimentaban los observadores inerciales de la relatividad especial?

El poeta estadounidense William Carlos Williams estaba convencido, como Sartre, de que la escritura no podía quedar al margen de los nuevos avances científicos. Williams consideraba los poemas como medidas del espacio y el tiempo. Bajo esta premisa, la literatura debía tener en cuenta forzosamente la relatividad: «¿Cómo podemos aceptar la teoría de la relatividad de Einstein, que afecta a la propia concepción del cielo que se cierne sobre nuestras cabezas, del que tanto escribe el poeta, sin incorporar su piedra angular —la relatividad de las medidas— dentro de esta categoría de actividad nuestra?». Otros poetas no llegaban tan lejos como para ver su arte comprometido por los nuevos descubrimientos, pero sí se hicieron eco de la entrada de la nueva física en la cultura popular, como atestigua el poema de E. E. Cummings *Ya que el Espacio es (no lo olvides) Curvo*.

Uno podría despreciar las ideas de Jean-Paul Sartre, Lawrence Durrell o William Carlos Williams y reducirlas a una cómica malinterpretación de los presupuestos einsteinianos, pero, siendo justos, el conocimiento se desvirtúa inevitablemente cuando desciende desde la esfera de los expertos al público general. Pasa con la física, pasa con la macroeconomía, pasa con la medicina, pasa con cualquier rama de saber especializado. La ciencia rara vez entra en la cultura mayestáticamente a través de obras creadas por especialistas. Aunque la divulgación de la relatividad no pudiera garantizar que muchos creadores terminaran aprobando un examen de física, sí logró que unos cuantos se replantearan la naturaleza del tiempo o que cuestionaran la existencia de observadores privilegiados. Sus obras se hicieron eco de nociones científicas, aunque no alcanzaran a comprenderlas o reflejarlas con propiedad. Ciencia, arte y literatura dialogan entre sí en las mentes que se exponen a estímulos heterogéneos. La cultura es felizmente promiscua y despreocupada, y poco le importa la obsesión de los científicos por el rigor. Así vieron la luz obras nada científicas que, paradójicamente, no se hubieran creado —o que, de hacerlo, hubieran adoptado una forma muy diferente— sin la influencia de Einstein.

Siempre ha habido artistas y escritores que han reflejado en su trabajo, lo hicieran de manera consciente o no, un interés genuino por la ciencia. «Sí, te influye la ciencia de tu tiempo, cómo no», reconocía Robert Frost. «Alguien me señaló que todo el libro está impregnado de astronomía... Muchos poemas, puedo nombrar hasta veinte, contienen algo de astronomía». Otra contemporánea de Einstein, Virginia Woolf, experimentó a menudo con la percepción subjetiva del tiempo y sabemos que disfrutaba con la lectura de libros y artículos de divulgación científica, sobre todo de astronomía. Su círculo de conocidos cultivaba intereses muy variados y entre ellos figuraban matemáticos como Alfred North Whitehead o Bertrand Russell, autor de *El ABC de la relatividad*, un ensayo muy popular en su día. El marido de Virginia, Leonard Woolf, recordaba en sus memorias: «Resultaba emocionante vivir en ese Londres de 1911 y [...] no faltaban los motivos para la euforia. Había comenzado la revolución del automóvil y del aeroplano; Freud, Rutherford y Einstein se hallaban manos a la obra, iniciando la revolución del conocimiento acerca de nuestras propias mentes y el universo».

La teoría de la relatividad formaba parte de la actualidad, de los temas de los que se hablaba en sociedad, como refleja también un comentario de pasada en el diario de Virginia Woolf de marzo de 1926: «Por lo demás, me lo pasé bien esta tarde y quería, como una niña, quedarme y discutir. Es cierto que la discusión me estaba superando: cómo, si Einstein tenía razón, seríamos capaces de decir cómo serán nuestras vidas».

Se pueden identificar numerosas referencias a la obra de Einstein, más o menos explícitas, más o menos solapadas, en la literatura y en la correspondencia de Virginia Woolf. En un momento de *La señora Dalloway*, leemos:

> El avión se precipitó, alejándose cada vez más, hasta que no fue más que un destello brillante; un anhelo; un acto de concentración; un símbolo (así se lo parecía al señor Bentley, mientras repasaba vigorosamente su franja de césped en Greenwich) del alma del hombre; de su determinación, pensó el señor Bentley, mientras rodeaba con rapidez el cedro, de salir de su cuerpo, más allá de su casa, a través del pensamiento, de Einstein, de la especulación, de las matemáticas, de la teoría mendeliana: el avión se precipitó lejos.

En su famoso ensayo *Una habitación propia*, Woolf defendía que «si una mujer ha de escribir ficción, antes debe disponer de dinero y de una habitación propia». Pero esa independencia no solo daba acceso a la ficción, también abría las puertas a la cultura en su sentido más amplio: «Ahora bien, si ella se hubiera dedicado a los negocios; si se hubiera convertido en fabricante de seda artificial o en magnate de la Bolsa; [...] hubiéramos podido sentarnos cómodamente esta noche y los temas de conversación hubieran girado en torno a la arqueología, la botánica, la antropología, la física, la naturaleza del átomo, las matemáticas, la astronomía, la relatividad, la geografía».

Otro puntal de la vanguardia modernista, James Joyce, se permitió varios juegos de palabras relativistas en su *Finnegans Wake* y también coló una referencia humorística a sus postulados en el penúltimo capítulo del *Ulises*, conocido como el «episodio de Ítaca» o «capítulo del catecismo». Este último nombre se debe a que está escrito en forma de preguntas y respuestas, que parodian la estructura que adoptaban a menudo los catecismos. A la hora de describir la situación de Molly y Bloom, acostados en la cama, Joyce recurre al lenguaje de los observadores inerciales:

¿En qué estado, de reposo o movimiento?
En reposo, en relación con ellos mismos y entre sí. En movimiento, siendo llevados cada uno y ambos hacia el oeste, hacia adelante y hacia atrás, por el propio movimiento perpetuo de la Tierra a través de las rutas siempre cambiantes de un espacio que nunca cambia.

Einstein alcanzó tal notoriedad que pasó a encarnar la figura del científico en el imaginario colectivo, un valor icónico semejante al que adquirieron antes o adquirirían después Galileo, Marie Curie o Stephen Hawking. Así, su representación estereotipada sirvió de modelo recurrente a la hora de caracterizar personajes científicos, como ocurre con el protagonista de *El camino hacia Dios de Tycho Brahe*, donde el gran amigo de Kafka, Max Brod, perfiló un Brahe a imagen y semejanza de Einstein. El Einstein icónico fue el Einstein ya mayor, instalado en Princeton, que inspiraría un larguísimo linaje de científicos de pelo blanco encrespado, desde el Emmett Brown de *Regreso al futuro* al Rick de *Rick y Morty*.

Con diversos grados de distorsión, el arte también se hizo eco de las ideas relativistas. A semejanza de lo que sucedió en el caso de la literatura, la mayor parte de las influencias adoptaron la forma de vislumbres o interpretaciones poco rigurosas, como las que recorren el manifiesto dimensionista o estas observaciones de Guillaume Apollinaire: «Hoy en día, los científicos ya no se limitan a las tres dimensiones de Euclides. Los pintores han terminado, de manera bastante natural —podría decirse que llevados por la intuición—, por preocuparse por las nuevas posibilidades de la medida del espacio, a las que el lenguaje de los estudios modernos se refiere con el término "la cuarta dimensión"».

De todos modos, hay que reconocer que, con frecuencia, los esfuerzos por relacionar ciencia y arte no estaban tanto en la voluntad de los artistas como en la de los críticos, deseosos de identificar un *Zeitgeist*, o espíritu del momento, que les permitiera establecer correspondencias entre las revoluciones conceptuales del arte y la ciencia, y, por qué no, enriquecer su lenguaje críptico y epatante con la jerga relativista. Se han escrito montañas de artículos después de rastrear a fondo epistolarios y entrevistas a toda clase de escritores y artistas a la caza de alguna muestra de interés hacia la relatividad que justificase una secreta conexión entre disciplinas. En este clima, resultaba casi imposible resistir la tentación de vincular, por ejemplo, la publicación en 1905 del artículo fundacional de la relatividad especial, *Sobre la electrodinámica de los cuerpos en movimiento*, con la pintura de *Las señoritas de Aviñón* en 1907, referencia clave en el desarrollo del cubismo. ¿Acaso no se servía Picasso de un novedoso lenguaje pictórico para representar una misma escena desde diferentes ángulos a la vez? ¿No había una conexión evidente entre este propósito y la equivalencia de sistemas de referencia inerciales? Algunos críticos no albergaban la más mínima duda, al margen de lo que pudieran pensar Picasso y Einstein. Para Picasso:

> Las matemáticas, la trigonometría, la química, el psicoanálisis, la música, etc., se han venido relacionando con el cubismo con el fin de encontrarle una interpretación más sencilla. Ha sido todo pura literatura, por no decir que son chorradas, que solo han conseguido cegar a la gente con teorías.

Einstein fue igual de contundente, si bien más conciso: «Este nuevo "lenguaje" artístico no tiene nada que ver con la teoría de la relatividad». Malentendidos aparte, hubo ocasiones en las que el artista sí que trató de establecer una conversación genuina entre arte y ciencia, como hizo Johannes Theodor Baargeld en el *collage* dadaísta *El ojo humano y el pez, este último petrificado*, que se puede ver en el Museo de Arte Moderno de Nueva York. El ojo humano, en este caso bien entrenado, puede reconocer dos elementos de la iconografía relativista en la obra. El primero es un cono de luz, una herramienta gráfica básica para visualizar la relación entre observadores inerciales, que introdujo Hermann Minkowski. El segundo, es una órbita elíptica que no termina de cerrarse sobre sí misma y que alude a la órbita de Mercurio.

La mecánica clásica de Newton no había conseguido explicar del todo la trayectoria de este planeta, el más próximo al Sol, y su descripción completa fue uno de los primeros triunfos de la relatividad general.

Salvador Dalí, otro pintor que manifestó un vivo interés por la física contemporánea, enriqueció su iconografía surrealista con elementos que parecían comprados en una tienda de *merchandising* relativista, como los teseractos (proyecciones tridimensionales de cubos en cuatro dimensiones) y los relojes blandos. El pintor de Figueras fue desarrollando un universo de técnicas, motivos e imágenes muy personal, que a menudo ahondaba en una combinación de ciencia y misticismo. Aunque, de nuevo, la inspiración artística es libre y caprichosa, y rara vez se acomoda a las expectativas de críticos y exégetas. Cuando el fisicoquímico belga Ilya Prigogine le preguntó a Dalí si los famosos relojes blandos tendidos en el canto de una mesa o sobre la rama de un árbol sin hojas de *La persistencia de la memoria* plasmaban, como parecía obvio, un sueño surrealista de la relatividad especial, Dalí contestó que no, que se había inspirado en una imagen más prosaica: una loncha de queso camembert fundiéndose al sol.

En definitiva, no se ahorraron esfuerzos para vincular la relatividad con la obra de los principales artistas y escritores del primer cuarto del siglo XX, ya fuera James Joyce, Virginia Woolf, Marcel Proust, Jean-Paul Sartre, Pablo Picasso, Vasili Kandinski o Salvador Dalí. Algunos vínculos fueron fruto de malentendidos, otros resultaron deliberados, muchos no fueron más que espejismos causados por una mera coincidencia temporal. Los artistas crean sus obras partiendo de los presupuestos de la sociedad y la cultura que les haya tocado vivir, ya sea para reflejarlos, refutarlos, explorarlos, transformarlos o asimilarlos, y en las primeras décadas del siglo XX, la relatividad flotaba en el ambiente. Con todo su poder disruptivo, que todavía no había atemperado la costumbre, era una novedad que acarició la mente de muchas personas.

Dentro del extenso territorio de la cultura, una pequeña región marginal, fronteriza, desarrolló un culto muy particular hacia Einstein. A sus moradores les resultaba pueril la pretensión de que la relatividad hubiera venido a revolucionar el arte de la pintura, de componer novelas o esculpir. A la nueva física le aguardaba otro destino.

Otra ambición. Era la vía trascendental que conduciría a la humanidad a otros universos parecidos al nuestro, a viajar en el tiempo o a colonizar los planetas de las galaxias más remotas.

Sueños y pesadillas en la cuarta dimensión

> *Como ultraísta y kantiano,*
> *creo en la cuarta dimensión.*
>
> Jorge Luis Borges, en una carta
> a Maurice Abramowicz

A la hora de identificar los orígenes de la ciencia ficción, uno puede remontarse tan atrás como quiera. Puede conformarse con Julio Verne y Herbert George Wells, o recular hasta Mary Wollstonecraft Shelley, o seguir retrocediendo hasta los viajes satíricos de Cyrano de Bergerac o Jonathan Swift, hasta el *Somnium* de Johannes Kepler o, si lo que está buscando es respetabilidad a través de una conexión con el mundo clásico, hasta la *Historia verdadera* de Luciano de Samosata. Lo cierto es que, como género autoconsciente, cultivado por una comunidad estable de escritores y seguido por una legión de aficionados, se afianzó en el periodo de entreguerras, en las revistas *pulp* estadounidenses —llamadas así por la mala calidad de su papel de pulpa de madera—, justo en las décadas de 1920 y 1930 en las que Einstein y la relatividad coronaban la cima de su popularidad. El nuevo género rendiría culto a la ciencia y, al mismo tiempo, alumbraría nuevas maneras de imaginarla. Entre sus lectores figuraban muchos adolescentes, que descubrieron en las páginas de revistas como *Amazing Stories, Astounding Stories* o *Science Wonder Stories* la vocación que los llevaría a hacerse físicos, biólogos o químicos. Más adelante, su práctica profesional participaría de una cultura científica construida en parte a partir de la ficción.

También es verdad que la ciencia ficción proporcionó a muchos autores que no sentían el menor interés por la ciencia un nuevo marco —el espacio interestelar, planetas exóticos, la Tierra del futuro, viajes en el tiempo, dimensiones alternativas— en el que volver a contar las mismas historias que habían contado ya mil veces ambientadas en un atolón del Pacífico, en un rancho de Texas o en el Bajo Imperio romano. Paul Ernst, autor curtido en toda suerte de *pulps*, revelaba los ingredientes de la receta: «Cuando tenía que escribir ciencia ficción, añadía una pizca de ciencia al misterio». Sin embargo, en manos de otros autores con inquietudes científicas, el género trajo también nuevas maneras de pensar e imaginar la ciencia. A estos escritores no los animaba el afán de revender por enésima vez los trillados argumentos del pasado, sino un deseo de vislumbrar y comprender el futuro. El lema de Hugo Gernsback, editor de la primera revista de ciencia ficción, fue: «Hoy, extravagante ficción; mañana, realidad prosaica». Parecía la consigna del nuevo siglo, que transformaba el mundo a ojos vistas bajo el empuje de invenciones impensables para una generación anterior, como la radio, el automóvil, el avión o el cine sonoro. Muchos editoriales de Hugo Gernsback rendían tributo a la relatividad con títulos explícitos, como *El increíble Einstein* o *Las maravillas de la gravitación*.

La relatividad campó a sus anchas en sus revistas y también en las de la competencia. Una página de autopromoción del *Amazing Stories Quarterly* de otoño de 1930 trataba de llamar la atención de los lectores con el mensaje: «¡Einstein explicado a través de la ficción!». Debajo se anunciaba el relato *El príncipe de los mentirosos*, de Lucile Taylor Hansen, acompañado de la siguiente promesa: «Con esta bonita historia sobre la relatividad y la cuarta dimensión, se pueden venir abajo muchas de sus ideas preconcebidas; pero recibirá tantas otras más a cambio que se sentirá más que compensado por la pérdida». Los autores de esta ciencia ficción optimista, que aún no había sufrido el golpe de la Gran Depresión, encontraron dos vías principales para explotar la nueva veta de la relatividad, ambas relacionadas con su carácter tetradimensional. En la primera vía, más ortodoxa, la cuarta dimensión era el tiempo y se podía recorrer con la misma facilidad que una carretera de doble sentido. En la segunda, era espacial y abría la puerta a explorar otras dimensiones desconocidas.

La idea de acoplar una cuarta dimensión, ya fuera temporal o espacial, a las tres dimensiones espaciales no fue desde luego un invento del siglo XX, aunque la obra de Einstein contribuyera insospechadamente a su popularización. Como sucede con casi cualquier cuestión que uno decida abordar, Aristóteles ya se había pronunciado al respecto: «Entre las magnitudes, la que se extiende a lo largo de una dimensión corresponde a la línea; la que lo hace a lo largo de dos, a la superficie; la que lo hace a lo largo de tres, a un sólido. Más allá de estas magnitudes, no existen más, puesto que todas las dimensiones posibles se reducen a tres [...]». La autoridad de Aristóteles desbarató durante siglos cualquier posibilidad de una cuarta dimensión. Siguiendo los pasos del maestro, Tolomeo trató de producir una demostración de su inexistencia, que convenció a Leibniz, pero no a Kant, que señaló con razón que la prueba descansaba en un razonamiento circular.

En sus inicios, las matemáticas tuvieron un fuerte anclaje en la geometría y en los conceptos que se podían visualizar y representar gráficamente. El álgebra dio sus primeros pasos como un discurso verbal, sin ecuaciones. Aquello que se ignoraba (la incógnita), se representaba como una línea. Si se multiplicaba por sí misma (la incógnita al cuadrado), se representaba mediante una superficie. Si se multiplicaba tres veces (la incógnita al cubo), se representaba a través de un volumen. ¿Qué sucedía si se multiplicaba cuatro veces? La incapacidad de dar sentido a estas expresiones mediante una imagen mental confundió a los algebristas, que de entrada las censuraron, considerándolas contra natura.

Sin embargo, la curiosidad mató al gato. El monje alemán Michael Stifel, defensor de Lutero, se permitió el estudio de las ecuaciones de cuarto grado, lo que suponía ir «más allá del cubo, como si hubiera más de tres dimensiones». Con la advertencia expresa, eso sí, de que ese nuevo ámbito se exploraba como una suerte de pasatiempo mental, porque no existía en la naturaleza. Un siglo después, John Wallis defendía básicamente la misma postura. Uno podía escribir en el papel cualquier potencia mayor que tres, del mismo modo que podía hablar de una quimera o de un centauro. Estos monstruos matemáticos suponían, sin embargo, un desafío mayor para la imaginación: «Longitud, ancho y grosor agotan todo el espacio. Ninguna fantasía puede concebir la existencia de una cuarta

Einstein Explained in Fiction!

Ilustración de la revista *Amazing Stories Quarterly* de otoño de 1930.

dimensión local más allá de estas tres». En dos mil años no se habían separado tanto de Aristóteles.

A medida que las matemáticas se fueron volviendo cada vez más sofisticadas, en un camino sin retorno hacia la abstracción pura, se fueron abandonando las precauciones y los matemáticos terminaron formalizando con todo rigor la noción de espacios de dimensiones arbitrarias. La cumbre de este proceso se alcanzaría en 1854, con la presentación de *Sobre las hipótesis que subyacen los fundamentos de la Geometría*, donde el alemán Bernhard Riemann caracterizaría espacios con una cantidad de dimensiones arbitraria, sentando las bases de la geometría diferencial, el lenguaje que más tarde utilizaría Einstein para componer la relatividad general.

Tarde o temprano, estos juegos dimensionales tenían que salir del exclusivo círculo de los matemáticos. En 1884, el maestro de escuela británico Edwin Abbott Abbott publicó *Planilandia*, una sátira de la sociedad victoriana al estilo de Swift, protagonizada por criaturas planas —polígonos— que habitan un mundo bidimensional. La población de Planilandia se ajusta a un rígido sistema de castas, determinadas por el número de lados que posea cada individuo. El protagonista, un cuadrado, recibe la visita de una esfera, un cuerpo tridimensional. Al principio, la recién llegada se manifiesta como un punto, que surge como por ensalmo de la nada, y que pasa a convertirse en un pequeño círculo. En función de qué sección de la esfera corte la superficie bidimensional en la que habita el cuadrado, este ve cómo la circunferencia crece o decrece. Lo más que él alcanza a percibir son secciones de la esfera (figura 3). Cuando esta decide marcharse, separándose del plano en el que vive el cuadrado, el círculo comienza a menguar hasta convertirse en un punto y por fin desvanecerse.

¿Los humanos podían extrapolar este juego entre dos y tres dimensiones a tres y cuatro dimensiones, interpretando el papel del cuadrado ante entidades tetradimensionales? En 1904 una imprenta de Londres sacó de sus prensas un libro titulado *La cuarta dimensión*. Contenía un apéndice donde se daban instrucciones detalladas para fabricar 81 cubos de colores. Borges se refirió a ellos como «los falaces cubos de Hinton». Su estudio concienzudo garantizaba el desarrollo de la capacidad para visualizar una cuarta dimensión espacial. Cuenta la leyenda que muchos que lo intentaron estaban comprando sin saberlo un billete sin retorno a la celda acolchada de un hospital psiquiátrico. Al parecer, la contemplación sucesiva de los cubos sumía en un trance autohipnótico, placentero, pero del cual resultaba imposible despertar. Como en un relato fantástico, la manipulación de los cubos abría la puerta de un laberinto mental de cuyos recodos y recovecos no se regresaba jamás.

El autor de esta trampa mortal, el inglés Charles Howard Hinton, supo permanecer inmune a los peligros de su invención. Fue profesor de matemáticas, se casó con una hija de George Boole —el patriarca del álgebra computacional—, escribió relatos de ciencia ficción, fue condenado por bigamia, escapó a Japón e inventó una máquina que lanzaba pelotas de béisbol para ensayar el bateo. En una carambola del destino, o quizá de la cuarta dimensión, Hinton acabó su vida profesional en el mismo punto donde la empezaría Einstein, como empleado de una oficina de patentes.

Hinton creía en la existencia real de un espacio tetradimensional y en la posibilidad de acceder a la cuarta dimensión, operación que para él suponía una suerte de elevación espiritual. Hinton acuñó el término *teseracto*. Si la extensión natural de un cuadrado de dos a tres dimensiones es el cubo, el teseracto sería la extensión natural del cubo de tres a cuatro dimensiones. Casi todos nos hemos visto en el colegio en la situación de tener que montar un cubo a partir de su desarrollo en dos dimensiones, es decir, a partir de una lámina recortable compuesta por seis cuadrados conectados entre sí. Una criatura de cuatro dimensiones se enfrentaría a una tarea semejante si le dieran un objeto tridimensional compuesto por ocho cubos conectados entre sí (figura 4). Al manipularlo a través de la cuarta dimensión, podría formar con él un teseracto.

Hinton otorgaba un carácter casi totémico al teseracto, ya que lo consideraba como un portal que daba acceso a la cuarta dimensión. Salvador Dalí explotaría su simbolismo en un sentido religioso. El desarrollo tridimensional del teseracto ocupa un lugar central en la composición de la crucifixión *Corpus Hypercubus*, que pintó en 1954. En ella, Cristo aparece suspendido frente a una cruz muy particular, formada por ocho bloques cúbicos. El octavo bloque, situado en posición frontal, se desmaterializa para dejar espacio al cuerpo de Cristo, que levita frente a una María Magdalena con los rasgos de la mujer de Dalí, Gala. Sobre un suelo ajedrezado, los cubos parecen proyectar una sombra que oscurece una cruz de baldosas, el desarrollo bidimensional de un cubo.

Curiosamente, el mero acto de pintar con un estilo figurativo puede conducir al artista a meditar sobre la conexión entre dimensiones, sin necesidad de ninguna consideración física o matemática. La siguiente

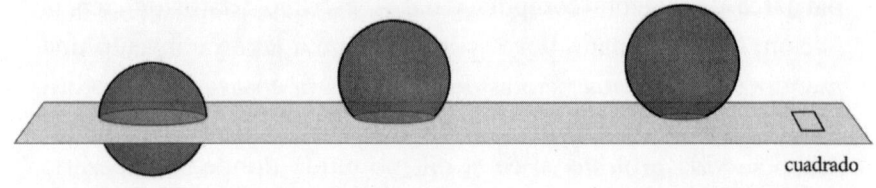
cuadrado

Figura 3. La esfera viajera abandona *Planilandia*. A medida que se aleja del plano en el que vive el cuadrado, su sección circular se va volviendo más pequeña hasta terminar desapareciendo.

reflexión de Max Beckmann es un perfecto reflejo de las fantasías de Edwin Abbott y Charles Hinton: «De algo no hay duda: tenemos que transformar el mundo tridimensional de los objetos en el mundo bidimensional del lienzo [...]. Para mí, la experiencia de transformar tres dimensiones en dos está llena de magia. En ella vislumbro por un instante esa cuarta dimensión que anhelo con todo mi ser».

El carácter fantástico que Hinton otorgó al teseracto, su facultad de dar acceso a una dimensión superior —que podía limitarse al espacio o adquirir connotaciones místicas—, sedujo a otros creadores, tan dispares como Jorge Luis Borges, Alan Moore o Mircea Cărtărescu. Su poder simbólico ha llegado intacto hasta nuestros días. En *Interstellar* encontraremos precisamente un teseracto en el corazón de un agujero negro, para cumplir en la trama su función de portal interdimensional.

Borges mencionó a Hinton en infinidad de ocasiones y editó uno de sus libros: *Relatos científicos*. También es una referencia recurrente en las obras de Alan Moore, tanto en sus comics como en su monumental novela *Jerusalem*. En una de las viñetas de *Providence*, su particular homenaje y reinterpretación del universo de Lovecraft, se muestra a un personaje que manipula ensimismado ocho cubos transparentes, empeñado en armar con ellos una estructura tetradimensional. La relación entre el teseracto y el terror gótico no es caprichosa. Lovecraft recurrió a la cuarta dimensión en sus veladas descripciones del horror absoluto que se agazapa tras nuestra ingenua interpretación de la realidad, para transmitir la impresión de un universo que se extiende mucho más allá del alcance de nuestra percepción y que, cuando no se manifiesta como abiertamente hostil, resulta ajeno por completo a la razón y los intereses de los seres humanos. En muchos de sus relatos, se hace realidad la leyenda de los cubos de Hinton y el vislumbre de la cuarta dimensión conduce directamente a la locura.

En *Los sueños en la casa de la bruja*, Lovecraft llega a relacionar los ámbitos multidimensionales con el continuo espaciotemporal de la relatividad. Su protagonista, Walter Gilman, un joven que estudia matemáticas en la Universidad de Miskatonic, explora la posibilidad de acceder a otras dimensiones y, también, de que los moradores de esos dominios hagan incursiones en nuestro espacio. No sabemos si,

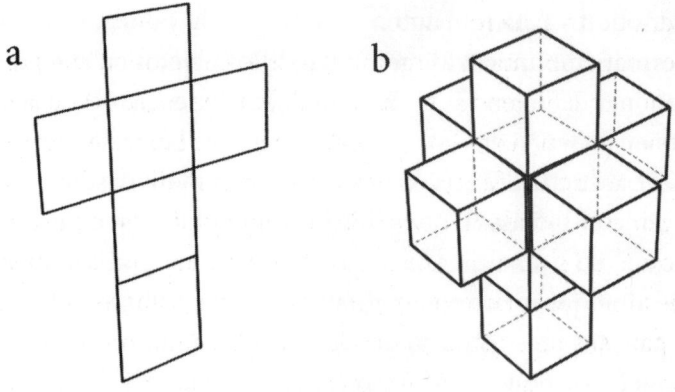

a b

Figura 4. a) Desarrollo del cubo (en dos dimensiones). b)
Desarrollo del teseracto (en tres dimensiones).

de haberse establecido entonces la noción de agujero negro, Lovecraft hubiera utilizado uno como portal para facilitar el tránsito multidimensional. Quizá hubiera seguido optando por la brujería. O hubiera sido capaz de impregnar los agujeros negros de un poder mágico y antiguo. Es una operación que se ha llevado a cabo con éxito en ficciones más modernas, como la película *Horizonte final* o la serie *Dark*. En *Los sueños en la casa de la bruja*, el joven Gilman sitúa a Azathoth, símbolo del caos primordial y figura central del panteón de mitos de Cthulhu, en un vacío definitivo de vórtices negros en espiral. ¿Un agujero negro, quizá?

Como bien señalaron los primeros editores del relato, que se publicó en julio de 1933, en la revista *Weird Tales*, *Los sueños en la casa de la bruja* ofrece: «Una historia de matemáticas, brujería y la Noche de Walpurgis, en la que el horror se arrastra y crece». El cuento presenta una irresistible combinación de matemáticas y brujas de Salem. En sus páginas se habla de Einstein, Riemann y De Sitter, de la curvatura del espacio, de las geometrías no euclidianas, y se desgrana todo un rosario de referencias matemáticas y pseudomatemáticas, que Lovecraft enteteje hábilmente con el folclore, el pasado puritano y colonial de Estados Unidos, la nigromancia y su particular mitología de deidades cósmicas, las cuales podrían irradiar del centro irracional y aterrador de un agujero negro.

El espiritismo, una de las grandes modas decimonónicas, tampoco pasó por alto el potencial sobrenatural (y sobrecogedor) de la cuarta dimensión y recurrió a ella como una suerte de *backstage* del que podían salir toda clase de espectros y ectoplasmas. Allí era donde acudía a refugiarse el sufrido fantasma de los Canterville, en la novela corta de Oscar Wilde, para escapar de las travesuras con que lo atormentaban los niños de la familia estadounidense que había venido a arruinar la paz de su castillo encantando. La ciencia ficción trató de jugar al mismo juego bajo una apariencia más racional. En el fondo era un poco lo mismo. Las máquinas prodigiosas sustituían a las médiums, y las criaturas de otras dimensiones, a los fantasmas. La posibilidad de un ámbito al margen por completo de nuestros sentidos, aunque inmediato a nuestro espacio, que se volvía accesible gracias a la ciencia, obsesionó al estadounidense Miles John Breuer.

Breuer trabajaba como médico internista en el Hospital General de Lincoln en Nebraska y encontró en la cuarta dimensión un excelente refugio al que evadirse de las cuitas y zozobras de sus pacientes. Entregó a los *pulps* un puñado de aventuras, protagonizadas todas ellas por brillantes físicos y matemáticos, que entraban en escena con un breve monólogo trufado de palabrería pseudocientífica, perfectamente incomprensible, para justificar la existencia de la cuarta dimensión y la máquina que daba libre acceso a ella. En mitad de este abracadabra físico —«manipulación de tensores», «transformaciones paralelas», «integrales electromagnéticas»— no faltaban las alusiones a la relatividad. De hecho, uno de estos relatos se titulaba *El balancín de Einstein*. Uno de sus protagonistas se jactaba: «Bueno, este es el rollo de Einstein, solo que yo he ido más lejos que él». Y tanto.

En la más notable de estas historias, *La sección transversal capturada*, de 1929, Breuer a punto estaba de llenar de ecuaciones algebraicas su monólogo de justificación inicial. Lo que sucedía a continuación venía a ser una variación de la visita de la esfera a *Planilandia*, solo que en este caso el visitante era una criatura que se extendía a lo largo de cuatro dimensiones. Por tanto, surgía de la nada ante los estupefactos protagonistas, aumentaba y disminuía de tamaño a capricho y, finalmente, se desvanecía como por arte de magia. En torno a este juego dimensional, Breuer armaba una historia arquetípica. La criatura aprovechaba sus enigmáticas maniobras para, no se sabe muy bien por qué, arrinconar a Sheila, la novia del protagonista, y hacerla desaparecer. Para rescatarla, este debía sumergirse en una desafiante realidad tetradimensional. Es cierto que aquí Breuer caía en el manido cliché de la novia indefensa y en apuros propio de los *pulps*, pero, como atenuante, también proporcionaba a Sheila un currículum que desafiaba los estereotipos de la época: era matemática profesional y, según se nos dice, «había publicado un puñado de artículos originales».

Quizá la obra maestra de la ciencia ficción en lo que se refiere a espacios tetradimensionales sea la maravillosa *Y construyó una casa torcida*, que Robert Anson Heinlein escribió en 1941. Carl Sagan escogió este relato para mostrar el potencial de la ficción para divulgar aspectos de la ciencia que la mayoría de la gente desconoce: «Para muchos lectores, supuso la primera introducción a la geometría en cuatro dimensiones con unas mínimas garantías de resultar comprensible». Heinlein tuvo además la gentileza de no mencionar en vano el nombre de Einstein y de no relacionar un ámbito de cuatro dimensiones espaciales con la relatividad. *Y construyó una casa torcida* arranca presentándonos a un peculiar arquitecto, Quintus Teal, que fantasea con la idea de construir una casa de ocho habitaciones, cuya estructura se ajuste al desarrollo tridimensional de un teseracto. Diseña, por tanto, un edificio integrado por ocho módulos cúbicos iguales, dispuestos en cruz. Se da la feliz casualidad de que la mujer de su amigo Homer Bailey está considerando la posibilidad de construir una casa nueva y Teal encuentra en la pareja a los inversores ideales para su excéntrico proyecto. La historia transcurre en Los Ángeles y, terminadas las obras, la noche antes de que Teal muestre la vivienda, la ciudad sufre un terremoto. El seísmo tendrá un efecto inesperado sobre la construcción, sacudiendo y desplazando los módulos cúbicos a través de una dimensión superior y plegándola en una configuración más estable, un teseracto.

Cuando Teal queda con los Bailey para enseñarles el flamante edificio, solo un módulo aparece a la vista. Teal se muestra tan estupefacto como los Bayley, que piensan que los ha estafado. Sin embargo, cuando entran en el módulo, nada les impide acceder al resto de las habitaciones. Aunque desde fuera solo distinguían un cubo, una vez dentro, la casa se presenta tal y como la diseñó Teal. A medida que recorren las habitaciones, sin embargo, suceden cosas muy extrañas. Cuando intentan acceder al mirador del tejado, las escaleras los conducen de vuelta al recibidor de la entrada. Las escaleras se han cerrado en un bucle. Al abrir la puerta principal, en lugar de salir a la calle, aparecen en otra de las habitaciones. Al perseguir a un desconocido, Teal descubre que está corriendo detrás de sí mismo. Cada una de las ventanas del estudio que ocupa el centro del teseracto se asoma a un paisaje diferente: una vista de Nueva York desde lo alto del Empire State, un desierto, un océano invertido... Descubren así que han quedado atrapados en una serie de pliegues tetradimensionales, igual que una criatura plana —como el cuadrado de *Planilandia*— quedaría encerrada en el recortable de un cubo si hiciéramos las dobleces correspondientes y lo cerráramos. Aunque la percepción de la cuarta dimensión quede fuera de su alcance, los módulos se han desplazado en ese ámbito superior.

Esplendores y miserias del espaciotiempo

*Más de un viaje continúa mucho
después de que haya cesado el
movimiento en el tiempo y el espacio.*

John Steinbeck, *Viajes con Charley*

Considerar que el tiempo es la cuarta dimensión, que flanquea sus tres compañeras espaciales, nos aproxima más a la relatividad, pero en sí, la idea tampoco fue introducida por Einstein. Uno de los padres de la Ilustración, Jean Le Rond d'Alembert, ya había explorado esta posibilidad en 1756, en la entrada de la Enciclopedia correspondiente a la palabra *dimensión*: «Un conocido mío, persona de juicio, cree que podríamos considerar la duración como una cuarta dimensión, de manera que el producto del tiempo por el volumen sería, en un cierto sentido, el producto de cuatro dimensiones. Esta idea quizá resulte discutible, pero, me parece a mí, posee cierto mérito, aunque solo sea el de la novedad». Tanto mérito tenía que el gran matemático Joseph-Louis Lagrange la retomó en su *Teoría de las funciones analíticas* formulándola, eso sí, de manera más precisa.

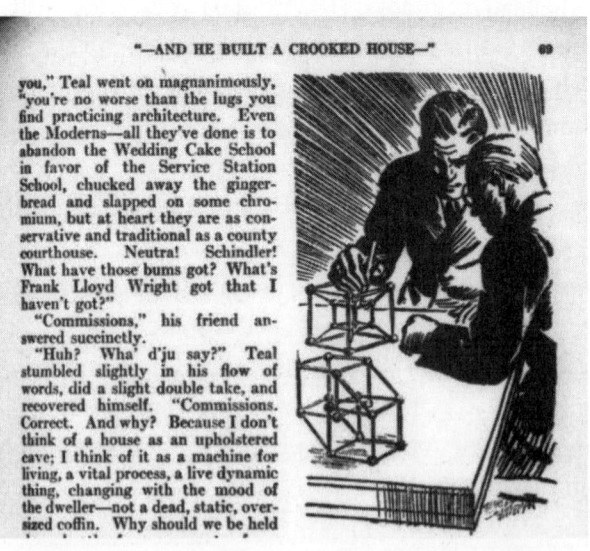

Fragmento de *Y construyó una casa torcida*, publicada en la revista *Astounding Science Fiction* de febrero de 1941. La ilustración es de Charles Schneeman.

Apliquemos la teoría de las funciones a la mecánica. [Como] la posición de un punto en el espacio depende de tres coordenadas rectangulares: x, y, z, estas coordenadas, en los problemas de mecánica, se supondrá que son funciones de t. Así, se puede considerar la mecánica como una geometría de cuatro dimensiones, y el análisis mecánico como una extensión del análisis geométrico.

Si regresamos a las páginas de *Eureka*, encontramos un pasaje casi oracular en el que Poe bien se podría estar refiriendo al espacio-tiempo: «Las consideraciones que hemos ido siguiendo, paso a paso, a través de este ensayo, nos permiten percibir clara e inmediatamente que el Espacio y la Duración son uno». El propio Hinton exploró una suerte de espaciotiempo, al utilizar el tiempo como un artificio para visualizar dimensiones extra. Imaginemos que rodamos una película que registre, desde una vista lateral, el desplazamiento en línea recta de un rectángulo de cartulina. Añadamos ahora un pequeño efecto especial, para que, al pasar los fotogramas, no se desvanezcan del todo y permanezcan ligeramente sobreimpresionados, de forma que el rectángulo vaya dejando una estela fantasmal. A medida que avanza, la superficie rectangular irá dibujando un bloque, como una barra de helado. Si en lugar de escoger un rectángulo, desplazamos un punto, en la película se irá perfilando una línea recta. El tiempo sirve así como expediente para ganar una dimensión, para pasar de un punto a una recta, de una recta a un plano, de un plano a un volumen. Aplicando el procedimiento a un volumen, se generaría el ámbito tetradimensional de D'Alembert. Vimos también cómo Proust tropezó con la noción de espaciotiempo sin necesidad de matemáticas, en su evocación de la iglesia de Combray.

El espaciotiempo formó parte de la terminología pseudocientífica que la ficción tomó de la relatividad para dotar a los viajes en el tiempo de una cierta verosimilitud. Dickens solo había necesitado un par de fantasmas para trasladarse al pasado o al futuro en su *Canción de Navidad*. Mark Twain prefirió una vía más expeditiva aún: no ofrecer ninguna explicación. Un simple golpe en la cabeza bastaba para trasladar al protagonista de *Un yanqui en la corte del rey Arturo* a la Edad Media. Aquí había margen de mejora, pensaron algunos autores.

De modo que la ciencia ficción se inclinó por un modelo más sofisticado: el marco conceptual forjado por Herbert George Wells en 1895, en *La máquina del tiempo*, que vio la luz antes de que Einstein tuviera ocasión de publicar un solo artículo científico. La novela se publicó por entregas, como un serial para la revista *New Review*. En su relato, Wells trata el tiempo como una cuarta dimensión. La máquina que da título a la historia permite «viajar indiferentemente en cualquier dirección del espacio y el tiempo, en función de lo que determine [su] conductor». El inventor de la máquina considera el tiempo como una cuarta dimensión perpendicular a las tres dimensiones espaciales. Del mismo modo que la altura es perpendicular a superficie del suelo, que integra a su vez dos dimensiones perpendiculares entre sí, la anchura y la profundidad.

Sin llamarlo con ese nombre, Wells había urdido su historia contra el telón de fondo de un espaciotiempo, diez años antes de que Einstein sentara las bases de la relatividad especial. ¿Conocía acaso Minkowski la obra de Wells? No consta que leyera *La máquina del tiempo*, pero de haberlo hecho tampoco tendría la más mínima trascendencia, ya que la idea de considerar el tiempo como una cuarta dimensión no la tomó ningún científico de Wells, sino más bien al contrario. A diferencia de otros escritores, Wells había recibido una buena formación científica, sobre todo en el campo de la biología (había sido alumno nada menos que de Thomas Henry Huxley, cuya firme defensa de la teoría de la evolución le ganaría el apodo de «bulldog de Darwin»). Lo que hizo Wells, con un enorme talento narrativo, fue trasladar un concepto que ya circulaba entre físicos y matemáticos al ámbito de la ficción. La aventura de su viajero del tiempo, como la de Gulliver o la del cuadrado de *Planilandia*, recurre a un artefacto fantástico, que se disfraza de científico, para elaborar una fábula o una sátira sobre el presente. Los protagonistas de estos relatos, en contra de las apariencias, a pesar de vérselas con gigantes o seres diminutos, de vislumbrar dimensiones superiores o de trasladarse al futuro, no se mueven del aquí y el ahora.

Ciertamente, estos espaciotiempos de D'Alembert, Lagrange, Poe, Hinton, Proust o Wells no son los de Einstein —vía Minkowski—, ya que son clásicos, por así decir, y en ellos el espacio y el tiempo no han suscrito los postulados relativistas. Según el viajero de Wells: «No existe ninguna diferencia entre el tiempo y cualquiera de las tres dimensiones espaciales, salvo que nuestra conciencia se mueve a través de él». «Las personas de ciencia […] saben muy bien que el tiempo es solo una clase de espacio». En las ecuaciones de la relatividad, el tiempo establece un vínculo con las dimensiones espaciales, pero no se relaciona con ellas del mismo modo que estas se relacionan entre sí, lo que introduce sus peculiaridades: contracciones espaciales, dilataciones temporales o rupturas de la simultaneidad.

La carta al editor de un lector de la revista *Amazing Stories*, escrita en 1927, nos ofrece una idea de la popularidad que habían

Fotograma de la película *The Time Machine* de 1960,
dirigida por George Pal.

alcanzado las historias sobre viajes en el tiempo o a otras dimensiones: «Por favor, publiquen más historias sobre la cuarta dimensión. Considero que este es uno de los temas más interesantes de la ciencia moderna. La relatividad y la cuarta dimensión han cambiado ya nuestro pensamiento científico radicalmente». Este idilio entre la relatividad y la ciencia ficción tuvo también que superar sus desencuentros. A partir del momento en que lectores y autores tomaron conciencia de los postulados de Einstein, la ciencia ficción libró una lucha desigual contra el límite de velocidad de la luz, que parecía condenar los viajes espaciales. Hasta ese momento las naves salvaban la distancia entre las estrellas alcanzando velocidades que solo dependían de la impaciencia del autor de turno por hacer que sus personajes llegaran a destino, fuera este un asteroide cercano o el confín de otra galaxia. Con la nueva física, viajar a la estrella más cercana, Próxima Centauri, demoraba más de cuatro años. Y eso, con una inversión inconcebible de energía que impulsara las naves hasta rozar la velocidad de la luz. En un universo relativista, la vida de los astronautas no daba para alcanzar las estrellas más lejanas.

Obviamente los autores no iban a privar a los lectores de sus aventuras en imperios galácticos por culpa de Einstein, así que se dedicaron a urdir toda clase de subterfugios, a cuál más ingenioso, para burlar los límites de la relatividad. Una primera opción, bastante socorrida, consistía simplemente en ignorar la ley. Una segunda era refutarla. Así, en el primer párrafo de *Al margen del tiempo*, un relato publicado en junio de 1934, Murray Leinster nos informaba de que en diciembre de ese mismo año un tal profesor Michaelson había descubierto que «la velocidad de la luz no es un límite absoluto ni puede considerarse invariante». Seis años antes, en *La alondra del espacio* —la novela que inauguró el subgénero de la *space opera* u «ópera espacial», es decir, de pura aventura trasladada al ámbito interestelar—, los protagonistas hacen un gozoso descubrimiento después de que el villano de la función, Marc DuQuesne, les haya robado su flamante nave espacial, la Alondra, y haya salido disparado a recorrer el universo con ella:

En cuanto se detuvo, Crane consultó su reloj y completó un cálculo rápido.
—Más de quinientos sesenta millones de kilómetros —dijo—. Ya ha salido de nuestro sistema solar y, por la distancia que ha recorrido, debe de haber mantenido una aceleración constante suficiente para acercarse a la velocidad de la luz, y todavía sigue avanzando a toda...
—Pero nada puede moverse tan rápido, Mart, es imposible. ¿Qué pasa con la teoría de Einstein?
—Que es una teoría. Esta medida de una distancia es un hecho, como bien sabes por las pruebas que hicimos.
—Es verdad. Otra buena teoría que se va al traste.

Después de tirar la teoría de la relatividad a la basura, los protagonistas salen en persecución de DuQuesne, saltando sin complejos de galaxia en galaxia.

Estos actos de apostasía relativista se cometían a plena luz del día, sin atenuantes y con absoluta conciencia del delito. A propósito del relato *Noche*, escrito por John Wood Campbell —un autor que podía presumir de tener un grado en física—, Isaac Asimov reconocía:

Campbell ha recibido una sólida formación científica y podemos estar seguros de que presta atención a los detalles. Aun así, hace uso de la antigravedad y de los viajes en el tiempo, porque dan lugar a tramas tan interesantes que hay que recurrir a ellos aun cuando sepamos que no resultan científicamente plausibles. (Los viajes que superan la velocidad de la luz son otro recurso tan útil para los escritores de ciencia ficción que su imposibilidad se ignora o se rehúye apresuradamente).

Puestos en la tesitura de elegir entre la ciencia y la ficción que daba nombre al nuevo género, los escritores se inclinaban claramente a favor de la ficción. Obviamente había margen para las licencias poéticas. ¿Cuánto margen? Si respetamos la autoridad de Asimov, este era su dictamen al respecto: «A veces se dice que un buen escritor de ciencia ficción acepta una cierta premisa, incluso aunque resulte imposible, para iniciar su historia. A partir de ahí, ya no se permite ninguna más». Lo cierto es que la mayoría de los autores, incluido el propio Asimov, con frecuencia se permitían más de una licencia.

La teoría de la relatividad contó desde el principio con un persuasivo respaldo experimental, pero no dejaba de ser una teoría joven que bien podía verse refutada. Sin embargo, a medida que pasaban los años y que la teoría iba superando más pruebas empíricas, hasta convertirse en un pilar de la ciencia moderna, los autores que infringían las leyes relativistas recibían cada vez más amonestaciones por parte de los aficionados. Estas críticas eran frecuentes en las secciones de cartas al director de las revistas, donde los lectores exponían los errores científicos que se cometían en los relatos, esgrimiendo en ocasiones ecuaciones intimidantes. Hubo autores que se tomaron muy en serio estas recriminaciones y que buscaron una salida elegante a sus apuros en el propio imaginario relativista. Encontraron que el plegado del espaciotiempo ofrecía atajos.

En una hoja de papel, podemos dibujar dos puntos separados por la máxima distancia posible, uno pegado al extremo superior de la hoja, pongamos, y el otro, al inferior. Una criatura bidimensional tendría que cruzar toda la extensión del folio para desplazarse de un punto a otro, pero podría ahorrase la caminata si en el espacio tridimensional (una dimensión superior a las dos que ella percibe) alguien tuviera la gentileza de plegar la hoja por la mitad, haciendo coincidir los puntos de los extremos. De manera análoga, uno podría pensar en plegar nuestro espacio tridimensional a través de una dimensión superior, creando atajos insospechados a los confines más alejados del universo. Estos atajos podría traerlos de serie la propia geometría del universo o provocarlos de forma dinámica algún ingenio humano o extraterrestre. La lámina del espaciotiempo, más que a un folio apoyado encima de una mesa, con pequeñas depresiones aquí y allá, se parecería a la pelota de papel arrugado que uno encesta en la papelera. Dos puntos alejados en el folio plano, extendido, podrían acabar siendo vecinos en el folio arrugado. Una vez aceptamos la existencia de pliegues, solo necesitamos el concurso de alguna maravilla tecnológica que nos ayude a saltar de una superficie a otra a través de una dimensión superior. Llegados a este punto, tampoco es pedir tanto.

En cualquier caso, el acceso a dimensiones superiores —el famoso salto al hiperespacio— permitía burlar las exasperantes distancias del universo tridimensional y brincar de un planeta a otro sin mayores complicaciones. A ese ámbito literalmente sobrenatural se trasladaba el Halcón Milenario en la *Guerra de las galaxias* cuando las estrellas al otro lado de la cabina se transformaban en estelas de luz que convergían en un centro nebuloso. O la Enterprise de *Star Trek*, cuando el capitán Kirk daba la orden de adoptar la «velocidad de curvatura». Una flota de naves numerosísima acompañó al Halcón Milenario y a la Enterprise al hiperespacio. Naves que, de otro modo, se hubieran visto condenadas a pasear a sus aburridas tripulaciones por suburbios espaciales del tamaño del sistema solar.

Este recurso básico del género carecería de todo sentido en un universo que no respetara los dos postulados de la relatividad especial. Cada vez que una nave nodriza, un carguero contrabandista o un caza imperial salta al hiperespacio, está rindiendo su pequeño tributo a Einstein. Otra cosa es que la noción, cuando se analiza con más detenimiento, se muestre compatible con violaciones de la causalidad y la transmisión de información prácticamente instantánea que no casan bien con la lógica interna de la relatividad. Esta ofrece otras fórmulas para combatir el límite de velocidad de la luz con sus propias armas. Permite jugar, por ejemplo, la carta de la dilatación temporal. Este truco nació el mismo día que la propia teoría.

En uno de los apartados de «Sobre la electrodinámica de los cuerpos en movimiento», el artículo fundacional de la relatividad especial,

Einstein consideraba el siguiente experimento mental. Dos relojes, A y B, se sincronizan de modo que marquen la misma hora. A continuación, A se mueve a lo largo de una curva cerrada con velocidad constante, en un viaje de ida y vuelta que, pasado un tiempo, lo reúne con B. Esta sencilla operación basta para registrar un singular efecto relativista. Al volver a juntar los dos relojes, se aprecia que A atrasa respecto a B, aunque sus mecanismos sean idénticos y al principio marcasen la misma hora. Dicho de otro modo, más sugestivo: al comparar las lecturas de los dos relojes, se comprueba que el tiempo ha transcurrido más despacio para A que para B. La discrepancia se acentúa si aumentamos la velocidad del reloj viajero. Contado por Einstein, el fenómeno no parece muy prometedor a efectos dramáticos, pero los escritores de ciencia ficción se dieron cuenta en seguida de que habían dado con una mina de oro. Al embarcar a sus personajes en una nave espacial que se acercara lo suficiente a la velocidad de la luz, lo que para los observadores en reposo sería una odisea de varias décadas, para los viajeros supondría tan solo un paseo espacial de unos pocos días. Al volver a casa, encontrarían a todos sus seres queridos criando malvas. Salvo que la misma civilización capaz de construir una nave tan veloz también supiera cómo resolver el problema del envejecimiento. En cualquier caso, el desajuste temporal pone en jaque no solo la sincronía de los relojes sino también la de cualquier relación afectiva. Lo que nos induce a reflexionar que la escala del universo —y de los efectos relativistas, con los que tratamos de recalibrarla para desarrollar un drama humano— desborda con creces la escala temporal de nuestra experiencia.

Una de las imágenes más icónicas de la historia del cine nos sorprende al final de *El planeta de los simios*, la primera adaptación de la novela de Pierre Boulle, dirigida en 1968 por Franklin Schaffner. Se pueden identificar numerosas diferencias entre el argumento original de Boulle y la trama de la película. La más memorable se debe a uno de sus guionistas, el creador de la serie de televisión *The Twilight Zone*, Rod Serling, que introdujo en el desenlace un giro inesperado que descansa por completo en la dilatación temporal. Al comienzo de *El planeta de los simios,* tres astronautas han abandonado la Tierra a bordo de una nave que los conduce hacia las estrellas a una velocidad

Fotograma de la película *Star Wars: Episodio IV - Una nueva esperanza* de 1977, dirigida por George Lucas.

muy próxima a la de la luz. Los tripulantes han envejecido apenas dieciocho meses mientras que para los terrestres que dejaron atrás han transcurrido dos mil años. Largo o corto, según se mire, el viaje termina de forma abrupta cuando la nave se estrella contra un planeta desconocido. ¿Dónde han ido a parar? El capitán de la nave, George Taylor, interpretado por Charlton Heston, hace un cálculo basándose en el tiempo de vuelo y la trayectoria que llevaba la nave y concluye que se encuentran en el sistema planetario de Bellatrix, una estrella de la constelación de Orión. Los astronautas salen de la nave siniestrada y van descubriendo un mundo que exhibe una biología sospechosamente similar a la terrestre. Aunque de inmediato perciben un cambio no menor. Las especies dominantes presentan un parecido desconcertante con los primates de la Tierra, pero aquí quienes han desarrollado un lenguaje complejo y una cultura sofisticada son los gorilas, orangutanes y chimpancés. El *Homo sapiens* tiene poco de *sapiens* en Bellatrix y los seres humanos sirven más que nada para ilustrar una alegoría sobre el maltrato animal: los demás primates los cazan como si fueran alimañas, son objeto de crueles experimentos científicos o los fuerzan a trabajar como esclavos.

Los astronautas no reciben ningún trato de favor. Uno de ellos es asesinado y su cuerpo acaba exhibido en un museo, tras un notable ejercicio de taxidermia. Otro queda catatónico por culpa de una lobotomía que se antoja bastante arbitraria. Charlton Heston, obviamente, ofrece más resistencias y se las arregla para llegar al final de la película razonablemente en forma. De algún modo logra acogerse a sagrado, en este caso no bajo la protección de una iglesia, sino de una región del planeta que constituye un tabú para los simios. En ella se interna plácidamente, montado a caballo y en taparrabos. ¿Le espera una amarga vida de soledad, entregado al recuerdo de sus malhadados compañeros? Pues no, una atractiva humana lo acompaña sentada sonriente en la grupa. Este desenlace tan tópico, que hubiera recibido el beneplácito de la comunidad *pulp* de 1930, se tuerce inopinadamente cuando Heston descubre una ruina varada en la orilla de la playa. Son los restos de la Estatua de la Libertad, oxidada, rota y semienterrada en la arena. Heston baja del caballo en estado de *shock* y murmura, sin poder apartar los ojos del monumento derruido: «Oh, Dios mío. He regresado. Estoy en casa. Todo este tiempo he estado… Al final lo terminamos haciendo». A continuación, se deja caer de rodillas y golpea con rabia la arena mojada: «¡Locos! ¡Hicisteis que todo saltara por los aires! ¡Ah, malditos seáis! ¡Que Dios os condene a todos al infierno!».

Si uno entrecierra los ojos para abstraerse de los detalles, *El planeta de los simios* no es más —ni menos— que una versión embellecida del experimento de los relojes de Einstein. En realidad, los astronautas no viajaron hasta Bellatrix, no llegaron hasta una estrella de la constelación de Orión. Simplemente se marcharon y, en algún punto, dieron media vuelta para regresar al lugar de partida. En su periplo subjetivo de dieciocho meses transcurrieron dos mil años en la Tierra. Tiempo más que suficiente para que los humanos desataran el temido apocalipsis nuclear, aniquilaran nuestra civilización y dieran margen a otros primates para evolucionar con el fin de repetir nuestros mismos errores y convertirse en una caricatura de nuestra especie.

En el próximo capítulo veremos que una gravedad intensa —como la que se experimenta en la vecindad de un agujero negro— también genera una dilatación temporal significativa y, por tanto, ofrece el mismo potencial dramático. Circunstancia que se explota a conciencia en *Interstellar* y, mucho antes, en numerosos clásicos de la literatura de ciencia ficción, como *Pórtico*, de Frederik Pohl.

Cuando Rod Serling recurrió a la dilatación temporal para reinterpretar por completo el sentido de la historia que Pierre Boulle había planteado en *El planeta de los simios*, utilizaba un recurso que llevaba a disposición de los autores de ciencia ficción desde hacía décadas. Serling apenas contaba con cinco años en enero de 1930, cuando el doctor Miles John Breuer —del que hablamos al tratar la cuarta dimensión— publicó «La contracción FitzGerald» en *Science Wonder Stories*. En este relato, la Tierra primigenia ya está habitada cuando un meteorito impacta en ella provocando la formación de la Luna. Un puñado de seres humanos, conocedores de la catástrofe que se avecina, hace acopio de provisiones y consigue guarecerse a tiempo en un refugio subterráneo. La colisión los proyecta al espacio en la porción del planeta que se desgaja para convertirse en nuestro satélite. En las entrañas de la recién nacida Luna desarrollarán una civilización independiente, no apta para claustrofóbicos. El recogimiento monacal da un impulso insospechado a su ciencia y, mientras en la Tierra seguimos jugando a los faraones, los selenitas logran dominar los secretos del viaje espacial. En lugar de orientar su natural curiosidad hacia la vecina Tierra, prefieren darse un garbeo por el universo. La cautela los impulsa a comenzar con un modesto viaje automático, de ida y vuelta, que programan con una duración de tres días y medio. Sin embargo, cuando regresan descubren que ha transcurrido más tiempo de lo esperado y que ya no queda rastro de vida en la Luna. Solo entonces caen en la cuenta de los efectos de la dilatación temporal.

Breuer juega un poco al despiste con el título de su relato, «La contracción FitzGerald», o más bien confunde dos efectos relativistas: la contracción espacial y la dilatación temporal. Cuando un observador inercial contempla un vehículo que se desplaza a gran velocidad, percibe que su longitud es más corta —en el sentido del movimiento— que la longitud que miden los ocupantes del vehículo. Esta discrepancia en las medidas se conoce con el nombre de dos científicos, que conjeturaron la existencia del fenómeno antes de que Einstein lo integrara dentro del marco de la relatividad: el irlandés George Fitz-Gerald y el neerlandés Hendrik Antoon Lorentz. La tendencia natural

Fotograma de la película *El planeta de los simios* de
1968, dirigida por Franklin J. Schaffner.

del lenguaje es economizar y, en la literatura, la «contracción de Lo-
rentz-FitzGerald» ha sufrido una nueva contracción y es más común
denominarla simplemente «contracción de Lorentz».

Breuer no es el primero ni el único escritor de ciencia ficción que
se arma un lío con la terminología o el sentido de los efectos relativistas. Encontramos un caso paradigmático en la sugerente «Coloso», de
Donald Wandrei, autor del círculo de Lovecraft. La historia fue publicada en enero de 1934 en *Astounding Stories* y se inspira en una cita
de Arthur Eddington que discute el modelo del universo en expansión: «El supersistema de galaxias se dispersa como una bocanada de
humo. A veces me pregunto si no podría existir una realidad a escala
mayor, donde aquel no fuese efectivamente más que una bocanada de
humo». «Coloso» se desarrolla contra el telón de fondo de una peculiar guerra mundial, que alinea a Estados Unidos y Rusia contra Inglaterra y Japón. El protagonista, Duane Sharon, huye de los horrores de
la guerra, en la que acaba de perder a su novia, a bordo de una nave
espacial, el *Pájaro blanco*, que él mismo ha construido. Los motores
del *Pájaro blanco* ponen a su disposición una potencia ilimitada, que
extraen de las «emanaciones y radiaciones intraespaciales». Con esta
pintoresca fuente de energía, Sharon puede romper incluso la barrera
de la luz. A medida que el *Pájaro blanco* gana velocidad, en lugar de

aparecer más corto a los observadores en reposo, se va mostrando cada vez más largo.

Aún no había puesto a prueba la potencia del Pájaro blanco, ni siquiera en los vuelos experimentales, pero sabía que podía superar la velocidad de la luz. También sabía que se produciría una metamorfosis en cuanto superase la velocidad de los rayos de luz. De acuerdo con la ley que Einstein había propuesto décadas atrás, el Pájaro blanco, todo su contenido y él mismo sufrirían un cambio, alargándose en la dirección del vuelo. La magnitud de esa extensión dependería de la propia velocidad.

En «Coloso», este alargamiento no depende del punto de vista del observador, sino que el Pájaro blanco crece literalmente de proa a popa, hasta reducir los sistemas planetarios al tamaño de átomos y emerger en un nuevo suprauniverso. Así, Wandrei confunde la dilatación temporal con la contracción espacial dando lugar a un nuevo fenómeno ultrarrelativista: la dilatación espacial. ¿Qué opinión le hubiera merecido este efecto a Eddington que, sin pretenderlo, lo había inspirado?

Conviene señalar que, en la mayoría de los casos, hay que aproximarse mucho a la velocidad de la luz para que la dilatación temporal resuelva el problema de cómo salvar la distancia entre estrellas en tiempos asumibles para la vida de las personas, y que alcanzar esas velocidades demanda cantidades descomunales de energía. Es un precio que ha echado para atrás a pocos autores de ciencia ficción, sobre todo teniendo en cuenta que no eran ellos quienes tenían que hacerse cargo de la factura, sino una providencial «sociedad tecnológica muy avanzada».

Otra vía para sortear los obstáculos impuestos por el límite de velocidad relativista es hacer que los viajeros espaciales hibernen, como osos a la espera de una primavera espacial que los despierte. Si no se dispone de la tecnología de la animación suspendida, un último recurso es construir una nave generacional. En ella, los astronautas que abandonan la Tierra nunca llegarán a ver el final del viaje. Lo harán, con suerte, sus hijos, sus nietos o sus tataranietos. Es la opción de cuentos y novelas como *Universo* de Robert A. Heinlein, *Non-Stop*, de

Brian Aldiss o *La Nave*, del español Tomás Salvador, en los que el foco se desplaza del punto de llegada a la propia travesía, a cómo esta cambia a los viajeros. A veces se suceden tantas generaciones que los tripulantes terminan perdiendo la memoria y el sentido de su empresa.

Todos estos relatos muestran cómo la teoría de la relatividad introdujo nuevas maneras de imaginar y soñar el universo. En un par de décadas, el escenario y las reglas para recorrer el cosmos habían cambiado. Tomaría más tiempo familiarizarse con el nuevo territorio y descubrir todas las extrañas criaturas que lo poblaban. En algún lugar, todavía inaccesible, los agujeros negros seguían acechando detrás de sus horizontes sin retorno.

3

LA TEORÍA MÁS DIFÍCIL DEL MUNDO

El resultado fundamental de esta
investigación es una comprensión clara de por
qué las «singularidades de Schwarzschild»
no existen en la realidad física.

Albert Einstein

L a analogía de la lámina elástica que hemos venido manejando tiene la virtud de proporcionar un sentido intuitivo, casi inmediato, del mecanismo relativista de la gravedad, pero nos hurta un aspecto fundamental de la teoría: la extraordinaria dificultad de sus ecuaciones. Con frecuencia se le resistieron al propio Einstein, que las interpretó en un sentido y en su contrario, cambiando de opinión en más de una ocasión, defendiendo, por ejemplo, la existencia de ondas gravitatorias para combatirla años después. La relación fue tormentosa desde el principio, ya que Einstein tuvo que atravesar un verdadero calvario matemático para establecer la estructura formal de la teoría. Si finalmente lo consiguió, fue en gran medida gracias a la intervención providencial de un viejo amigo.

La amistad entre Albert Einstein y Marcel Grossmann se forjó a los dieciocho años, cuando ambos estaban estudiando en la Escuela Politécnica Federal de Zúrich. Einstein, con un temperamento más experimental, pronto empezó a saltarse las clases de matemáticas, con la tranquilidad de que, a la hora de preparar los exámenes, podía contar con los meticulosos y organizados apuntes que tomaba Grossmann. La divergencia en sus temperamentos e intereses marcaría sus respectivas trayectorias profesionales. Grossmann se haría matemático; Einstein, físico. Grossmann, un estudiante modélico y apreciado por sus profesores, desarrolló su carrera sin grandes contratiempos; Einstein se topó con un muro infranqueable al tratar de integrarse en el mundo académico, en gran medida por culpa de su carácter irreverente y poco convencional. Todas las solicitudes que envió para procurarse un puesto de ayudante en la universidad tras completar sus estudios fueron rechazadas o ignoradas. «Resulta realmente espantoso pensar en los obstáculos que estos viejos filisteos ponen en el camino de cualquier persona que no sea de su cuerda —se quejaba en diciembre de 1901—. Esta gente considera instintivamente a cualquier joven inteligente como una amenaza a su podrida dignidad».

Fueron años de incertidumbre y precariedad, en los que Einstein vivió a salto de mata, hasta que Grossmann acudió al rescate y, con la mediación de su padre, le consiguió un puesto en la Oficina de Patentes de Berna. A cambio de un sueldo modesto, Einstein dispuso del tiempo libre y la paz mental y económica que necesitaba para organizar sus ideas. La estabilidad trajo consigo un estallido de creatividad como pocos se han visto en la historia de la ciencia. En 1905, con veintiséis años, Einstein publicó cuatro artículos en la revista *Annalen der Physik*. El primero interpretaría un papel capital en el desarrollo de la mecánica cuántica, refutando a Christiaan Huygens y Thomas Young, y estableciendo la naturaleza corpuscular de la luz. Los dos últimos sentarían las bases de la relatividad especial, incluyendo la famosa equivalencia entre masa y energía, que más adelante se expresaría en la celebérrima ecuación $E = mc^2$. La física cambió para siempre y, con ella, la suerte de Einstein.

Si la ayuda material de Grossmann había resultado providencial para la creación de la teoría de la relatividad especial, su asistencia intelectual se mostraría decisiva para el desarrollo de la relatividad general, una década después. Einstein había tenido una serie de intuiciones deslumbrantes sobre cómo integrar la gravedad dentro del marco conceptual de los postulados relativistas, pero no terminaba de dar con el lenguaje adecuado para expresarlas matemáticamente. Fue Grossmann quien le proporcionó ese lenguaje: el llamado cálculo tensorial, que prácticamente acababan de establecer dos matemáticos italianos, Gregorio Ricci-Curbastro y su alumno Tullio Levi-Civita.

Entre 1912 y 1914, los dos amigos buscaron el modo de combinar las ideas vanguardistas de Einstein sobre la gravedad con las innovadoras ideas tensoriales de Ricci y Civita, tratando de obrar una difícil alquimia entre física y geometría diferencial. No lograron establecer las ecuaciones definitivas de la nueva teoría de la gravitación, pero, gracias a Grossmann, Einstein descubrió y aprendió el manejo de las herramientas matemáticas necesarias para hacerlo. Juntos publicaron, en 1913, «Esbozo de una teoría de la relatividad generalizada y de una teoría de la gravitación», que puede considerarse como el primer artículo sobre la teoría de la relatividad general. No sería hasta dos años más tarde, sin embargo, cuando Einstein, ya en solitario, instalado en Berlín, conseguiría armar por fin una teoría operativa. Hizo públicas sus ecuaciones fundamentales el 25 de noviembre de 1915 en la Academia Prusiana de las Ciencias. No se trata de las mismas ecuaciones que encontramos en el «Esbozo», pero están expresadas en el lenguaje tensorial que Einstein había aprendido de Grossmann.

La estructura matemática de la relatividad general descansa sobre un conjunto de diez ecuaciones. Estas ecuaciones no son independientes, sino que están acopladas. ¿Qué significa esto? Que lo que sucede en cualquiera de ellas repercute en lo que ocurre en las demás. Para terminar de complicar las cosas, se trata de ecuaciones diferenciales. Es decir, en su solución asoman integrales, un artefacto matemático que se puede entender como una generalización del cálculo de áreas y que figura entre las pesadillas recurrentes de cualquier estudiante de matemáticas en bachillerato o la universidad.

Si traducimos la jerga intimidante del cálculo tensorial a un lenguaje más de andar por casa, podemos decir que las ecuaciones de la relatividad general muestran que la gravedad no es más que una manifestación de cómo cambian las propiedades del espaciotiempo de un punto a otro. ¿Y por qué cambian? Debido a la presencia de masa y energía. Si examinamos las ecuaciones, observamos diferencias sustanciales a derecha e izquierda del símbolo de igualdad. A la izquierda encontramos básicamente geometría —una descripción de qué forma particular adopta el espaciotiempo en la región que estemos considerando— y, a la derecha, física —una descripción de cómo se distribuye la materia y la energía en dicha región. La igualdad promueve una constante retroalimentación entre física y geometría. La distribución de materia y energía determina la forma del espaciotiempo, y viceversa, la forma del espaciotiempo condiciona cómo es la distribución de materia y energía. El físico John Wheeler, uno de los grandes protagonistas del próximo capítulo, expresó así esta dinámica: «El espacio le dice a la materia cómo debe moverse, y la materia le dice al espacio cómo debe curvarse».

Auge y caída de Karl Schwarzschild

He leído su artículo con el máximo interés. No me esperaba que se pudiera formular la solución exacta del problema de una manera tan sencilla.

Albert Einstein, en una carta
a Karl Schwarzschild

Las ecuaciones de Einstein permiten modelizar infinidad de regiones del espaciotiempo, hasta universos enteros. En principio, basta con introducir en ellas la información de dónde se encuentra cada masa o fracción de energía, e indicar qué andan haciendo en un instante determinado (con qué velocidad se están moviendo), para que nos devuelvan una imagen exacta del espaciotiempo correspondiente y nos muestren cómo va a evolucionar a continuación. En la práctica, las ecuaciones son extremadamente difíciles de resolver. Hasta el punto de que resulta casi imposible visualizar cómo se curva el espaciotiempo en torno a la distribución de materia más sencilla que uno pueda imaginar. Los físicos necesitaron tiempo para familiarizarse con la teoría y aprender a interpretar, aunque solo fuera parcialmente, sus vaticinios. La información estaba ahí, sin duda. Solo que estaba cifrada en unas fórmulas que demandaban una tecnología matemática de desencriptación tan sofisticada que aún hoy está lejos de haberse desarrollado por completo. En los albores del siglo XX, en la época heroica en la que los físicos ni siquiera contaban con la ayuda de ordenadores, la situación era crítica. Tras el deslumbramiento inicial, la relatividad general se fue apagando hasta sumirse en su particular Edad Media. Un largo invierno en el que el conocimiento quedó estancado y los investigadores se desanimaron y perdieron interés por la teoría, mudándose a otros campos de la física más fáciles de labrar.

Esta indefinición afectó a todos los habitantes del universo relativista y aquí los agujeros negros no fueron una excepción. Durante décadas, no quedó nada claro que el espaciotiempo pudiera adoptar las contorsiones extremas que exige la formación de una singularidad o un horizonte de sucesos. Incluso el escenario más favorable, que la teoría admitiera la existencia de agujeros negros, no garantizaba en absoluto que se dieran en la naturaleza. Los esfuerzos por entender cabalmente qué diablos decían las ecuaciones al respecto dieron pie a toda clase de malentendidos, iluminaciones, prejuicios, errores, titubeos y desencuentros. En el fragor de las polémicas, los agujeros negros tan pronto se reivindicaban como eran vilipendiados.

El primer paso por esta accidentada senda lo dio Karl Schwarzschild, honor que le correspondería por méritos propios y por la señal que el destino quiso poner en su nombre. En alemán, *Schwarzschild* es una palabra compuesta, formada por la unión de *Schwarz*, «negro», y *Schild*, «escudo». El escudo remite a la barrera infranqueable del horizonte de sucesos y el adjetivo que lo acompaña, *schwarz*, sume la barrera en esa completa oscuridad que quedaría asociada para siempre con los agujeros negros. En suma, el nombre como emblema, una perfecta premonición etimológica y conceptual.

Schwarzschild fue un joven prodigio. Con solo dieciséis años, consiguió que le publicaran su primer artículo, sobre la determinación de órbitas planetarias, nada menos que en las *Astronomische Nachrichten*, la revista decana de la astronomía. En su familia el artículo pasó de mano en mano y se leyó con orgullo infinidad de veces, aunque, como reconocería su hermano Albert años después: «ninguno llegamos a entender una palabra». Completados sus estudios de secundaria, Schwarzschild dio a conocer su intención de estudiar astronomía, para desmayo de sus profesores, convencidos de que ese era el mejor modo de arrojar por un desagüe todo su talento. «Por Dios, ¿pero qué clase de trabajo es ese?», se escandalizaría un amigo de su padre. Inasequible al desaliento, Schwarzschild se convirtió en un sólido investigador, de la estirpe de Dicke, capaz de manejarse con igual maestría en el ámbito teórico y en el experimental. En este último campo fue un pionero en el uso de la fotografía como herramienta para medir la cantidad de luz que recibimos de las estrellas.

Schwarzschild pasó los años más felices de su vida en la Universidad de Gotinga, donde se había consolidado uno de los centros de investigación en física matemática más influyentes del mundo. Allí coincidiría con tres matemáticos que hicieron contribuciones extraordinarias a la relatividad, tanto general como especial: David Hilbert, Hermann Minkowski y Emmy Noether, por entonces todavía una estudiante.

La pasión por la astronomía de Schwarzschild solo pudo igualarla su amor por Alemania, amor que tuvo ocasión de poner a prueba después de que el 28 de junio de 1914 un joven se apostara en la esquina de una calle de Sarajevo y abriera fuego contra el heredero al trono del imperio austrohúngaro. El asesinato del archiduque Francisco Fernando proporcionaría a Austria-Hungría la coartada que llevaba años buscando para declararle la guerra a los serbios. Las demás potencias europeas, ungida cada una por sus propias razones, se apuntó a la contienda con la convicción de que tendría una rápida y favorable resolución. Se ponía así en marcha la Primera Guerra Mundial. Schwarzschild, en principio, no estaba invitado a participar en el fragor bélico, puesto que ya había cumplido cuarenta años y ocupaba el puesto más prestigioso al que podía aspirar un astrónomo en Alemania —era director del Observatorio de Potsdam—, pero quiso marchar como voluntario al frente.

Schwarzschild pasó por diversos teatros de operaciones, sirviendo en Bélgica y Francia. Finalmente, se incorporó al cuerpo de artillería en el frente ruso. Como ejercicio patriótico, la resolución de problemas de balística resultaba sin duda gratificante. Como ejercicio matemático, para un hombre de sus capacidades, constituía una invitación al más mortal de los aburrimientos. Así las cosas, entre que intentaba evitar los obuses que arrojaban los rusos y que hacía todo lo posible para que acertaran los que lanzaban los alemanes, llegó a manos de Schwarzschild un ejemplar de las Actas de la Academia Prusiana de las Ciencias, publicado en noviembre de 1915. Allí encontró la exposición de Einstein de su teoría de la relatividad general. Su lectura le proporcionó una evasión efímera, pero completa, de las penurias del invierno en las trincheras. Aquellas páginas sí que encerraban desafíos matemáticos estimulantes. Un mes después de haber expuesto por primera vez en público su teoría terminada, Einstein recibió una carta inesperada del frente ruso. En parte, se trataba de una carta científica y, en parte, de una carta de agradecimiento. En ella, Schwarzschild le ofrecía la primera solución exacta a las ecuaciones de la relatividad general y se despedía: «A pesar del intenso fuego de artillería, la guerra ha tenido la gentileza de permitir que me evadiera y que pudiera dar este paseo por la tierra de sus ideas». Einstein respondió a Schwarzschild con entusiasmo: «Nunca pensé que el tratamiento estricto del problema de una masa puntual fuera tan simple». Con los años tendría ocasión de desdecirse, ya que la aparente simplicidad de la solución de Schwarzschild escondía cargas de profundidad que lo importunarían durante el resto de su vida.

Lo cierto es que, después de haber conseguido en apariencia lo más difícil, establecer las ecuaciones de la relatividad general, Einstein fue incapaz de extraer de ellas ninguna solución exacta. Jugó con las expresiones matemáticas, las interrogó y obtuvo respuestas parciales, pero en todos los casos trabajó con aproximaciones, que le bastaron para obtener tres resultados fundamentales. Por un lado, el complejo sistema de ecuaciones de la relatividad se reducía a la fórmula newtoniana en aquellos contextos familiares —gravedad débil y velocidades modestas— en los que la vieja teoría había probado con creces su eficacia. A la hora de lanzar proyectiles o estudiar la órbita de la Luna, uno podía seguir confiando en las recetas clásicas. Las correcciones que introducía la relatividad en esas situaciones eran tan sutiles que, a efectos prácticos, resultaban inapreciables. Einstein encontró además que sus nuevas ecuaciones discrepaban de las newtonianas en un escenario con una gravedad razonablemente intensa, como era la órbita de Mercurio, el planeta más próximo al Sol y, por tanto, el más expuesto a los influjos de su masa.

De acuerdo con las ecuaciones newtonianas, Mercurio debía describir una elipse cerrada alrededor del Sol. Sin embargo, con el curso de los siglos, el planeta no repasa una y otra vez la misma trayectoria. Antes de completar una vuelta, la orientación de la órbita cambia ligeramente, de modo que la elipse va rotando muy despacio alrededor del Sol, como si fuera dibujando los pétalos de una flor (figura 1). La ley de gravitación universal es incapaz de explicar esta lenta deriva, que sin embargo surge con naturalidad de los cálculos relativistas. En una carta a su amigo Paul Ehrenfest, Einstein confesó que al descubrirlo estuvo «fuera de sí de alegría y excitación durante días».

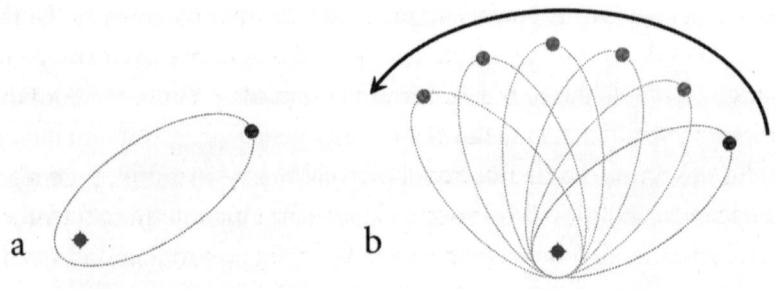

Figura 1. En a), la órbita de Mercurio alrededor del Sol de acuerdo con las leyes de Newton. En b), el movimiento real, que coincide con la descripción de la relatividad general.

Ya vimos en el capítulo anterior cuál fue la tercera solución aproximada que extrajo Einstein de sus ecuaciones, tras retomar la vieja idea de Michell y Laplace de considerar la relación entre la luz y la gravedad, en este caso, bajo las premisas de su nueva teoría. Con ella calculó el grado de desviación de la luz procedente de estrellas lejanas provocada por la masa del Sol y obtuvo una cifra que coincidía de manera espectacular con la que se deducía a partir de las placas fotográficas tomadas durante el eclipse solar total de 1919.

Tras este trabajo de prospección de Einstein, el logro de Schwarzschild consistió en abandonar el terreno de las aproximaciones y poner encima de la mesa una primera solución exacta. Es decir, obtuvo una descripción completa de cómo sería el espaciotiempo relativista en una situación determinada, casi la más sencilla que cabía imaginar. ¿Cómo se deformaría el tejido del espaciotiempo ante la presencia de una sola masa? Podría tratarse de una estrella o de un planeta. En cualquier caso, sería un cuerpo solitario, el único habitante de un universo ideal. A pesar de no introducir más actores en la función, las matemáticas que describían este universo de juguete, casi trivial, eran complicadas.

Schwarzschild publicó dos artículos. En un primer asalto, trató de averiguar qué clase de espaciotiempo surgiría en torno a una masa puntual, cuya situación no cambiase con el paso del tiempo. Su propósito era ofrecer una solución exacta al problema de la trayectoria de Mercurio, que Einstein solo había resuelto de manera aproximada. En este cometido, obtuvo un éxito rotundo: «Resulta maravilloso que la explicación de la anomalía de Mercurio surja de manera tan convincente a partir de una idea tan abstracta».

En su segundo artículo, exploró un caso muy parecido, pero algo más realista. Infló la masa puntual hasta darle un volumen, transformándola en una esfera homogénea, compuesta por un líquido incompresible. Se trataba de un esfuerzo muy elemental de modelizar una estrella, dotándola de una cierta estructura. En este caso, Schwarzschild estudió el espaciotiempo tanto en el exterior como en el interior de la esfera.

Sus soluciones, irreprochables desde un punto de vista matemático, ofrecían algunas predicciones difíciles de conciliar con una imagen realista de la naturaleza. En jerga matemática, presentaban singularidades. Las ecuaciones que describen fenómenos físicos están protagonizadas por magnitudes como la temperatura, la velocidad, la presión, que admiten toda clase de valores: veintitrés grados centígrados, setenta kilómetros por hora, una atmósfera y media... cualquier número resulta válido siempre y cuando sea finito. Es decir, no resulta aceptable que una teoría sostenga que, en una determinada circunstancia, un cuerpo terminará adquiriendo una velocidad infinita, o que un gas ejercerá una presión infinita, o que un horno alcanzará una temperatura infinita. Con todo, las ecuaciones a veces arrojan esos valores. Como ninguna medida ha dejado constancia, de momento, de que en efecto haya magnitudes infinitas en el universo, los físicos suelen interpretar su aparición en una teoría en el mismo sentido que los informáticos entienden la apertura de una ventana con la advertencia de «error fatal». El programa, la teoría, han fallado. Las singularidades son advertencias de que el formalismo que predice su existencia se ha aventurado en una región que cae fuera de su jurisdicción. Transmiten un claro mensaje de claudicación: «no puedo ofrecerte una buena descripción de lo que aquí sucede».

Las singularidades de la solución de Schwarzschild eran puntos donde la hondonada del espaciotiempo adquiría una curvatura infinita. Las ecuaciones arrojaban predicciones absolutamente razonables en el resto de puntos del espacio. ¿Cómo de grave era la aparición de estas anomalías indeseables? De entrada, no hay que perder de vista que las teorías que construimos plantean forzosamente simplificaciones de una realidad extremadamente compleja. En este sentido, las singularidades surgían en unas ecuaciones que consideraban al Sol como una esfera perfecta y de densidad uniforme. Cabía esperar que los infinitos desaparecieran en ecuaciones mucho más complejas que describieran la dinámica de la estrella teniendo en cuenta todos los fenómenos que ocurren en su interior. De nuevo, las singularidades simplemente estaban señalando limitaciones en la representación matemática de la naturaleza. Una descripción fidedigna de la realidad debía aportar a la fuerza más detalles, debía incorporar más estructura. Si en lugar de caracterizar la masa de la estrella como una bola de materia uniforme y continua, lo hiciéramos a través de un modelo que contemplara cuatrillones y cuatrillones de átomos interactuando —no solo a través de la gravedad, sino también de otras interacciones, como el electromagnetismo— era de esperar que los infinitos desaparecieran.

Con esto en mente, que la solución de Schwarzschild presentara una singularidad justo en el centro de la masa, no provocó ningún alzamiento de ceja. A fin de cuentas, sus ecuaciones estaban representando la materia de la estrella de una manera muy simplificada, que obviaba cualquier estructura interna. Además, esta singularidad se presentaba en una localización físicamente inaccesible. ¿Quién iba a abrirse camino a través de la materia de la estrella hasta tocar su centro? Pocos se quejaron de disponer de un oráculo que hacía infinitas predicciones y solo fallaba una vez, además, en una situación en la que presumiblemente nadie se iba a encontrar jamás. Pero la solución de Schwarzschild albergaba una segunda singularidad, de naturaleza más desafiante, que mantuvo en jaque a los físicos durante cuarenta años.

Para neutralizar su amenaza, lo que se hizo en primera instancia fue ponerle una etiqueta —«singularidad de Schwarzschild»— para, acto seguido, barrerla debajo de la alfombra y prestarle la menor atención posible. Esta segunda singularidad implicaba que la forma del espaciotiempo se desquiciaba por completo a una determinada distancia del centro de la estrella. Allí colapsaba su dimensión temporal y una de las dimensiones espaciales adquiría una curvatura infinita, causando un desgarro en el tejido espaciotemporal. Este comportamiento patológico tenía lugar a una cierta distancia del centro, en todas las direcciones, lo que terminaba por dibujar la superficie de una esfera. El radio de esa esfera, la distancia crítica, recibió el nombre de «radio de Schwarzschild».

Curiosamente, este radio parecía ser siempre más pequeño que el radio de la estrella. Es decir, si uno imaginaba masas con densidades similares a la del Sol, la superficie patológica quedaba encerrada siempre en su interior, ese interior cuya representación realista exigiría un tratamiento físico y matemático más sofisticado que, era de esperar, rompería el encantamiento de la singularidad. Para que la superficie patológica asomara fuera de la estrella, había que aumentar drásticamente su densidad, haciendo que alcanzara valores que se antojaban absurdos y que ningún científico había observado en la naturaleza (figura 2). El propio Schwarzschild realizó el cálculo con el Sol y, para que la singularidad expusiera sus vergüenzas fuera de nuestra estrella, esta tendría que experimentar una reducción drástica de tamaño y embutir toda su masa —nada más y nada menos que dos billones de trillones de kilogramos— dentro de una esfera con un radio menor de tres kilómetros. Sería como embutir toda la masa del Sol dentro de un asteroide. Schwarzschild también calculó qué presión interna tendría que ejercer esta versión ultracomprimida del Sol para mantenerse estable y encontró que tendría que ser infinita en el centro de la estrella. En ese punto, dejó caer el lápiz y respiró aliviado. Era ridículo suponer que la materia pudiera ejercer una presión infinita, así que estas estrellas, con la singularidad a la vista, quedaban desterradas del universo. Jamás se podrían formar. De algún modo, esta fue la primera vez que alguien renegó en público de los agujeros negros relativistas, justo cuando hubiera podido firmar su certificado de nacimiento.

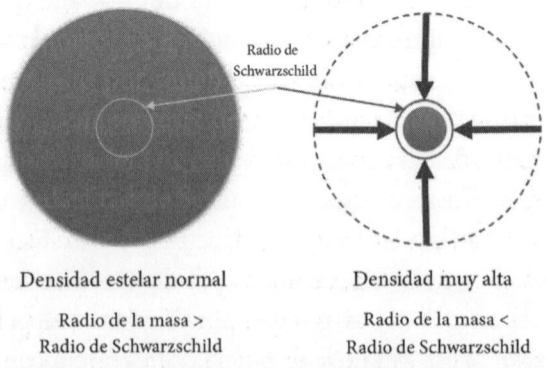

Densidad estelar normal   Densidad muy alta

Radio de la masa >   Radio de la masa <
Radio de Schwarzschild   Radio de Schwarzschild

Figura 2. La superficie patológica de Schwarzschild queda escondida en el interior de la estrella o asoma al exterior en función de cuál sea la densidad de la masa.

El trabajo de Schwarzschild en relatividad general fue un fogonazo, una deslumbrante estrella fugaz que iluminó el cielo nocturno un instante antes de sumirlo de nuevo en la oscuridad. Es verdad que la suerte mantuvo a Schwarzschild a salvo del fuego enemigo, pero guardaba para él un destino igualmente aciago. No lo mataría una bala rusa, ni un obús, sino una enigmática enfermedad. Durante su estancia en las trincheras, Schwarzschild advirtió con preocupación cómo la boca se le empezaba a llenar de ampollas dolorosas. Eran los primeros síntomas del pénfigo, una enfermedad de la piel autoinmune, entonces fatal. Las ampollas no tardaron en extenderse al resto de la piel y las mucosas, y en convertirse en llagas. En marzo de

1916, Schwarzschild recibió la baja médica y se le concedió permiso para regresar a Alemania. Su curiosidad no se doblegó ante su rápido deterioro físico ni ante los fuertes dolores que lo hostigaban. Aun tendría tiempo de completar un artículo sobre mecánica cuántica antes de morir, en un hospital de Potsdam. El artículo vería la luz justo el día de su muerte, el 11 de mayo de 1916. Un mes después, el propio Einstein informaba del fallecimiento de Schwarzschild ante la Academia Prusiana de las Ciencias. En sus palabras de homenaje, encontramos una frase que pudo sonar entonces a fórmula proto-colaria, pero que resultaría presciente: «Su obra rendirá sus frutos y ejercerá una influencia duradera en la ciencia, a la que consagró todas sus fuerzas». Daba la impresión de que Schwarzschild había firmado una suerte de pacto fáustico al alistarse. En las mismas trin-cheras en las que se desarrolló la enfermedad que lo conduciría a la muerte, encontraría la inspiración del trabajo que lo haría pasar a la historia de la ciencia.

La singularidad de Schwarzschild se puede entender como una bomba de acción retardada, oculta en la solución más sencilla de las ecuaciones de la relatividad general. Una bomba que permanecería latente durante décadas antes de estallar. Un cúmulo de reticencias ralentizaría la deflagración, pero una avalancha de enigmas teóricos y experimentales terminaría desbocando ese freno. Igual que sucede cuando uno cruza el horizonte de sucesos, sin que nadie lo advirtiera, se había iniciado ya un camino sin retorno.

MUERTE Y DERROTA DE LAS ESTRELLAS

> *Eddington se volvió para decirme: «Es una sorpresa que le tengo guardada». Luego presenté mi artículo en la reunión y Eddington se levantó poco después y dijo: «No sé si saldré vivo de esta reunión, porque los fundamentos del trabajo que acaban de escuchar son completamente erróneos».*
>
> Subrahmanyan Chandrasekhar
> entrevistado por Spencer Weart

Para que los problemas que escondía el espaciotiempo de Schwarzs-child se exhibieran en toda su crudeza, había que concentrar la masa de una esfera en volúmenes muy reducidos, hasta forzarla a adoptar densidades inconcebibles. Sin embargo, la irrupción de la mecánica cuántica iría dinamitando una a una las trabas para admitir estos estados tan extremos de la materia. De hecho, acabaría por volverlos inevitables. El campo en el que terminarían adquiriendo carta de naturaleza estas presuntas anomalías fue el estudio de la dinámica y la evolución de las estrellas.

A comienzos del siglo xx, hacía falta contratar una compañía de actores bastante reducida para representar el drama cósmico. En el cielo uno podía encontrar estrellas, planetas, asteroides, satélites, ne-bulosas, cometas y pare usted de contar. De vez en cuando, alguna estrella explotaba y desaparecía. En principio, y mientras no se de-mostrara lo contrario, no había más galaxias que la Vía Láctea. Con la mejora progresiva de los métodos observacionales, las imágenes que se obtenían del universo fueron ganando resolución y empezaron a registrarse fenómenos enigmáticos que no se podían imputar a los actores conocidos. El bestiario estelar tuvo que ampliarse. Ya a finales del siglo xix se habían detectado estrellas que poseían una masa muy parecida a la del Sol, pero que emitían mucha menos luz. ¿Acaso te-nían una temperatura superficial más baja? De ser así, tendrían que emitir más luz roja, cosa que no hacían. ¿Disponían entonces de una superficie radiante mucho menor? En ese caso, una menor superficie entrañaba un volumen más pequeño, lo que, unido a la misma masa, suponía una mayor densidad. ¿Existían entonces estrellas mucho más densas que el Sol? A lo largo de las décadas de 1910 y 1920, se fueron acumulando evidencias a favor de esta hipótesis. Habían nacido las enanas blancas, estrellas que podían albergar una masa comparable a la del Sol dentro del volumen de la Tierra.

Una vez incorporadas al catálogo de criaturas estelares, cabía pre-guntarse de dónde salían y, ya puestos, plantearse otra cuestión casi más intrigante: si las enanas blancas eran más densas que las estrellas normales, ¿quedaba margen en la naturaleza para estrellas aún más densas? En 1932 se descubrió un segundo componente del núcleo de los átomos, el neutrón, y, de inmediato, los físicos introdujeron el nuevo ingrediente en sus especulaciones astronómicas. Uno de los primeros en hacerlo fue también una de las personalidades más singulares dentro de un ámbito, el de la física teórica, que no suele escatimar a la hora de producir personalidades singulares. Llama la atención todas las ideas innovadoras que llegó a anticipar Fritz Zwicky, como la materia oscura, el origen de los rayos cósmicos, el comportamiento de las galaxias como lentes gravitacionales o las estrellas de neutrones. Con semejante palmarés, hubiera merecido un reconocimiento mucho más amplio del que obtuvo en vida, pero su originalidad traía aparejada ciertos defectos del carácter que empañaron su imagen. Por un lado, su creatividad no conocía límites y disparaba ocurrencias sin parar, algunas de ellas decididamente extravagantes, lo que requería de una cierta paciencia por parte de sus colegas para separar la paja del trigo. Y paciencia no era precisamente lo que sobraba a los astrónomos cuando se paraban a pensar en Zwicky, que defendía todas y cada una de sus ideas con una vehemencia arrogante y pendenciera. Su opinión sobre el trabajo de los demás tampoco contribuyó precisamente a su popularidad:

> Así que el destino de la astronomía, como el de tantas otras disciplinas y proyectos del hombre, fue que algunos capitostes de las correspondientes jerarquías la sumieran una y otra vez en la confusión. De ello ofrece un vívido testimonio toda la basura inútil que acumulan las abultadas revistas de astronomía.

Cuando quería, podía ser aún más conciso y expresivo: «Los astrónomos son unos cabrones esféricos. Da igual bajo qué ángulo los contemples, siempre se ven como unos cabrones». En justa correspondencia, los astrónomos condenaron su ácida brillantez al ostracismo. Su reputación resurgió después de que falleciera, cuando alguna de sus especulaciones más audaces —como que el 90 % de la materia del universo es invisible— obtuvo respaldo experimental, y cuando la mayor parte de la gente a la que había ofendido en lo más profundo se hubo retirado de la práctica profesional.

Retrato de Fritz Zwicky. Fuente: Palomar Observatory/
California Institute of Technology.

Zwicky podía resultar francamente desagradable y, de vez en
cuando, errar el tiro con hipótesis pintorescas, pero en sus mejores
momentos vislumbraba el horizonte de su disciplina con décadas
de anticipación. En el mismo año que se descubrió el neutrón, y en
colaboración con otro astrónomo, Walter Baade —al que años después amenazaría de muerte tras determinar sin el menor atisbo de
duda que era nazi, puesto que había tenido la ocurrencia de nacer
en Alemania—, su interés se centró en el comportamiento de unas
enigmáticas estrellas, llamadas novas. Eran estrellas que, sin previo
aviso, incrementaban su emisión de luz durante varias semanas o
meses. Tras examinar a fondo los registros de novas, Baade se había
percatado de algo que los demás astrónomos habían pasado por alto.
Había un pequeño conjunto de novas que emitían una cantidad de
luz verdaderamente desmesurada, que las convertía en auténticos
faros cósmicos, capaces de eclipsar galaxias enteras. Baade y Zwicky
bautizaron a estas novas infladas de esteroides como supernovas.
Habían llegado a la conclusión de que novas y supernovas eran estrellas que estallaban. Zwicky estaba al día de los últimos avances
en física nuclear y aventuró una hipótesis: «Con todas las cautelas
necesarias, proponemos la noción de que una supernova constituye

la transición de una estrella ordinaria a una estrella de neutrones, compuesta fundamentalmente de neutrones. Tales estrellas pueden presentar un radio muy pequeño y una densidad extremadamente alta». En otras palabras, Zwicky estaba proponiendo la existencia de un nuevo actor en el drama cósmico.

Como veremos, las estrellas de neutrones admiten estados de la materia más densos que las enanas blancas. Los nuevos descubrimientos iban perfilando así una progresión de densidad creciente: estrellas normales, enanas blancas, estrellas de neutrones... ¿Se podía fijar un límite a la densidad que podía alcanzar la materia? ¿Existían estrellas tan pequeñas y densas en las que la superficie patológica de Schwarzschild quedara fuera de la masa estelar? La revolución de la mecánica cuántica, unida a la exploración del núcleo de los átomos, comenzó a ofrecer respuestas a esos interrogantes.

A escala humana, pocas cosas parecen más estables que el Sol. No obstante, como sucede con el resto de las estrellas, bajo su fachada inmutable late un pulso feroz entre dos fuerzas antagónicas: la gravedad y la presión de radiación. La gravedad tiende a comprimir al máximo la materia estelar, que se compone sobre todo de gas de hidrógeno. Cuanto más se comprime el gas, más se calienta. Llega un momento en el que el interior de la estrella alcanza temperaturas tan elevadas que los núcleos de los átomos de hidrógeno vencen su repulsión eléctrica y chocan entre sí, iniciando la fusión nuclear (figura 3). Las reacciones nucleares generan helio y liberan una enorme cantidad de energía, fuente de la luz y el calor de la estrella. Esta energía radiante ejerce una fuerza dispersiva sobre la materia y la empuja hacia fuera, contrarrestando la contracción gravitatoria. Las estrellas llevan así una vida atribulada, sumidas en una batalla entre la gravedad, que pugna por comprimirlas, y la actividad nuclear, que tiende a expandirlas.

Durante millones de años, ambas pulsiones se equilibran, pero tarde o temprano el combustible nuclear se agota y deja de ofrecer resistencia a la gravedad. ¿Qué sucede a continuación? Dejada a sus anchas, la gravedad se obstinará en comprimir la materia hasta concentrarla en un solo punto de densidad infinita. Este desenlace implica una singularidad y, de entrada, parece fuera de lugar en una descripción realista de la naturaleza. Entonces, ¿existe algún procedimiento

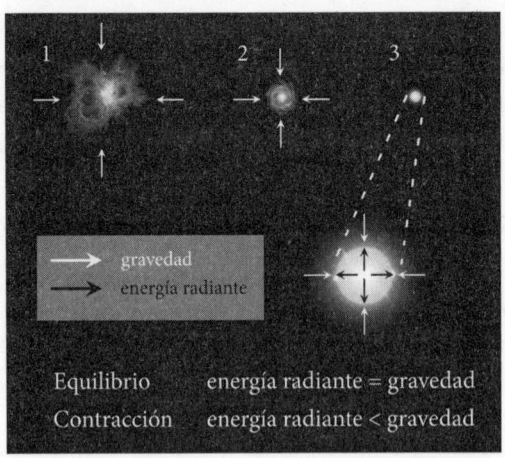

Figura 3. La gravedad comprime una nube de polvo y gas interestelar sin encontrar oposición (1 y 2) hasta que el ascenso de la temperatura prende la fusión nuclear (3).

alternativo capaz de pararle los pies a la apisonadora gravitatoria y evitar el colapso? La respuesta es que depende de la masa de la estrella. En torno a 1930 se descubrieron dos mecanismos que podían tomar el relevo de la energía radiante de las reacciones nucleares. Ambos mecanismos se fundan en fenómenos puramente cuánticos, que ponen de manifiesto la resistencia de los integrantes de los átomos —electrones y neutrones— a situarse todos en un mismo estado, en el mismo lugar, por ejemplo. Cuando el combustible nuclear se agota, los primeros en acudir al rescate son los electrones. La compresión gravitatoria reduce el espacio que tienen a su disposición para moverse. De algún modo, los confina. De hecho, la gravedad tiende a encerrar los electrones en volúmenes cada vez más pequeños. De este modo, los fuerza a congregarse en una misma ubicación. Sin embargo, las leyes de la mecánica cuántica prohíben que se sitúen todos en el mismo estado. Una manera de difuminar el valor de la posición de una partícula consiste en aumentar su velocidad. Un electrón que se desplaza muy deprisa resulta más difícil de localizar. Ese aumento de la velocidad incrementa también la presión que ejerce. Si encerramos a un electrón dentro de una caja, al elevar su velocidad aumentaremos también el número de veces que choca por segundo contra las paredes.

En resumen, a medida que la gravedad comprime la estrella, confina las partículas que integran su materia en espacios cada vez más reducidos, lo que tiende a situarlos en un mismo estado, tendencia que se contrarresta cuánticamente con un aumento de la velocidad, que a su vez sube la presión que se opone al colapso. Así, esta presión cuántica concede un segundo equilibrio a la estrella, que ya no se basa en el consumo de combustible nuclear. Este segundo equilibrio se traduce en la formación de un astro mucho más pequeño y denso que las estrellas ordinarias: una enana blanca. En ella, una masa solar acaba concentrada dentro de un volumen del tamaño de la Tierra. Una cucharada de materia de enana blanca pesaría varias toneladas. A pesar de que las enanas blancas poseen densidades extraordinarias, la superficie aberrante o singular de Schwarzschild se mantiene dentro de ellas.

Cuando una estrella agota su combustible nuclear, ¿puede la presión cuántica de sus electrones neutralizar cualquier presión gravitatoria que se le venga encima? Pues depende. Cuanto mayor sea la masa de la estrella, mayor será la fuerza compresora que tendrá que soportar. Cuando los electrones se sienten confinados en un espacio que se reduce progresivamente, se defienden incrementando su velocidad y su presión, pero la naturaleza impone un tope a la velocidad máxima que pueden alcanzar. ¿Cuál es ese tope? No es otro que la velocidad de la luz, el límite establecido por Einstein en uno de sus dos postulados relativistas. En cuanto los electrones rozan la velocidad de la luz, ya no pueden seguir aumentando la presión. Esa es la máxima resistencia que podrán ofrecer. En muchas ocasiones, basta. De hecho, es suficiente siempre que la materia de la estrella no supere el límite de una masa solar y media. Dentro de ese margen, cuando se agote su combustible nuclear, cederá en primera estancia a la compresión y se contraerá, pero la resistencia de sus electrones terminará por plantar cara al colapso y logrará establecer un segundo equilibrio. Fue Subrahmanyan Chandrasekhar quien determinó por primera vez ese límite de una masa solar y media en 1931. El Sol se encuentra dentro del límite de Chandrasekhar y, llegado el momento, encogerá hasta jubilarse como una respetable enana blanca.

Chandrasekhar nos devuelve a la India, al punto donde iniciamos nuestra historia, como si los ecos del trágico episodio del fuerte Henry persiguieran como un espectro a los físicos empeñados en sondear las singularidades de Schwarzschild. Chandrasekhar fue un joven prodigio y dio con el límite que lleva su nombre a los diecinueve años, a base de combinar ingredientes cuánticos y relativistas, mientras combatía el aburrimiento en un viaje en barco que lo llevaría de Madrás a Southampton. Un viaje de naturaleza muy diferente había trasladado a John Holwell desde la India a Inglaterra y había inspirado el mito del agujero negro de Calcuta. Cuando Chandrasekhar embarcó en Madrás, en 1930, dejaba atrás una India todavía bajo la férula del Raj británico, el mismo Raj que había encontrado una poderosa justificación en las atormentadas memorias de Holwell. Dos relatos de índole muy distinta, auspiciados por travesías de mar muy semejantes, conectan a los dos viajeros. Uno puede imaginar a Holwell y a Chandrasekhar, los dos apostados en la borda de un barco, con la mirada perdida en el horizonte, absortos en cavilaciones en torno a una crítica acumulación de materia que conduce al colapso. Un relato científico y un drama humano, que se entrelazan por los vínculos caprichosos de la cultura y el destino.

Cuando una estrella posee más de una masa solar y media, sus electrones no disponen de fuerza suficiente para tomar el relevo del combustible nuclear. La estrella se doblega entonces ante la brutal prensa gravitatoria. Sus propios átomos se quiebran. Los electrones (con carga eléctrica negativa) se precipitan sobre los núcleos atómicos y, al alcanzarlos, reaccionan con los protones (con carga eléctrica positiva), produciendo neutrones y neutrinos (ambos neutros, sin carga eléctrica, como indican sus nombres). Los neutrinos escapan del campo de batalla y la estrella se transforma en un colosal conglomerado de neutrones, que se comportan de manera muy parecida a los electrones en las enanas blancas. Un espacio que se reduce progresivamente define su posición más allá de lo que toleran las leyes cuánticas, y los neutrones reaccionan ganando velocidad y colisionando unos con otros con más energía, aumentando su presión hacia fuera. En el corazón de la estrella, la presión cuántica de los neutrones se alza en un esfuerzo heroico por plantar cara a la gravedad. Los protones tienen mucha más masa que los electrones, y sus impactos comunican más energía, así que ejercen una presión mucho mayor que la electrónica. En estrellas que no superan las dos o tres masas solares, esta presión logra contrarrestar la aplastante presión de la gravedad. En el proceso, se forma una peculiar criatura estelar: una estrella de neutrones. En ella, una masa mayor que la del Sol se aprieta en una densísima esfera de unos diez kilómetros de radio. Una cucharada de su materia pesaría mil millones de toneladas. A pesar de exhibir una densidad extrema, la superficie singular de Schwarzschild todavía no asoma fuera de las estrellas de neutrones.

Este segundo límite de entre dos y tres masas solares lo establecieron Robert Oppenheimer y uno de sus estudiantes de doctorado, George Volkoff, en 1939, siguiendo muy de cerca la argumentación previa de Chandrasekhar y contando con la ayuda de un físico veterano, Richard Tolman, para hacer las adaptaciones pertinentes. En lugar de lidiar con electrones, ellos tuvieron que vérselas con neutrones, lo que introducía un nuevo actor en los cálculos: las fuerzas nucleares, de las que entonces se sabía muy poco. El nuevo límite celebró en su nombre el triunvirato Tolman–Oppenheimer–Volkoff.

Costó varias décadas armar la historia que acabamos de resumir en unos párrafos. Hay que tener en cuenta que hasta 1932 no se descubrieron los neutrones, así que difícilmente nadie hubiera podido concebir antes la existencia de astros compuestos exclusivamente por estas partículas. Hubo que esperar hasta 1938 para que Hans Bethe desentrañara otro de los puntos clave de la vida de las estrellas, el mecanismo nuclear que alimenta su metabolismo radiante. Los físicos de las primeras décadas del siglo XX tuvieron que asimilar una auténtica avalancha de novedades. No todos hicieron bien la digestión. El dictamen del papa de la astrofísica, Arthur Eddington, sobre el límite establecido por Chandrasekhar para las enanas blancas fue demoledor: lo calificó de «bufonada estelar».

En el momento en el que Chandrasekhar viajaba de Madrás a Southampton, todavía no se había elaborado una teoría que integrase la mecánica cuántica y la relatividad especial, ambas necesarias para describir el confinamiento de cualquier partícula subatómica que se viera forzada a alcanzar velocidades próximas a la de la luz.

Chandrasekhar había confeccionado su propia receta de relatividad cuántica en un contexto muy particular, el de la dinámica estelar. Eddington no quedó muy contento con el maridaje: «No considero que la descendencia de esa unión proceda de un matrimonio legítimo», comentó despectivamente. Eddington experimentaba un rechazo visceral hacia la noción de colapso gravitatorio, ante la posibilidad de que una masa estelar se pudiera contraer hasta alcanzar una densidad infinita. Sus prejuicios muestran que incluso los mejores científicos a menudo se guían más por la intuición —vale decir, por sus prejuicios o emociones— que por la razón. Prefirió creer en la versión de otro físico, el británico Ralph Fowler, que también había incorporado ingredientes cuánticos en el estudio del ciclo vital de las estrellas. En sus cálculos, Fowler había omitido las correcciones debidas al límite de la velocidad de la luz. Con esta omisión, la presión cuántica de los electrones garantizaba el equilibrio a cualquier estrella que iniciara el colapso. Dicho de otro modo, cualquier estrella podía confiar en terminar sus días como una enana blanca. Eddington decidió acogerse a esa versión más tranquilizadora.

Eddington era una leyenda viviente entre los astrónomos y Chandrasekhar era un joven semidesconocido. Eddington era en gran medida responsable de la imagen que se habían formado los científicos de las estrellas y estaba obsesionado con el equilibrio estelar. Eddington detestaba la mera posibilidad de los agujeros negros; Chandrasekhar estaba abriendo la senda que los hacía viables. Eddington consideraba a las estrellas casi como pacientes siquiátricos, a los que negaba el derecho a un comportamiento patológico. Estaba convencido de que todas las estrellas debían morir en paz, como enanas blancas. Eddington contribuyó notablemente a retrasar la entrada de los agujeros negros en el panteón de ideas científicas respetables. Eddington estaba equivocado y Chandrasekhar llevaba razón. Chandrasekhar trató de recabar el apoyo de otros científicos capaces de contrarrestar el carisma y el ascendente de Eddington, expertos en mecánica cuántica como Niels Bohr, Wolfgang Pauli o Werner Heisenberg. Todos le dieron la razón de manera directa o indirecta en privado. Sin embargo, ninguno quiso subir a la palestra y enredarse públicamente en una controversia con Eddington, en una disputa que además caía en un terreno en el que no se sentían expertos. Ninguno de ellos era astrónomo. Sin apoyos, Chandrasekhar no se vio con ánimos de jugar la carta de David contra Goliat y decidió, con buen juicio, tirar la toalla y no librar una batalla condenada de antemano al fracaso contra Eddington. Se hizo a un lado, buscó otros temas de investigación y solo regresó al estudio de los agujeros negros después de que el tiempo hubiera colocado a cada uno en su sitio.

Los límites de Chandrasekhar y de Tolman–Oppenheimer–Volkoff generaban inquietud porque no alzaban diques de contención absolutos. Salvaban a las estrellas que se situaban dentro de un estrecho margen de masas, a cambio de convertirlas en entidades algo extravagantes, pero finalmente aceptables. El mismo argumentario que había conducido al establecimiento de los límites parecía indicar que el recurso de la presión cuántica no era capaz de librar del colapso gravitatorio a las estrellas que superaban las tres masas solares. En su caso, la gravedad quebrantaría incluso la resistencia numantina de los neutrones y no quedaría nada que pudiera hacer frente a su compulsión compresora. Si la estrella no podía coger el tren de las enanas blancas ni de las estrellas de neutrones, ¿en qué se convertía? ¿Menguaría hasta concentrar toda su masa en un punto de infinita densidad? ¿La superficie de Schwarzschild quedaría entonces expuesta ominosamente a la vista de todos?

Ciencia oscura

Estaba mirando a un agujero...
un agujero negro, y el agujero se abrió
mientras miraba... y sentí que me caía
hacia delante, hundiéndome en la nada.

Charles Burns, *Agujero negro*

Ante el cariz que estaban tomando los acontecimientos, Einstein se sintió en la obligación de pronunciarse. En 1939, se decidió a matar al monstruo que su propia teoría parecía invocar. El arma sería un artículo publicado en la revista *Annals of Mathematics*. Su título, a primera vista, no guardaba relación alguna con el problema del colapso gravitatorio: «Sobre un sistema estacionario con simetría esférica compuesto por muchas masas gravitatorias». En él trataba de demostrar que la materia del universo jamás caería en una espiral de densidad creciente que desembocara en la formación de una aberrante singularidad de Schwarzschild. No era la primera vez que intentaba disciplinar a sus díscolas ecuaciones, empeñadas en predecir fenómenos a los que no encontraba ningún sentido, como los agujeros negros o un universo en expansión.

Para su demostración, Einstein puso en escena un enjambre de partículas materiales que giraban en torno a un mismo centro, trazando órbitas circulares situadas en diferentes planos. Visto desde una cierta distancia, el conjunto mostraría el aspecto de una esfera de partículas, que giraban en todas las direcciones. Einstein logró probar que, para que la esfera se contrajera más allá del radio de Schwarzschild, las partículas tendrían que superar la velocidad de la luz. Como nada podía infringir ese límite sagrado de la relatividad, la materia no tenía modo de concentrarse en volúmenes arbitrariamente pequeños: «El resultado esencial de esta investigación es una comprensión clara de por qué las *singularidades de Schwarzschild* no se dan en la realidad física». Hablando del rey de Roma, el artículo de Einstein no hacía sino presentar un viejo argumento de Schwarzschild con un vestido nuevo. Este había mostrado que una estrella con un radio menor que el radio de Schwarzschild tendría que ejercer una presión interna infinita para resistir la compresión. Circunstancia que le había llevado a concluir que dichas estrellas no eran viables. Tanto Schwarzschild como Einstein estaban poniendo de manifiesto la imposibilidad de que se formaran cuerpos extremadamente compactos y estables con un radio más pequeño que el radio de Schwarzschild. Aquí el punto clave estaba en la búsqueda del equilibrio. Implícitamente no estaban considerando la evolución de ningún sistema hacia configuraciones de la materia inestables, como el colapso sostenido de una estrella.

La posibilidad de que en la naturaleza se pudiera producir una implosión gravitatoria completa resultaba inconcebible desde una perspectiva newtoniana y encontró enormes resistencias incluso desde presupuestos relativistas o cuánticos. Muchos científicos experimentaban una verdadera aversión ante la idea. A veces lo expresaban abiertamente, otras ni siquiera se daban cuenta de lo que sentían. Era una herida abierta en el inconsciente de los físicos. Por un lado, estaban las ecuaciones y, por otra, las personas que las interpretaban, y las ecuaciones contemplaban situaciones y fenómenos que las personas rechazaban de plano en función de sus prejuicios. Prejuicios que se debían a la cultura científica en la que se habían formado y que dictaba restricciones que no imponían las matemáticas.

Los argumentos de Einstein y Schwarzschild en realidad no impedían el colapso, solo la formación de cuerpos estelares estables hiperdensos. Venían a decir que no existía una tercera parada después de las enanas blancas y las estrellas de neutrones. La materia no podía alcanzar una tercera configuración de equilibrio, que diera lugar a un tercer tipo de astro más denso aún que añadir al catálogo estelar. Tácitamente, Einstein y Schwarzschild estaban descartando la mera posibilidad de la alternativa: un colapso llevado hasta sus últimas consecuencias. Negaban a la gravedad su victoria final sobre la materia. Solo alcanzaban a concebir un agujero negro como un nuevo tipo de estrella, por exótica que fuera. Puesto que ninguna fuerza interna podría sostenerla, jamás habría agujeros negros.

Pocos meses después de que Einstein sacara a la luz su artículo, Robert Oppenheimer publicó una suerte de refutación, en colaboración con otro de sus estudiantes de doctorado, Hartland Snyder. Ya desde el título anunciaban que sus conclusiones eran de naturaleza muy distinta: «Sobre la contracción gravitatoria continua». Su trabajo anterior con Volkoff y Tolman, que marcaba los límites para que las estrellas masivas accedieran a una muerte digna, había convencido a Oppenheimer de que la vía de la implosión a veces resultaba inevitable. Esa convicción lo convertiría en uno de los primeros físicos en creer en la realidad de los agujeros negros relativistas y en ofrecer argumentos razonables de cómo se podían producir en la naturaleza. Dichos argumentos había que extraerlos de las ecuaciones de la relatividad general. Era una dura cantera. Tan dura que, de hecho, terminaba por volver impracticable la tarea. A lo largo de más de dos décadas, los matemáticos más avezados solo habían logrado calcular soluciones

141

exactas de las ecuaciones de Einstein en situaciones muy particulares y, desde luego, ninguna de ellas era tan compleja como la que planteaba la dinámica estelar. Sin embargo, Oppenheimer poseía un instinto certero para separar la paja del trigo, para identificar cuáles eran los factores realmente determinantes a la hora de estudiar cualquier proceso físico.

Aparcó a un lado la estrella real, inabordable, y exploró en su lugar un objeto mucho más sencillo, una versión idealizada. Las estrellas que pueblan el universo rotan, son un hervidero de reacciones nucleares, desprenden materia y radiación electromagnética y presentan una distribución de masa irregular. En la década de 1930, nadie hubiera podido resolver unas ecuaciones que tuvieran en cuenta todos esos factores, así que Oppenheimer y Snyder eliminaron la rotación y la radiación. Hicieron que su estrella adoptase la forma de una esfera perfecta, con una distribución uniforme de masa, que además no ejercía ningún tipo de presión hacia fuera. Esta última propiedad llama particularmente la atención. Oppenheimer juzgó que si la gravedad iba a terminar venciendo cualquier oposición (presión) que presentara la estrella, su papel no resultaría determinante en el proceso. Al reducir la presión a cero, las ecuaciones se volvían abordables. Tanto Oppenheimer como Snyder eran conscientes de que en la naturaleza no existía ningún astro como el que ellos estaban considerando, pero confiaban en que, aun así, su modelo retuviera los rasgos esenciales que condicionaban el colapso estelar. No estaban interesados en una descripción detallada, realista, del fenómeno. Bastaba con que su descripción retuviera los aspectos clave que decidirían el destino de una estrella.

A pesar de haber despojado al máximo a la estrella de sus atributos, tuvieron que hacer frente a un cálculo arduo en el que Tolman, de nuevo, acudió a echar una mano. El colapso sostenido de las estrellas masivas de Oppenheimer y Snyder concentraba más y más materia en una región del espacio cada vez más reducida. Sin armas para defenderse, sin ofrecer resistencia, la esfera gaseosa se sometía por completo al brutal aplastamiento de la gravedad, que llegaba a reducir su volumen a cero. La progresiva acumulación de masa acentuaba la distorsión del espaciotiempo, hasta generar una curvatura infinita (figura 4). De hecho, espacio y tiempo cesaban de existir en el centro mismo del colapso. Después de alcanzar ese punto singular, la materia de la estrella no seguía desplazándose hacia ningún otro lugar. Allí se transmutaba en energía pura que, como un fantasma, rondaba el centro del colapso para sostener la traumática contorsión del espaciotiempo. La peculiar geometría que se consolidaba entonces correspondía a un agujero negro.

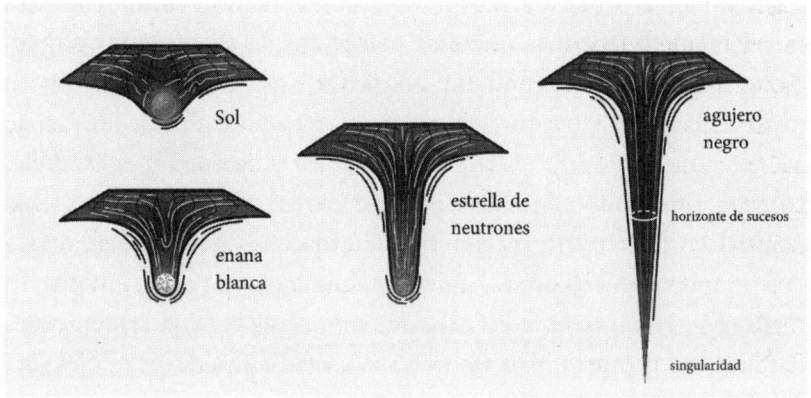

Figura 4. Cuanto más se comprime una masa, más profunda es la huella que deja en el espaciotiempo y mayor es la curvatura que induce en él.

¿Qué efecto causaba esta gravedad desbocada sobre la masa de la estrella mientras esta desfilaba hacia el centro del colapso? ¿Qué sucedía con sus neutrones y electrones cuando la densidad se disparaba? La relatividad general no ofrece una descripción de la naturaleza a escala subatómica —dominio que corresponde a la mecánica cuántica—, así que sus ecuaciones no proporcionan ningún detalle sobre cómo se produce la metamorfosis final de la estrella en un agujero negro. Se limitan a declarar que su masa se comprime hasta concentrarse en un punto de infinita densidad. ¿Qué permanece después de que se haya consumado el colapso? La respuesta puede causar desconcierto, pero resulta del todo natural para las ecuaciones de Einstein. Puro espaciotiempo. La masa se precipita hasta desaparecer en la singularidad. En un acto de prestidigitación física, se transforma en energía, energía que sostiene la torsión del espaciotiempo. John Wheeler describió esta insólita transmutación recurriendo a un símil literario. La masa: «desaparece de la vista como el gato de Cheshire. Uno deja tras de sí solo su sonrisa; la otra, solo su atracción gravitatoria».

Un aspecto particularmente enigmático de esta implosión, que no pasaron por alto Oppenheimer y Snyder, tenía que ver con el desplazamiento al rojo, un fenómeno que Einstein ya entrevió en las versiones más primitivas de su interpretación relativista de la gravedad. Consiste en lo siguiente. Como apuntamos en el segundo capítulo, la presencia de una masa en el universo no solo modifica las propiedades del espacio (creando una hondonada que desvía la trayectoria de los cuerpos en su proximidad, generando la ilusión de un fuerza, la fuerza gravitatoria). También afecta a las propiedades del tiempo, como corresponde al ámbito relativista, en el que tiempo y espacio comparten un vínculo profundo. Dado que la gravedad distorsiona el tejido tetradimensional —en ciertos puntos lo da de sí, en otros lo contrae—, afecta tanto a las medidas espaciales como a las temporales. Allí donde la gravedad sea más intensa, el ritmo de los relojes será más lento. La magnitud del efecto depende de cómo de pronunciada sea la curvatura que la masa induce en el tejido del espaciotiempo. Resulta más notable en la vecindad de una enana blanca que en la del Sol; más en la proximidad de una estrella de neutrones que en la de una enana blanca. Tras la formación de un agujero negro, llega al extremo y el tiempo sencillamente parece detenerse en la famosa superficie de Schwarzschild.

Esta interferencia de la gravedad en los ritmos del tiempo afecta a una propiedad de la luz que se pone de manifiesto con particular claridad cuando la interpretamos como una onda, es decir, como una sucesión de crestas y valles que se van alternando (figura 5). Hay dos atributos que definen por completo la forma de esta onda: su altura (la distancia entre el punto más bajo de un valle y el punto más alto de una cresta) y su longitud (su grado de estiramiento o compresión, que también se puede interpretar como la distancia entre dos crestas consecutivas). Las ondas muy largas, como las ondas de radio, son invisibles y transportan poca energía. Si cogemos una onda y la vamos comprimiendo, acercando unas crestas a otras, se irá cargando de energía. Llegará un momento en que, a partir de una longitud determinada, se volverá visible: luz roja. Si continuamos estrechando la onda, el acortamiento se traducirá en un cambio de color. Así iremos recorriendo los diversos tonos del arcoíris: naranja, amarillo... hasta llegar al violeta. Si seguimos comprimiendo la onda, volverá a desaparecer de nuestra vista: tendremos luz ultravioleta. Cuanto más corta sea la onda, más energía transportará. Esta relación entra longitud y energía explica por qué las ondas de radio, largas, nos atraviesan sin afectarnos, mientras que los rayos gamma, ondas cortas, dañan nuestros tejidos.

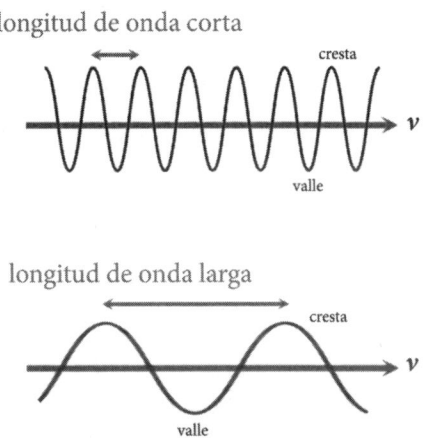

Figura 5. Luz con distintas longitudes de onda, una corta y otra larga.

Si tenemos dos átomos iguales —uno situado cerca del Sol y otro, muy lejos—, y ambos emiten la misma luz, la ralentización del tiempo causada por la gravedad del Sol estirará la longitud de la luz que emita el átomo más próximo y volverá más roja su luz. James W. Brault, un estudiante de posgrado de Robert Dicke, fue el primero en medir este efecto en el caso del Sol, en 1962. Conviene recordar que la luz se desplaza siempre a la misma velocidad en el vacío, pero la energía que transporta depende de su longitud de onda. La luz roja es menos energética que la luz azul.

La magnitud del desplazamiento al rojo depende de la distorsión gravitatoria que ralentiza el tiempo. Cuanto más reducido sea el espacio en el que encerremos una masa radiante, la luz que emita se volverá más roja o, lo que es lo mismo, menos energética. Si la densidad continúa aumentando y reducimos el volumen de la estrella hasta el radio de Schwarzschild, la longitud de su luz se estirará hasta el infinito. La ralentización gravitatoria sustrae así toda la energía de la luz y la vuelve invisible. De este modo, el colapso da lugar a un cuerpo oscuro, pero de una naturaleza muy diferente a la de los gigantes estelares que habían entrevisto Michell y Laplace. Su luz no se verá frenada y traída de vuelta a la superficie. Por el contrario, su luz se desplazará siempre a la misma velocidad, pero la gravedad la alargará hasta agotar toda su energía.

Un espectador que observe —en reposo y a una distancia prudencial— cómo colapsa una estrella, verá primero cómo esta se va encogiendo. No tardará en advertir los efectos de la distorsión temporal causada por la gravedad. Comprobará entonces que el proceso de implosión comienza a ralentizarse, al mismo tiempo que la luz de la estrella se va volviendo cada vez más roja, menos energética. Justo en el instante en el que el radio de la estrella se reduce al radio de Schwarzschild la película del colapso se detendrá: la luz habrá perdido toda su energía. Se acabó el espectáculo. Los siguientes episodios de la muerte de la estrella no llegarán nunca a los ojos del observador. De ahí que antes de su bautizo oficial, los agujeros negros recibieran también la denominación de «estrellas congeladas».

Llegados a este punto conviene señalar que esta es solo una versión de los hechos. Como vimos en el segundo capítulo al repasar los fundamentos de la relatividad, observadores inerciales en diferentes estados de movimiento realizan descripciones distintas de los mismos fenómenos. Si un testigo del colapso, en lugar de disfrutar de la acción quieto, a una distancia prudencial, decidiera acompañar a la superficie de la estrella en su caída (convenientemente protegido, eso sí, dentro de algún vehículo espacial) asistiría a un espectáculo bien distinto. Dicho observador no apreciaría ralentización alguna y para él la película no se congelaría en ningún momento. De hecho, cruzaría la superficie singular de Schwarzschild sin advertir nada particular. Eso sí, una vez traspasado ese umbral, ninguno de sus mensajes podría alcanzar el exterior. Aunque esta última circunstancia no llamó

146

entonces la debida atención, ahí residía la clave de lo que vendría a conocerse como horizonte de sucesos. El radio de Schwarzschild no albergaba ninguna singularidad, sino que marcaba la frontera de una barrera causal. Nada de lo que ocurriera dentro de sus límites podría afectar jamás a lo que se encontrara en el exterior.

Esta discrepancia entre las versiones de dos observadores en diferentes estados de movimiento —uno en reposo, a una cierta distancia de la estrella; otro que se desplaza, acompañando el colapso— se ajustaba a los preceptos del credo relativista. Al mismo tiempo, era la discrepancia entre observadores más radical descubierta hasta entonces, fruto de una gravedad intensísima, que nada tenía que ver con la que desviaba los rayos de luz de estrellas lejanas al pasar cerca del Sol o la que afectaba a la órbita de Mercurio. Nadie tenía muy claro cómo relacionar relatos tan discordantes, es decir, cómo describir el fenómeno subyacente que generaba las dos perspectivas.

A pesar de estas incertidumbres, Oppenheimer y Snyder conseguían romper el embrujo de la segunda singularidad de Schwarzschild. Su análisis sugería que el espaciotiempo no sufría ningún desgarro en la famosa superficie singular, ya que un observador que acompañara el colapso no percibiría nada particular en el momento de atravesarla. Para él esa región del espacio resultaría indistinguible de las demás. Los cálculos mostraban cómo, a medida que se comprimía la estrella, se acentuaba la huella que dejaba en el espaciotiempo. Su tejido se hundía cediendo ante el aumento de densidad, pero la curvatura no se volvía infinita, ni siquiera cuando la estrella quedaba encerrada dentro del radio de Schwarzschild. La fractura del espaciotiempo solo se producía en el centro del colapso. ¿De dónde salía entonces el misterioso infinito que tanto había intrigado a Einstein y al resto de físicos relativistas? Con el tiempo se vería que se trataba de un espejismo que solo afectaba a ciertos observadores. El infinito no estaba en el fenómeno, sino en su descripción matemática, que presentaba algunas deficiencias para observadores muy particulares. La única singularidad real era la que habitaba en el centro del agujero negro.

El artículo de Oppenheimer y Snyder, «Sobre la contracción gravitatoria continua», se puede considerar como la partida de nacimiento

OPPENHEIMER
NO. 1 THINKER
ON ATOMIC ENERGY

OCTOBER 10, 1949 20 CENTS
YEARLY SUBSCRIPTION $6.00

de los agujeros negros relativistas. Cuando uno superaba el límite de las tres masas solares, se agotaban todos los conejos que la naturaleza guardaba en la chistera para detener el colapso gravitatorio. Para Oppenheimer los agujeros negros no eran una nueva variedad exótica de estrella. Eran el resultado de un proceso dinámico de colapso indefinido. Esta forma de enfocar el problema suscitó reacciones encontradas. Muchos astrónomos se negaron a aceptar sus conclusiones. Era tanto lo que se ignoraba acerca de la dinámica estelar que quedaba margen más que suficiente para evitar el drama de la implosión completa. Cuando una estrella grande colapsa, se desprende de forma explosiva de sus capas exteriores y se convierte en nova o supernova. Por tanto, se deshace de una considerable cantidad de materia gaseosa. Quizá el proceso dejara un remanente que nunca superaba el límite de Tolman-Oppenheimer-Volkoff. Así, el desenlace de la historia sería siempre, o bien una enana blanca, o bien una estrella de neutrones. También es cierto que este feliz desenlace demandaba de las estrellas un ejercicio de autocontrol notable. Fuera cual fuera su tamaño de partida, tendrían que deshacerse justo de la materia necesaria para no acabar con más de tres masas solares después de su estallido final.

Otros achacaron el aberrante ocaso de las estrellas masivas a la artificiosidad del modelo de Oppenheimer. Defendían que el colapso solo se podía llevar hasta sus últimas consecuencias en el caso de un cuerpo idealizado que ningún astrónomo avistaría jamás en el universo. Con seguridad, un análisis relativista que tuviera en cuenta la rotación, la emisión de radiación, la presión interna de la estrella, la distribución irregular de su masa o la pérdida de materia en la fase de nova, conjuraría la contorsión del espaciotiempo en torno a una singularidad.

A pesar de que sobraban motivos para una larga y encendida polémica, la disputa fue breve. El artículo de Oppenheimer y Snyder llevaba fecha de publicación del 1 de septiembre de 1939, el mismo día en el que el ejército de Hitler inició la invasión de Polonia. También es el día en el que Francia y Reino Unido reaccionaron por fin a las provocaciones de Alemania con una declaración de guerra. Los físicos abandonaron sus controversias cuánticas y relativistas y marcharon al frente o se entregaron a investigaciones de interés militar. La atención de Oppenheimer pasó de las reacciones nucleares que animaban el corazón de las estrellas a las que podían forjar un arma de destrucción masiva.

Después del hiato impuesto por la Segunda Guerra Mundial, cuando los físicos abandonaron el diseño de tecnología bélica o simplemente tuvieron la suerte de sobrevivir al frente, regresaron a los despachos de las universidades y contemplaron de nuevo las ecuaciones que habían dejado escritas en las pizarras seis años atrás y los artículos que se amontonaban en sus mesas de trabajo. ¿Era el momento de releer el artículo de Oppenheimer y Snyder? En palabras de Werner Israel, había sólidos argumentos para considerarlo «el artículo más audaz y asombrosamente profético que se hubiera publicado nunca en nuestro campo». Por desgracia, no siempre se presta la debida atención a los oráculos. El artículo no fue relegado del todo al olvido, pero pasó a un discreto segundo plano, obteniendo pocas citas hasta la década de 1960.

¿Cuál fue la razón de este desinterés? Lo cierto es que la comunidad científica no creía en los resultados francamente contraintuitivos de Oppenheimer y Snyder. No creía en la consumación del colapso. No creía, en suma, en la realidad de los agujeros negros. John Wheeler consideró el problema del colapso gravitacional como «la mayor crisis en la física de todos los tiempos». Él mismo reconocería la antipatía, hasta cierto punto irracional, que le suscitaba: «Sencillamente no me gustaba. Hice cuanto pude por encontrar una forma de evitar la implosión forzosa de las grandes masas». A pesar de los incómodos indicios presentados por Chandrasekhar y Oppenheimer, existía la convicción de que la naturaleza sabría arreglárselas para evitar, aunque fuera en el último momento, el desenlace fatal.

Por fuerza debían existir otras maneras de salir del apuro, ya que, aunque el modelo de estrella de Oppenheimer y Snyder fuera más complejo que el de Schwarzschild, seguía muy alejado de la realidad. Cuando se incorporasen todos los detalles, irregularidades y asimetrías propios de las estrellas que pueblan el universo, la amenaza de la singularidad sería conjurada. Esta resistencia hizo que hasta finales de la década de 1950 los agujeros negros se esfumaran prácticamente de la literatura científica. En este sentido, la publicación del artículo de Oppenheimer y Snyder se puede considerar como una oportunidad perdida.

Sin embargo, la naturaleza es tozuda. Mientras los teóricos mandaban al destierro la perturbadora idea del colapso estelar, en el frente experimental una serie de descubrimientos enigmáticos conspiraba por traerla de vuelta.

LA SOLEDAD DEL INVESTIGADOR DE FONDO

Las posturas iban desde la duda hasta una incredulidad
inofensiva... y hasta Kuiper, que estaba en el otro extremo
de la escala. Recuerdo claramente que me dijo que pensaba
que yo estaba profundamente equivocado, que lo único que
estaba registrando era el ruido de unas lámparas de arco.

Grote Reber, entrevistado por Woodruff T. Sullivan

Como en una novela de misterio bien armada, las pruebas de la existencia de agujeros negros estuvieron a la vista de todos casi desde el principio, solo que expuestas de un modo que nadie supo reconocer su trascendencia. Seis años antes de la publicación de «Sobre la contracción gravitatoria continua», se registraron las primeras señales procedentes del entorno de un agujero negro, es decir, del resultado del colapso gravitatorio continuo que Oppenheimer y Snyder estaban planteando como una aventurada hipótesis.

En 1928 Karl Guthe Jansky entró a trabajar para los laboratorios Bell Telephone, en un departamento que se ocupaba de perfeccionar el servicio transatlántico de telefonía por radio. Entonces se empezaba a operar dentro de una nueva franja de longitudes de onda, más cortas de lo acostumbrado, y encargaron a Jansky que investigase qué interferencias podían afectar a estas señales. Hacia finales de 1930 terminó de construir una antena orientable, instalada sobre una plataforma rotatoria, capaz de rastrear cualquier ruido electromagnético que acechara las transmisiones. En diciembre de 1932, logró completar un año de observaciones. Su análisis evidenció que las interferencias caían nítidamente dentro de dos categorías: unas las provocaban las tormentas; otras producían «un siseo de estática constante, de origen desconocido». Jansky no logró determinar la causa de ese misterioso siseo, pero sí localizó dónde estaba la fuente: en el centro de la Vía Láctea.

El descubrimiento mereció una atención mediática moderada. El 5 de mayo de 1933, el titular «Nuevas ondas de radio procedentes del centro de la Vía Láctea» se abrió un hueco en la portada de *The New York Times*. Sin embargo, el hallazgo de una fuente de radio extraterrestre no consiguió atraer financiación suficiente para investigar el fenómeno más a fondo. En los laboratorios Bell casi se lo tomaron a broma. La señal era tan débil que ni siquiera resultaba «interesante como fuente de radiointerferencia». Muy a su pesar, Jansky tuvo que abandonar su estudio y dedicarse a labores más prosaicas. Murió sin oír pronunciar siquiera la palabra «radioastronomía», la nueva disciplina que él mismo había inaugurado en solitario. Hasta la construcción de su antena, la astronomía se había limitado a recoger información del universo a través de la luz visible que llegaba a la Tierra. Jansky abrió una nueva ventana al cosmos, obteniendo información desconocida hasta entonces. Venía cifrada en luz que los ojos humanos no podían percibir: ondas de radio. Jansky también murió sin saber que había sido la primera persona en detectar radiación electromagnética emitida en la vecindad de un agujero negro. En particular, de Sagitario A*, el monstruo gravitatorio que reina en el centro de nuestra galaxia, un agujero negro supermasivo, con un radio de Schwarzschild de más de diez millones de kilómetros.

Puesto que los astrónomos no parecían muy por la labor, fue un ingeniero quien tuvo que recoger el testigo que Jansky se había visto obligado a abandonar. Grote Reber hizo una de las contribuciones más notables y singulares a la historia de los agujeros negros, al más puro estilo estadounidense, cargando él solo con todo el peso de la iniciativa y sin el apoyo de ninguna institución. Reber se familiarizó con las peculiaridades de la luz de longitud de onda larga desde muy joven, como radioaficionado, llegando a establecer contacto con personas de más de cincuenta países. Sin embargo, las emisiones de radio humanas pronto le supieron a poco. La lectura del artículo de Jansky fue providencial y despertó su interés por las ondas de radio que venían de fuera de la Tierra. No sabemos si fue un ferviente seguidor de las revistas *pulp* de ciencia ficción, pero hubiera resultado apropiado, ya que el padre del género, Hugo Gernsback, fue un promotor entusiasta de los radioaficionados. Reber escribió a los laboratorios Bell solicitando trabajar con Jansky, para descubrir consternado que ni el propio Jansky había conseguido el trabajo que tanto anhelaba.

Hubo de aceptar entonces que tendría que hacerlo todo por su cuenta, con sus propias manos, así que se apuntó a varios cursos de óptica y astronomía en la Universidad de Chicago. En lugar de comprarse un coche, siguió yendo al trabajo en autobús, con el fin de ahorrar dos mil dólares que invirtió en la construcción del primer radiotelescopio del mundo. Este adoptaría la característica forma de disco, que reconocemos en las antenas parabólicas que se multiplican en los tejados y fachadas de medio mundo. Es el mismo diseño que podemos encontrar, en un contexto más astronómico, en el cartel de la película *Contact*, detrás de Jodie Foster y Matthew McConaughey. En el verano de 1937, Reber diseñó y fabricó un disco parabólico con un diámetro de casi diez metros. Cuenta la leyenda que lo hizo en el patio trasero de la casa de su madre que, ironías del destino, había sido maestra de Edwind Hubble. No era exactamente el patio trasero que uno imaginaría así, a bote pronto, con su césped, su barbacoa y su canasta de baloncesto, sino más bien un solar adyacente a la vivienda. En cualquier caso, la madre de Reber encontró bastante útil la estructura que había levantado su hijo para tender la ropa a secar. Los habitantes de Wheaton, la localidad de Illinois donde vivían los Reber, no habían visto nada parecido por aquellos lares. Cuando el disco descansaba en posición horizontal y llovía con fuerza, se convertía en una piscina y el agua se derramaba como una catarata a través del agujero que se abría en su centro. Entre los vecinos de Wheaton comenzó a circular el rumor de que el radiotelescopio era en realidad una máquina para acumular lluvia y tratar de controlar el tiempo.

Primer radiotelescopio construido por Grote
Reber. Fuente: NRAO-Green Bank.

153

Nada más lejos de la intención de Reber que hacerse dueño y señor de las tormentas. Con paciencia, fue probando receptores de radio sensibles a diferentes longitudes de onda, que situaba en el foco del disco, hasta que una noche de primavera, en 1939, consiguió sintonizar la señal de Jansky. A partir de ese momento, Reber fue acumulando registros, que tomaba de noche para evitar las interferencias producidas por el arranque de los motores de los coches. Apuntando su disco en todas las direcciones, fue bosquejando el primer mapa de señales de radio del firmamento. En él se fue perfilando la silueta de la Vía Láctea, con sus brazos espirales y un potente foco en el centro: Sagitario A* (figura 6).

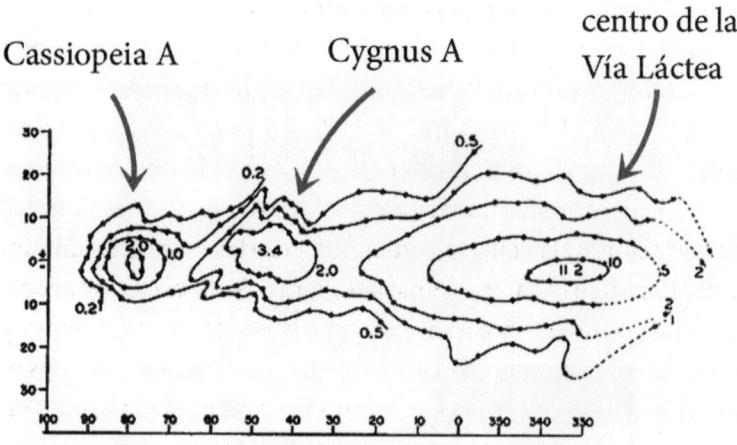

Figura 6. Registro de las señales de radio detectadas por Reber. Tres picos de intensidad revelan la presencia de tres fuentes. Dos de ellas corresponden a agujeros negros supermasivos ubicados en el centro de dos galaxias: Cygnus A y la Vía Láctea. La tercera, Cassiopeia A, corresponde al resto de una supernova que se encuentra situada en nuestra galaxia.

Se trataba de un logro impresionante incluso en un campo, el de la astronomía, famoso por la cantidad y calidad de descubrimientos realizados por aficionados. Sin embargo, a Reber le costó Dios y ayuda publicar un artículo en el *Astrophysical Journal*. El editor de la revista era un viejo conocido nuestro: Subrahmanyan

Chandrasekhar. El trabajo de aquel diletante, sin afiliación alguna a una universidad o centro de investigación respetable, despertó tanto interés como suspicacias. Una romería de astrónomos inició entonces el peregrinaje hasta Wheaton, para tratar de discernir si Reber era un embaucador o un genio. El *Astrophysical Journal* acabó publicando su artículo después de un severo trabajo de edición que eliminó detalles técnicos y algunas especulaciones. A estas alturas, la opinión de Reber acerca de los astrónomos era casi tan buena como la de Zwicky. Lamentaba su «incompetencia de mente estrecha» y llegó al convencimiento de que él quería hacer justo «el tipo de cosas en las que no querrían involucrarse jamás las personas con un cargo institucional». Terminó por alegrarse de no tener que soportar la presencia de «pontífices autoproclamados mirando por encima de mi hombro para darme malos consejos».

Sus desencuentros con la ciencia institucional reafirmaron el carácter de lobo solitario de Reber. La sensación de que nadie lo apoyaba mientras trataba de sacar adelante un duro programa experimental produjo un efecto contraproducente cuando algunos astrónomos mostraron un genuino interés por sus logros y le ofrecieron trabajo. La financiación traía consigo someterse a ciertas exigencias administrativas. Para Reber ya era demasiado tarde. Se había acostumbrado a hacer las cosas a su manera y a seguir sus impulsos sin tener que rendir cuentas ante nadie. Declinó todas las ofertas. Durante años disfrutó del privilegio de ser el único radioastrónomo del mundo. Para ser una profesión con un solo trabajador y contar con medios tan modestos, sus resultados fueron extraordinarios. Reber exploró los cielos como quiso, como un *cowboy* solitario, autosuficiente y audaz.

Antes de que terminara la década de 1930, las piezas fundamentales del puzle, aunque dispersas, se hallaban ya encima del tablero. Oppenheimer y Snyder habían sabido leer las ecuaciones de la relatividad general, estableciendo que, en determinadas circunstancias, las estrellas morían matando, creando una herida profunda en el espacio-tiempo. Su colapso generaba una región de gravedad tan intensa que la aislaba causalmente del entorno. Por otra parte, Karl Jansky y Grote Reber habían detectado ondas de radio que no hubiera podido emitir ningún objeto estelar conocido. Si uno juntaba las dos anomalías, la

155

anomalía teórica y la anomalía experimental, obtenía un esbozo bastante razonable de agujero negro. Claro que esa imagen reveladora solo surgiría décadas después al adoptar una mirada retrospectiva. A finales de los años treinta nadie sabía bien qué representaban esas piezas y mucho menos que pertenecieran al mismo puzle. Ni siquiera se había llegado a medir la intensidad de las ondas de radio que llegaban a la Tierra y, por tanto, no se había podido calibrar hasta qué punto había de ser excepcional el fenómeno que las originase.

Resulta irónico que los artículos fundacionales de la radioastronomía y de la astrofísica relativista los escribieran ingenieros cuyas preocupaciones se hallaban completamente al margen de la relatividad general o de la dinámica de las estrellas. Las investigaciones de Jansky y Reber muestran que para hacer un descubrimiento no basta con reunir pruebas experimentales. Es necesario ubicarlas en un contexto que las dote de significado. En los años treinta del siglo pasado, todavía no se había producido el cambio de mentalidad necesario para interpretar las evidencias bajo una luz adecuada. Se puede establecer un cierto paralelismo con la detección de la radiación de fondo de microondas por parte de Arno Penzias y Robert Wilson. La diferencia estriba en que ellos tuvieron la fortuna de contar con alguien, como Robert Dicke, que sí fue capaz de entender las implicaciones de su descubrimiento, convirtiendo la nueva información, en el acto, en un hallazgo sensacional. Pero, como bien señaló el propio Reber: «Los astrónomos de la época no sabían nada sobre radio o electrónica, y los ingenieros de radio no sabían nada sobre astronomía». Si alguien como Dicke hubiera reconocido la trascendencia de estos primeros registros de ondas de radio procedentes del espacio, Jansky y Reber hubieran recibido un Premio Nobel, como en su día hicieron Penzias y Wilson. El primer Nobel de Física que premió explícitamente evidencias empíricas de la existencia de agujeros negros tendría que esperar hasta 2020, cuando Jansky y Reber llevaban décadas muertos.

AGUJEROS NEGROS DE SERIE B

Viajar en el espacio, viajar en el tiempo, la
exploración del futuro... no son más que ideas
gastadas hoy en día, tras infinitas variaciones
en libros, películas y programas de televisión,
pero nos parecían nuevas y completamente
maravillosas en aquel entonces.

Jack Williamson

Los muros de contención levantados por el *establishment* científico en torno a la posibilidad del colapso estelar cumplieron bien su cometido y retrasaron la llegada de los agujeros negros a una comunidad que los hubiera recibido con los brazos abiertos: la de los aficionados a la ciencia ficción. Para que los agujeros negros prendieran realmente en el imaginario colectivo, antes hacía falta que los científicos creyeran en ellos. De momento, no hacían sino resistirse con uñas y dientes a su mera viabilidad teórica. Si, dando la razón a Poe, los físicos estaban pecando de falta de imaginación, los escritores de ciencia ficción andaban sobrados de ella. A cambio, iban bastantes justos de conocimientos sobre relatividad general. De todos modos, los autores del género debieron sentir una cierta perturbación en la fuerza, porque comenzaron a proyectar anomalías en el espacio interestelar, anomalías capaces de hacer realidad todas las pesadillas de Einstein.

En la misma década en la que Oppenheimer, Jansky o Reber avanzaban a tientas, sondeando la noción de agujero negro, vieron la luz un puñado de obras de ciencia ficción que producen la impresión de estar haciendo lo mismo. El progreso de la astronomía puso a disposición de los escritores un vastísimo lienzo en blanco. Y muchos de ellos, aun sin contar con la ayuda de científicos que los guiaran —porque andaban tan perdidos como ellos—, parecían empeñados en pintar en ese lienzo singularidades. En vista de que los físicos se mostraban tan reacios a conceder carta de naturaleza a los agujeros negros, los escritores de la ciencia ficción *pulp* crearon, de manera intuitiva, a ciegas, sucedáneos que interpretaban un papel semejante. Esta pulsión inconsciente pugnó por salir a la superficie a través de distintas vías. Una de ellas seguía la misma senda que habían emprendido los astrónomos: explorar el ciclo vital de las estrellas, en particular, su final.

Hasta la llegada de Edward Elmer Smith a la ciencia ficción, el género se había limitado a soñar gestas pueblerinas. Teniendo el universo a su disposición, las naves espaciales rara vez se aventuraban fuera del sistema solar. La publicación de *La alondra del espacio* en 1928 puso fin, de una vez por todas, a esa timidez atávica. El libro, desbordante de humor, exhibe una desacomplejada búsqueda del más puro entretenimiento y se atrevió por primera vez a explotar las posibilidades de un escenario desmesurado. Si las dimensiones del universo desafiaban la imaginación humana, Smith aceptó el desafío con gusto y envió a sus personajes a vivir aventuras de galaxia en galaxia. Es cierto que no se preocupó por armar una trama sofisticada, ni hizo alardes de estilo, ni profundizó en la caracterización de los personajes, pero la acción no daba un respiro, los diálogos eran chispeantes y el villano resultaba tan atractivo que su principal amenaza consistía en robarles la función a los protagonistas.

Smith se reconocía incómodo con las escenas románticas —que, por otra parte, se sentía obligado a incluir— y no sabía muy bien cómo manejar los personajes femeninos. Este problema causaba estragos entre los escritores de la ciencia ficción *pulp*, que contaban con una experiencia vital bastante limitada y con muy pocas mujeres en sus filas. No es cuestión ya de que sus relatos reflejaran la sociedad machista de la época, es que con frecuencia omitían por completo la presencia femenina. Era el único aspecto en el que los autores de ciencia ficción se ajustaban a la máxima de «no escribas sobre lo que no conozcas de primera mano». A este respecto, las mujeres planteaban más desafíos que un mutante reptiliano recién salido de un lago de amoniaco de Venus. Siempre quedaba el recurso de copiar las relaciones estereotipadas que se veían en las películas de aventuras. Smith, sabiamente, se dejó llevar por el espíritu científico y el carácter explorador de sus arrojados protagonistas y recurrió a la ayuda de una mujer de carne y hueso, Lee Hawkins Garby, casada con un viejo compañero de clase. Hawkins y Smith colaboraron en la escritura del primer tercio de *La alondra del espacio*, que acabó en un cajón. Años después, Smith retomó la tarea en solitario. A lo largo de la extensa vida comercial del libro, Hawkins apareció y desapareció de los créditos, en función del capricho de los editores.

Cubierta del libro *La alondra del espacio* (*The Skylark of Space*).

Los ingredientes que Smith agitó en la coctelera de *La alondra del espacio* —melodrama, romance, alienígenas, ingenios tecnológicos con prestaciones casi ilimitadas, batallas espaciales, escala galáctica— terminarían sustanciándose en una de las ramas más fructíferas de la ciencia ficción, el subgénero de la *space opera*. Ripley, Spock, Han Solo o el Mandaloriano pueden considerarse herederos espirituales del universo que Smith colonizó por primera vez.

La alondra del espacio tuvo el privilegio de ser rechazada por todos los editores que desempeñaron ese puesto en Estados Unidos entre 1920 y 1928. La respuesta más alentadora que recibió Smith vino de la revista *Argosy*, en la que Edgar Rice Burroughs había publicado sus novelas de Tarzán. Fue una nota agridulce, en la que apreciaban las virtudes de la novela al tiempo que la consideraban demasiado adelantada para su tiempo. Smith se mantuvo firme, enviando *La alondra* a cada nueva editorial o revista que aparecía en el mercado, a la espera de que por fin los tiempos decidieran ponerse a su altura. Tras ocho años de rechazos ininterrumpidos, Thomas O'Conor Sloane, a cargo de la primera revista dedicada exclusivamente a la ciencia ficción en lengua inglesa, *Amazing Stories*, respondió con entusiasmo. *La alondra del espacio* se publicó en tres entregas, entre agosto y octubre de 1928. El flechazo de los lectores con Smith y la nueva *space opera* fue inmediato.

En la segunda entrega, la nave que daba título al libro, la Alondra, sufría una abrupta desviación de su curso. Una misteriosa fuerza se imponía al rumbo establecido por sus tripulantes. ¿La causa? La influencia gravitatoria de una estrella muerta. El objeto estelar se identifica también en el libro como una «estrella oscura», cuya naturaleza se describe con deliberada ambigüedad a través de las suposiciones que hacen sobre ella los sorprendidos protagonistas, Dick Seaton y Martin Crane. «En teoría, podría existir un cuerpo celeste lo bastante grande como para ejercer una fuerza tan extraordinaria y, aun así, parecer no más grande que una estrella ordinaria, pero no lo considero muy probable», razona dubitativamente Seaton. Da la impresión de que en su hipótesis se está refiriendo a un agujero negro newtoniano: una estrella con suficiente masa para armar una trampa gravitatoria que no afecta al paso del tiempo. Smith decide de manera presciente que ese agujero negro clásico sea encarnado por una estrella en la etapa final de su vida. En el texto no se llega a aclarar cuál es su tamaño, pero se sugiere que quizá no sea demasiado grande. En ese caso, Smith estaría introduciendo una variante interesante sobre los agujeros negros concebidos por Michell y Laplace. Estos imaginaron estrellas enormes, con densidades semejantes a las del Sol o la Tierra. La estrella muerta de *La alondra del espacio* sería, quizá, más pequeña y, por tanto, más densa. Ese rasgo la acercaría más a un agujero negro relativista de origen estelar.

Al margen de cuál sea su naturaleza exacta, la irresistible gravedad de la estrella oscura doblega sin esfuerzo los sistemas de navegaciónde la Alondra. En los visores de la nave, Seaton y Crane ven cómo aumenta de tamaño vertiginosamente, mientras se precipitan sobre ella. «Siendo ambos matemáticos experimentados, se dieron cuenta de inmediato de que ese mundo desconocido poseía una masa inconcebible y de que las perspectivas de escapar no eran demasiado buenas».

Fue tal el éxito de *La alondra del espacio* que muchos escritores se lanzaron a la zanja de la *space opera* abierta por Smith deseosos de competir con él, desplegando sus ambiciosos arcos argumentales en el escenario más amplio concebible: el universo. Uno de estos tempranos rivales de Smith fue John Wood Campbell, una fuerte personalidad, construida a base de defectos y virtudes notables, dos polos que su desbordante energía se ocupó de intensificar. En la cuenta de haberes, Campbell puede presumir de haber redirigido el curso de la ciencia ficción estadounidense, primero como autor, durante una década, y después, de manera más decisiva, como editor de la principal revista del género, *Astounding*, desde 1937 hasta su muerte en 1971. Durante años, Campbell encarnó como nadie la modernidad en la ciencia ficción, aunque —como suele suceder con todo lo que un día nos parece novedoso— su estilo hoy resulte anticuado. Estudió física, fantaseó con ser inventor y proyectó sus conocimientos y anhelos en la creación de un nuevo tipo de historia a la medida de un nuevo tipo de héroe, que se enfrentaba armado con su sola inteligencia a desafíos que se podían vencer únicamente recurriendo a la ciencia. Robert Heinlein caracterizaría con humor este personaje, «el hombre competente», en su novela *Tiempo para amar*:

> Un ser humano debería ser capaz de cambiar un pañal, planificar una invasión, sacrificar un cerdo, capitanear un barco, diseñar un edificio, escribir un soneto, cuadrar las cuentas, construir una pared, entablillar un hueso, dar consuelo a los moribundos, recibir órdenes, dar órdenes, cooperar, actuar por su cuenta, resolver ecuaciones, analizar un problema nuevo, esparcir abono, programar una computadora, cocinar una comida sabrosa, luchar de manera eficiente, morir con nobleza. La especialización es para los insectos.

Como se ve, todo un canto a la transversalidad y a la enseñanza centrada en el desarrollo de competencias, tan en boga hoy en día. Campbell emprendió una meteórica carrera en los *pulps* y, por el camino, logró contagiar a los lectores de su convicción de que la ciencia ficción era un dispositivo narrativo destinado a explorar ideas científicas desafiantes. Entre sus contemporáneos, fue el único autor importante que había estudiado física en la universidad y se puede considerar como uno de los fundadores de la ciencia ficción dura, la vertiente del género más atenta al rigor. Mientras el resto imaginaba el universo a partir de nociones decimonónicas aprendidas en la secundaria, Campbell jugó con la ciencia que se estaba investigando en ese momento. Escribió, entre otros muchos relatos y novelas, *¿Quién está ahí?*, que inspiraría múltiples adaptaciones al cine y los comics. La más popular de todas ellas sería *La cosa*, la película que John Carpenter rodó en 1981.

Como editor, Campbell descubrió o inspiró a una camada de escritores que dominaría el género en las décadas siguientes y que daría forma a la llamada Edad de Oro de la ciencia ficción. En una escala de sofisticación, esta etapa del género se sitúa entre la primitiva y alegre inconsciencia de los pioneros de los *pulps* —de las décadas de 1920 y 1930— y la experimentación formal y el giro hacia las ciencias sociales que se produjo en los años sesenta. En la cantera de Campbell se fraguó la figura de Robert Heinlein, desde luego, pero también la de muchos otros autores, como Isaac Asimov, Theodore Sturgeon o Alfred van Vogt. El pasado de escritor de Campbell proyectaba una sombra alargada sobre su trabajo como editor. Sugería argumentos originales, discutía las tramas a fondo, solicitaba reescrituras con instrucciones detalladas, pulía los diálogos y, a veces, daba la impresión de seguir escribiendo sus propias historias a través de una legión de pacientes escritores.

La formación universitaria de Campbell lo distanciaba del uso meramente instrumental, despreocupado y nada riguroso, que la mayoría de autores *pulp* habían hecho de la astronomía, la química o la biología. Campbell amaba la ciencia y la ingeniería. No entendía la ficción como un medio para evadirse de la realidad y correr aventuras, sino como un laboratorio de ideas, de modo que promocionó a aquellos escritores dispuestos a plasmar su visión, siempre y cuando contaran con la formación técnica necesaria para prestarse al juego. Robert Heinlein era ingeniero aeronáutico; Isaac Asimov, bioquímico; Paul Anderson, físico; Arthur Charles Clarke estudió física y matemáticas. Campbell mismo predicó con el ejemplo desde sus tiempos de estudiante. La noción de una estrella muerta llamó pronto su atención y la exploró en diversos relatos. Muy probablemente la semilla la había plantado la memorable estrella oscura de Smith, que había estado a punto de aniquilar a los protagonistas de *La alondra del espacio*. Campbell había leído la serialización de la novela en *Amazing Stories* con dieciocho años, durante unas vacaciones de verano, mientras entretenía la espera de su ingreso en el MIT. Se cuenta que llegó a rondar los puestos de periódicos con impaciencia, acechando la llegada de cada una de las entregas.

Solo dos años después, mientras estudiaba en la universidad, escribió su propia *space opera* con un cadáver estelar como protagonista, *Pasa la estrella negra*. En esta novela corta podemos entrever, como hicimos en el libro de Smith, una tentativa de agujero negro clásico. Fue en sus páginas donde Asimov descubrió que existía algo llamado teoría de la relatividad. Campbell puso en escena una de sus premisas favoritas: los seres humanos se enfrentan a una invasión de extraterrestres tecnológicamente superiores, a los que terminan derrotando a fuerza de ingenio, arrojo y determinación. Los alienígenas se ajustan al modelo hostil propio de la ciencia ficción *pulp*, que deja traslucir, muchas veces con absoluta ingenuidad, los prejuicios raciales de la época. La única manera de relacionarse con aquellos que se consideran diferentes —nos vienen a decir estos relatos— es la dominación o el sometimiento. Campbell apenas dota de rasgos particulares a sus personajes y se contenta con dejar que los caracterice la situación que ha dispuesto para ellos. Así, llama a sus invasores extraterrestres *nigrans*, en alusión a la estrella moribunda de su sistema planetario, una estrella negra, *Nigra*. No sabemos si al concebir estos apelativos el inconsciente le estaba jugando una mala pasada, ya que Campbell, como sus alienígenas hostiles, creía en la existencia de razas superiores e inferiores. En 1968, rechazó publicar por entregas una novela extraordinaria, *Nova*, de Samuel Delany, con un pretexto que era más bien una declaración de sus prejuicios: no creía que los lectores de *Astounding* fueran capaces de identificarse con un protagonista negro.

Ilustración de Hans Wesso para *Pasa la estrella negra*, publicada en la revista *Amazing Stories Quarterly* de otoño de 1930.

Hasta cierto punto, Campbell muestra simpatía por los belicosos alienígenas de *Pasa la estrella negra*. Cabe afearles sus malas maneras, pero les asisten motivos más que suficientes en su deseo de conquistar la Tierra: Nigra se ha apagado, condenando a su sistema solar a convertirse en un espacio yermo y helado. En la primera versión de la novela, que se publicó en el número de otoño de *Amazing Stories Quarterly* de 1930, Campbell hace una curiosa descripción del final del ciclo vital de las estrellas.

La atracción gravitatoria en la superficie de la estrella aumenta con rapidez, hasta que un nuevo efecto cobra protagonismo. Se ha hecho notar que la luz tiene masa. Ahora, ¡toda la luz que salga de la superficie de la estrella debe elevarse contra la inmensa atracción gravitatoria de la superficie de la estrella! Como resultado, se alcanza un estado en el que la estrella se ha vuelto tan «compacta» que ninguna luz puede escapar de ella. ¡Al

164

final, tenemos un cuerpo extremadamente caliente, pero que no puede irradiar luz!

Los nigrans han quedado atrapados en la órbita de una estrella agonizante. Su luz y su calor ya no les alcanzan y viven bajo enormes cúpulas, que calientan con energía nuclear. El descubrimiento fortuito de que la trayectoria de Nigra los está aproximando a otro sistema solar, presidido por una estrella joven y brillante, despierta su codicia planetaria y las ganas de mudanza. ¿Quién se lo podría reprochar?

La estrella negra que da título a la historia parece encajar sin esfuerzo en lo que Michell denominó una «estrella oscura», y Laplace, *corps obscur*. Un cuerpo cuya influencia gravitatoria es tan fuerte que doblega las trayectorias de los rayos luminosos que él mismo emite hasta hacerlos regresar a su superficie. Luminosa y ardiente en sus inmediaciones, Nigra se muestra fría y oscura ante los desesperados habitantes de su sistema planetario. Curiosamente, esta sugerente imagen desaparece en la versión de *Pasa la estrella negra* que se publicó en formato de libro décadas después, en 1953, junto con otros relatos de Campbell. Para esta edición, el texto fue reescrito a fondo por otro autor, Lloyd Arthur Eshbach, que parecía adherirse así a la conspiración por silenciar los agujeros negros. Porque la versión original de *Pasa la estrella negra*, la que pudieron leer los lectores de la revista *Amazing Stories Quarterly* en otoño de 1930, sería la primera novela cuya premisa argumental girase en torno a la creación de un agujero negro. Eso sí, newtoniano. Nigra no causaba ninguno de los quebraderos de cabeza a los que estaban haciendo frente los físicos, esa misma década, en su esfuerzo por comprender todas las implicaciones de la solución de Schwarzschild.

Nigra se comporta como un agujero negro razonablemente clásico, aunque Campbell lo sitúa en un universo donde sí se respeta el límite de la velocidad de la luz, de modo que su trampa gravitatoria despliega un horizonte de sucesos. Dentro de la región en la que su gravedad mantiene atrapada la luz, nada puede escapar o comunicarse con el exterior. No obstante, su gravedad no afecta al paso del tiempo. Sin pretenderlo, tanto *La alondra del espacio* como *Pasa la estrella negra* ofrecen un atisbo de cómo hubiera podido ser el tratamiento de los agujeros negros newtonianos en la ciencia ficción clásica de Verne o Wells, si en un universo paralelo los científicos hubieran abrazado el concepto a lo largo del siglo xix.

Las estrellas oscuras que operan como trampas gravitatorias prerrelativistas, a la Michell, ofrecen una primera vía para entrever agujeros negros en la ficción antes de que la ciencia oficial promulgara su existencia. Cobraron protagonismo justo en las obras fundacionales de la *space opera*, de la mano de Smith y Campbell. Quizá no fuera una casualidad que ambos destacaran dentro del género por su formación científica. Smith trabajó toda su vida como ingeniero químico y, como vimos, Campbell obtuvo un grado en física. Autores de ciencia ficción posteriores reconocieron en estas obras la presencia de agujeros negros. Frederik Pohl, por ejemplo, que los situó en el centro de una de las mejores novelas del género (*Pórtico*, que veremos en el capítulo 4) exclamó al referirse a la estrella oscura de *La alondra del espacio*: «¡Si tan solo se le hubiera ocurrido llamarla agujero negro!».

Una segunda vía, más fantástica y menos apegada a la ciencia, nos devuelve al entorno familiar de Poe y *Un descenso al Maelstrom*. Toma los torbellinos que estuvieron a punto de atrapar a Orwell y a Ulises y los traslada al espacio. El agujero negro se presenta así como un vórtice implacable y oscuro, como una metáfora de lo irreversible, de la muerte. Es la senda que sigue «¡La nave estelar Invencible!», de Frank Kelly, publicada en 1935. La historia se centra en la travesía de una nave, la Invencible, que despega de Marte para llevar una vital carga de provisiones hasta una estación espacial situada en la órbita de Júpiter. El trasfondo científico que pergeña Kelly resulta tan anacrónico como caprichoso. Se nos habla de un éter dinámico, sometido a corrientes y torbellinos, que permea el espacio interestelar. La Invencible no es libre de seguir la trayectoria que mejor le convenga entre los dos planetas. Debe ajustarse a un curso muy determinado, incorporándose a una especie de río del espacio, que conduce desde Marte hasta Júpiter. En mitad de esa corriente acecha una temible amenaza: el Sumidero (en inglés, *Sink Hole*); también, el Agujero *(Hole)*.

Kelly no proporciona demasiados detalles acerca de la naturaleza de este sumidero espacial, que crece y decrece con arreglo a ciclos desconocidos. Lo único que nos interesa saber es que, después de permanecer cerrado una larga temporada, el vórtice resurge inesperadamente, poniendo en peligro la vía de comunicación con Júpiter y amenazando con aislar y condenar a los habitantes de la estación que orbita al gigante gaseoso. Como cabe esperar, es justo en el momento en el que la Invencible se zambulle en las corrientes del éter cuando el sumidero despierta.

«¡La nave estelar Invencible!» constituye un claro ejemplo de adaptación de relatos marítimos, con sus mitos ancestrales, a la esfera espacial. En la mudanza, Kelly se llevó consigo todo el océano, en forma de éter, un concepto claramente desfasado ya en el momento en el que se publicó el relato, a mediados de los años treinta. Los científicos han invocado al éter con relativa frecuencia a lo largo de la historia para encomendarle la resolución de problemas muy diversos. Sin ir más lejos, proporcionó un medio en el que pudiera propagarse la luz, después de que las famosas ecuaciones de James Clerk Maxwell revelaran que era una onda. El encargo se acabó complicando, después de que ningún experimento fuera capaz de poner de manifiesto la existencia del éter. Particularmente célebre fue el que llevaron a cabo Albert Michelson y Edward Morley en 1887, que pretendía medir los efectos del éter sobre la Tierra en movimiento, efectos que podrían asemejarse al viento que siente un motorista cuando atraviesa una masa de aire que está en calma. Michelson y Morley orquestaron un dispositivo de medida tan sofisticado que, cuando fracasó en sus intentos de registrar la presencia del éter, este se consideró oficialmente difunto. La noción de un medio material, sutil e invisible que transportaba la luz sería sustituida por el entramado conceptual de los postulados relativistas.

Kelly no permitió que los experimentos de Michelson y Morley le arruinaran la función. En su sistema solar, el éter decide el destino de cualquier nave que se aventure a surcarlo. Con todo, algunos rasgos de su sumidero espacial lo alejan del Maelstrom. «El Agujero no es sólido —nos dice—, no es material ni tangible». ¿Y qué sucedería si uno tuviese la mala fortuna de caer en su interior? Como nadie ha disfrutado de la experiencia y regresado para contarlo, la respuesta no está nada clara: el Agujero «reside en un universo de proporciones dimensionales diferentes; en un tipo de éter distinto. De algún modo, ese universo —o tal vez fuera el nuestro—, experimentó una distorsión que lo desquició ligeramente, creando este hueco en el que nada encaja. Que no comienza ni termina en ningún lugar». Podemos entrever en esta descripción deliberadamente imprecisa algunos atributos de los agujeros negros relativistas. Su posible relación con otras dimensiones (¿un agujero de gusano que sirve de portal a otro universo?), por ejemplo. O su origen, fruto de una distorsión del espacio. O su naturaleza intangible. O su condición de callejón sin salida, de región del universo que se aísla del resto, en la que cualquiera puede entrar, pero de la que nadie puede salir.

Por supuesto, a medida que la Invencible se aproxima a Júpiter, el Sumidero se va volviendo cada vez más grande, hasta terminar cortando el paso a la nave. Ha llegado el momento de que sus navegantes saquen el as que traían guardado en la manga: un convertidor dimensional, capaz de inducir un vaivén hacia otras dimensiones, para poner a salvo a los tripulantes justo en el momento del cruce y devolverlos a nuestro ámbito familiar una vez dejado atrás el peligro. Por desgracia, el convertidor se ha parametrizado de forma que solo puede actuar sobre el capitán de la nave y su piloto. El resto de la tripulación está condenada a una muerte instantánea. Dada la pobre caracterización de los dos protagonistas, empeñados en un singular combate de antipatía, uno casi desea que el Sumidero los trague cuanto antes y para siempre. Quizá la mayor satisfacción que proporciona «¡La nave estelar Invencible!» es leer en letras de molde, en una revista *pulp* de enero de 1935, la expresión «agujero negro», casi treinta años antes de que apareciera publicada en un contexto propiamente científico. Cuando el capitán de la Invencible, Moran, comienza a recuperarse del vaivén dimensional y se arrastra aturdido hasta el panel de control de la nave, comprueba que el Sumidero ha quedado atrás y se aleja con la distancia:

Se desplazó hasta la visi-placa sobre la carta de navegación Danler. La placa aún funcionaba, envuelta en una tenue aura azul. Pulsó un botón y el azul se volvió negro, el negro del espacio exterior. ¡Estrellas! La placa se mostraba ahora salpicada de perforaciones luminosas. A lo lejos, retrocediendo, distinguió una red de oscuridad más profunda que el infinito; un agujero negro en el vacío, tan oscuro que era una cicatriz púrpura que emborronaba las estrellas que estaban situadas detrás.

Resulta curioso que el sumidero interfiera con la luz que emiten las estrellas situadas a su espalda. Los agujeros negros hacen lo mismo, aunque no causan un difuminado. Más bien se comportan como lentes aberrantes, que distorsionan y multiplican las imágenes. Frank Kelly, que cultivó una variante de la *space opera* menos optimista que la de Campbell o Smith, con un gusto particular por los finales deprimentes, no fue el único en localizar amenazas ominosas en las cartas de navegación interplanetaria. Si en «¡La nave estelar Invencible!» los viajeros espaciales se las tenían que ver con el temible Sumidero, en «Por debajo de… ¡lo absoluto!» se enfrentaban al no menos sobrecogedor Foso. Como se ve, estos protoagujeros negros de la ciencia ficción *pulp* se presentaban bajo títulos que pretendían llamar la atención de los lectores a fuerza de exclamaciones. El comienzo de «Por debajo de… ¡lo absoluto!», escrito por Harry Walton, nos traslada a las afueras del sistema solar. Allí encontramos a dos mineros espaciales, Red Hampden y Kerry Holm, empeñados en la búsqueda de pequeños cuerpos rocosos, como meteoritos o cometas, que puedan albergar ricos yacimientos. Hampden ignora que Holm es amigo de un astrónomo, Stevensall, amistad que los conducirá del modo más inesperado al borde de la muerte.

Meses atrás, Stevensall observó perplejo la desaparición de Próxima Centauri, estrella que recibe este nombre por ser la más próxima a nuestro Sol. La impresión del astrónomo es que la estrella se ha ido enfriando hasta desaparecer de la vista de los telescopios. Mientras Hampden solo se preocupa por ganar dinero con los yacimientos minerales, la curiosidad científica de Holm lo impulsará a investigar la desaparición de Próxima. Para ello se toma la pequeña libertad de modificar a escondidas el rumbo de su nave, la Bonanza, y revelar sus propósitos solo cuando se encuentran ya a mitad de camino. Hampden no encaja con deportividad el engaño ni se contagia del entusiasmo científico de Holm, pero no tiene tiempo de protestar demasiado ni de corregir el rumbo de la Bonanza, porque, de improviso, saltan las alarmas de colisión con un meteorito. Los mineros descubrirán pronto que se enfrentan a un peligro de naturaleza muy distinta. Lo que se aproxima no es un meteorito, sino una desconcertante anomalía física: el Foso.

Para bien o para mal, Harry Walton aporta muchos más detalles pseudocientíficos que Frank Kelly a la hora de definir su amenaza. El Foso provoca en su entorno un súbito descenso de la temperatura que viola alegremente todas las leyes de la termodinámica, ya que genera temperaturas por debajo del cero absoluto. Sin embargo, en un abigarrado cóctel de nociones físicas y astronómicas, identificamos características que podríamos aceptar como propias de un agujero negro. Las pantallas de la Bonanza muestran un inquietante espectáculo. Hampden y Holm retroceden ante la vista de un auténtico devorador de estrellas: «Era la nada, que se había vuelto tangible, un cañón de negrura en el que las estrellas se perdían, increíblemente vacío y hostil en su misma negación de todo lo que es normal». Los detectores gravitatorios de la nave enloquecen ante la proximidad de esta nada hostil, registrando una fuerte atracción:

No se trataba de un cuerpo oscuro que ocultara el campo de estrellas situado detrás; ni de un sol muerto hacía mucho tiempo que se precipitara, gélido e invisible, a través del cementerio estelar; ni del eclipse producido por una nube de polvo cósmico. Se convencieron de ello de inmediato. Su contorno se recortaba contra el tapiz de las estrellas como un disco enorme, un círculo perfecto y, aunque ninguno de los dos quisiera admitirlo, ambos percibían movimiento en su interior. Holm pensó que se hallaban frente a un embudo capaz de absorberlo todo, que los arrastraría hacia un espacio y un tiempo desconocidos, un vacío succionador hecho de la misma nada, ajeno al espacio tal como lo conocían.

Al asomarse a este abismo aterrador al que los dirige implacable la atracción gravitatoria, Hampden y Holm se preguntan, como es lógico, qué destino los aguarda al otro lado. Las perspectivas no parecen nada halagüeñas. Llegan a la conclusión de que el Foso los está arrastrando hacia otro universo. Se han topado con un pasaje dimensional. Llegados a este punto, se produce un giro inesperado en la trama, que es justo lo que los aficionados a los *pulps* estaban esperando a estas alturas, después de leer un par de páginas. Hampden y Holm descubren que los responsables de la apertura del pasaje no son otros que unas criaturas alienígenas, habitantes de otra dimensión. Por supuesto, no vienen de turismo. De nuevo, la ciencia ficción sirve de expiación por la mala conciencia colonial o imperialista, ya que los humanos tendrán que enfrentarse al afán conquistador de los visitantes. El espíritu de los agujeros negros ronda el Foso cuando los alienígenas revelan telepáticamente la clave de su proceso de creación: «Conseguimos provocar una ruptura artificial de los continuos espaciotemporales implicados [el de su universo y el nuestro], sacando partido de un raro incidente cósmico: una supernova, o explosión estelar, que rompió al mismo tiempo vuestro espacio, en un punto que ahora señala el extremo opuesto del Pasaje». Es decir, la explosión de una supernova ha repercutido en dos universos, rasgando el tejido de sus espaciotiempos y ofreciendo una oportunidad para establecer una conexión entre ambos.

Aquí Harry Walton parece escribir con una bola de cristal en la mano porque, en efecto, las supernovas constituyen un accidente crucial en la vida de las estrellas masivas, en el que se desprenden de cantidades ingentes de energía y de materia. El remanente se ve sometido a continuación a un colapso gravitatorio que puede conducir a la formación de una estrella de neutrones o de un agujero negro. La aparición de este último se podría interpretar en términos de un desgarro espaciotemporal. Además, Walton señala que el tiempo discurre a una velocidad distinta en el interior del pasaje. En suma, el Foso es una interferencia gravitatoria intensa causada por la implosión de una estrella, que materializa una frontera entre diferentes espacios. Al otro lado, el tiempo transcurre a un ritmo diferente. Si no es un agujero negro, se le parece mucho.

Con todo, es poco probable que Walton estuviera pensando en singularidades de Schwarzschild mientras escribía «Por debajo de... ¡lo absoluto!», ya que se publicó un año antes que el artículo de Oppenheimer y Snyder. Seguramente, la verdadera inspiración para el Foso la encontró en las nebulosas oscuras, acumulaciones de gas y polvo interestelar con suficiente densidad para bloquear el paso de la luz. Walton las menciona de pasada en el relato y era un fenómeno bien conocido en la época. William Herschel —el famoso astrónomo del siglo XVIII— se refiere a ellas como «agujeros en el cielo». A partir de las nebulosas oscuras, Walton concibió algo mucho más intrigante y sofisticado.

Aunque las estrellas oscuras de Laplace o el mito náutico del Maelstrom ofrecían las vías más naturales, la pulsión hacia la idea de agujero negro también se hizo sentir en la ficción a través de la pura especulación sobre las diferentes configuraciones que podría adoptar un espaciotiempo. En *Al margen del tiempo*, Murray Leinster explora la creación de regiones del espacio que quedan por completo aisladas del resto del universo. La historia arranca con la descripción de una serie de ominosas señales que advierten a la humanidad de que se enfrenta a una catástrofe inminente. La primera resulta particularmente significativa: «A principios de diciembre de 1934, el profesor Michaelson anunció su descubrimiento de que la velocidad de la luz no representaba un límite absoluto, ni siquiera se podía considerar inalterable. Este, por supuesto, fue uno de los primeros indicios de lo que estaba por venir». Esta primera pista viene a decirnos que la relatividad está en el ajo. El resto de señales no guarda relación alguna con lo que sucederá a continuación y parecen más bien un truco de Leinster para desconcertar y captar la atención del lector: una jirafa del zoológico del Bronx se reproduce por gemación, los peces saltan fuera del agua de los ríos y mueren mientras levitan en el aire, los árboles se agitan sin que los sacuda ningún viento, los ríos invierten su curso desafiando a la gravedad… La crisis que se avecina afectará al tejido del espaciotiempo y pondrá en escena una de las primeras historias sobre mundos alternativos.

En *Al margen del tiempo*, Leinster levanta un andamiaje espaciotemporal abrumador. El tiempo no solo se relaciona con el espacio en una dirección, que se puede recorrer en dos sentidos, hacia delante (el futuro) y hacia atrás (el pasado). Existen infinitas posibilidades, infinitos pasados y futuros que transitan los mismos espacios y que discurren en paralelo, sin mezclarse jamás. En ellos, el Imperio romano todavía prevalece y ha conquistado Estados Unidos, los sudistas ganaron la guerra de Secesión, los dinosaurios sobrevivieron a las extinciones masivas o los chinos cruzaron el océano Pacífico para establecerse en el norte del continente americano. Cada hilo histórico tiene el mismo peso en el entramado de tiempos y espacios, aunque nuestra perspectiva favorezca uno de ellos, el que habitamos. Un accidente provocará que todos estos hilos o direcciones temporales, en principio independientes, se entrecrucen, desatando el caos. A medida que los personajes recorren el espacio, van afrontando diversas alternativas históricas.

Cubierta de una edición del libro *Al margen del tiempo*, de 2020.

El protagonista del relato es Minott, un oscuro profesor de matemáticas que vegeta en el Robinson College, de Fredericksburg, Virginia. Es la única persona que acierta a desentrañar el significado de los malos augurios —incluida la desconcertante reproducción de las jirafas—, pero, en lugar de advertir al resto de la humanidad, decide aprovecharse de su ventaja. Alberga el propósito de deslizarse en un hilo temporal tecnológicamente menos desarrollado que el nuestro para explotar sus conocimientos y dominar ese mundo. Consciente de que necesitará ayuda para poner en práctica tan ambicioso plan, convoca a un grupo de desconcertados alumnos a los que cree que podrá someter sin problemas. Y, ya puestos, ¿por qué no beneficiarse de su nuevo estatus para seducir a su alumna favorita?

Si *Al margen del tiempo* fuera una historia de fantasía, Leinster no tendría que ofrecer ninguna explicación sobre las razones del caos temporal en el que se ve inmerso el profesor Minott, pero, como se publicó en una revista de ciencia ficción, se sintió obligado a presentar, si no una explicación propiamente dicha, al menos una justificación pseudocientífica. También es lo que le demandan a Minott sus desorientados estudiantes, algo abrumados por la irrupción de vikingos y tiranosaurios en los bosques de Virginia. El profesor no deja pasar la oportunidad de lucirse:

> Sa-sabemos que la gravedad deforma el espacio —dijo con precisión—. A través de la observación, hemos sido capaces de determinar qué grado de deformación provoca cada masa. Podemos calcular cuánta masa se necesita para deformar el espacio de tal forma que este se cierre por completo sobre sí mismo, generando un universo cerrado, que resultaría inabordable e indetectable en cualquiera de las dimensiones conocidas. Sabemos, por ejemplo, que, si las masas de dos estrellas gigantescas, que sumaran en total una masa dada, se precipitaran la una contra la otra, no se produciría ningún cataclismo en el momento de la colisión. Simplemente desaparecerían. Pero no dejarían de existir. Tan solo dejarían de existir en nuestro espacio y tiempo. Habrían creado un espacio y un tiempo propios.

Aquí, Minott está describiendo la creación de una región que se aísla causalmente del entorno en virtud de una distorsión extrema del espaciotiempo. Esa distorsión ha sido generada, además, por la gravedad, por una acumulación crítica de masa. Uno diría que está hablando con bastante propiedad de la formación de un agujero negro. En este caso, de un agujero negro que alberga un universo entero. Sin ir más lejos, nuestro propio universo. Minott revela a continuación que existen muchas regiones semejantes:

> Ahora, imaginad que se hayan formado dos universos de este tipo. Ambos resultan invisibles desde el espacio y el tiempo en el que se crearon. Cada uno existe en su propio espacio y en

174

su propio tiempo, tal como ocurre en nuestro universo. Pero, al mismo tiempo, cada uno debe existir en un cierto... bueno, hiperespacio, porque si los espacios cerrados están separados, entre ellos debe de haber algún tipo de elemento, de lo contrario, estarían juntos.

Una vez que presenta ese ámbito superior, el hiperespacio, que alberga diversos universos de agujero negro encapsulados, Minott se desdice un poco y afirma que, después de todo, no se encuentran tan aislados. El hiperespacio provee de medios para que los universos interactúen. Pueden afectarse mutuamente y, de hecho, estas acciones y reacciones se retroalimentan de vez en cuando en un *crescendo* traumático en el que sus distintas líneas temporales se acaban solapando. Es lo que sucede en *Al margen del tiempo*. Minott nunca llega a explicar a sus alumnos cuál es la relación entre estas perturbaciones que se comunican entre sí los universos y el hecho de que los peces escapen de los ríos y acaben flotando en el aire, o que una jirafa del zoológico del Bronx pase a reproducirse por gemación. Leinster tampoco desvela estos misterios a sus lectores.

Muchas de las historias que venimos comentando soportarían un *remake* contemporáneo, en el que habría que introducir más cambios en la caracterización de los personajes que en la trama. En particular, su selecto reparto de estrellas oscuras, sumideros y fosos se podría sustituir sin mayores complicaciones por agujeros negros. Todas estas amenazas cósmicas se manifiestan a través de la fuerza gravitatoria, ocasionando distorsiones espaciales o temporales capaces de aislar, rasgar o conectar espaciotiempos. Exhiben además rasgos singulares —como un origen estelar o un horizonte de sucesos—, propios también de los agujeros negros. Desde luego, estas historias forman un subconjunto muy particular dentro de la muy abundante producción de novelas y relatos de ciencia ficción publicados en las revistas *pulp* durante las décadas en las que los físicos estaban lidiando con las soluciones de Schwarzschild. Se pueden considerar como una especie de avanzadilla, que vino a introducir en la ficción, de manera progresiva, nociones innovadoras, tanto astronómicas como relativistas. Al mismo tiempo, presentaban, remozados, argumentos añejos, que resituaban en contextos astrofísicos modernos, con un vocabulario novedoso (espaciotiempo, supernova, diferentes cursos y ritmos temporales), lo que terminó generando imágenes y motivos originales. En el proceso también se gestaron, por supuesto, otras muchas ideas y situaciones que no guardaban relación alguna con los agujeros negros o, ya puestos, con ninguna otra noción científica con sentido.

La ciencia ficción no solo prestó oídos a los avances que se estaban produciendo en el frente teórico. A decir verdad, hizo más caso que los astrónomos al descubrimiento de Jansky de una fuente de ondas de radio ubicada en el centro de la Vía Láctea. Más aún, supo resolver el enigma de su origen, ofreciendo la única explicación sensata a semejante fenómeno. Se trataba de una señal extraterrestre, obviamente. En aquellas enigmáticas ondas de radio se cifraba un mensaje dirigido a nuestros incautos científicos, solicitando que construyeran, si no les causaba demasiada molestia, un determinado artefacto, siguiendo una serie de instrucciones detalladas. El aparato en cuestión, se nos prometía, serviría para mejorar las comunicaciones con los terrestres, aunque, a medida que estos ejecutaban servilmente las instrucciones, lo que iba surgiendo en el proceso de montaje era un inquietante robot armado con ocho brazos metálicos. No por casualidad, el mensaje omitía información relevante. Una vez terminado, y con un receptor de ondas convenientemente instalado en su interior, el robot sería capaz de recibir instrucciones desde una estrella muy lejana y construir otro robot igual, dando inicio a una fabricación exponencial de pulpos mecánicos, que se dispersarían a lo largo y ancho de la Tierra. ¿Su infame propósito? Expoliar todos nuestros yacimientos de radio y enviar los minerales a la otra punta de la galaxia a bordo de una nave espacial.

Esta delirante historia, contada muy en serio, apareció publicada en diciembre de 1938 en la revista *Thrilling Wonder Stories* bajo el título de «El siseo cósmico». El relato no figura entre los mejores de su autor, Edmond Hamilton, una auténtica leyenda de la ciencia ficción temprana estadounidense. Uno de sus motivos favoritos era el funesto encuentro entre humanos y alienígenas, lo que le ganaría el sobrenombre de Destructor de mundos o Salvador de mundos, en función de qué final eligiera para sus invasiones espaciales. En realidad, «El siseo cósmico» no era más que una variación de un argumento que el propio Hamilton había explotado con anterioridad en numerosas ocasiones, por ejemplo, en *Monstruos de Marte*, donde un mensaje alienígena suministraba toda la información necesaria para construir un artefacto diseñado con un propósito oculto y nefasto para los habitantes de la Tierra. Carl Sagan situaría un recurso argumental semejante en el eje de su novela *Contact*, que Robert Zemeckis adaptó al cine con Jodie Foster y Matthew McConaughey como protagonistas. Cierto es que en la década de 1980 la ciencia ficción había abandonado ya su vieja obsesión por el colonialismo alienígena y las directrices del mensaje que recibía la radioastrónoma Ellie Arroway servían para fabricar una máquina cuyas prestaciones nada tenían que ver con la cansina invasión de la Tierra. Para entonces, el género también había dejado de ser un club exclusivamente masculino y se podía permitir una novela que girase en torno a una protagonista femenina. El personaje de Ellie Arroway, por cierto, se inspiraba en una astrónoma de carne y hueso, Jill Tarter, y en su trabajo, centrado en la búsqueda de inteligencia extraterrestre. Tarter hizo un certero análisis sobre el subtexto de muchas historias de invasión alienígena:

> A menudo, los extraterrestres de la ciencia ficción tratan más de nosotros que de sí mismos [...]. Si los extraterrestres nos hicieran una visita, lo harían sencillamente con intención de explorar. Teniendo en cuenta la edad del Universo, es muy probable que tampoco fuéramos su primer encuentro extraterrestre. Cuando vemos películas como *Men in Black III*, *Prometheus* o *Battleship*, deberíamos considerarlas como un fantástico entretenimiento y también como metáforas de nuestros propios miedos, pero no deberíamos considerarlas como anticipaciones de cómo sería una visita alienígena.

Volviendo a «El siseo cósmico» y a su particular reinterpretación del hallazgo de Jansky, no hay que culpar a Edmond Hamilton de pereza o de falta de imaginación por haber reciclado una y otra vez el mismo argumento, una práctica habitual, de mera supervivencia, entre los autores *pulp* de los años treinta, ya que muchos de ellos vivían de lo que publicaban y cobraban al peso, con una tarifa módica por palabra. En su descargo, diremos que Hamilton no será recordado por «El siseo cósmico», sino como el autor de otros relatos fascinantes, como «El hombre que evolucionó», «El que tiene alas» o «¿Cómo son las cosas ahí fuera?». Además, fue guionista de numerosos comics de la etapa clásica de Batman y Superman. Entre ellos, figura una historia que muy pocos han leído, aunque millones de personas evocarían sin dificultad una de sus viñetas, convertida en meme, en la que Batman abofetea a Robin.

Viñeta de *El duelo entre la capa y la capucha*, con guion de Edmond Hamilton, publicada en 1965, en el número 153 de la revista *World's Finest*.

Quizá el principal interés que ofrece hoy en día la lectura de «El siseo cósmico» sea como muestra de transferencia de conocimiento prácticamente pura. Hamilton se inspiró en un descubrimiento astronómico reciente y el protagonista de su relato, Ned Marlin, un joven físico, hace una referencia explícita y bastante rigurosa al trabajo de Jansky:

> El «siseo cósmico» —dijo [Marlin]—, es el nombre que los científicos han dado a un peculiar flujo de pulsos de radio que procede de un punto fijo, fuera del sistema solar, un punto lejano situado entre las estrellas de la Vía Láctea. Un investigador llamado Karl G. Jansky, de los Laboratorios Bell Telephone, descubrió estos pulsos hace varios años. Los detectó en una longitud de onda

de catorce coma seis metros o veinte mil seiscientos kilociclos. Logró determinar que procedían de un punto de la galaxia con una ascensión recta en torno a las dieciocho horas y una declinación de veinte grados.

CIENTÍFICOS OSCUROS

Se ha criticado la Vida de Galileo *de Bertolt Brecht, con cierta justicia, por tergiversar la historia, la ciencia e incluso la figura del propio Galileo Galilei. Sin embargo, lo que de verdad importa es si la obra funciona, desde un punto de vista tanto dramático como psicológico.*

Philip Ball

La cultura no solo ha tratado de asimilar las desafiantes ideas científicas que apuntalan la existencia de agujeros negros. También se ha interesado por las personas que las concibieron. Einstein, que dominó la ciencia del capítulo anterior, representa un caso de explotación paradigmático. Son legión los relatos o películas inspirados en su figura, que ofrecen retratos más o menos fieles, o desarrollan personajes a la medida de su visión estereotipada. Lo mismo lo encontramos en una obra de teatro escrita por Steve Martin (en la divertida *Picasso en el Lapin Agile*), que en una ópera de Philip Glass o en un videojuego, atareado en la fabricación de una máquina del tiempo que le permita viajar al pasado y neutralizar la amenaza de Adolf Hitler. Algunos protagonistas de este capítulo, como Schwarzschild, Oppenheimer o Snyder, también han sido convocados por la cultura del entretenimiento. El más famoso de todos ellos es, sin duda, Oppenheimer, aunque su presencia en el imaginario colectivo se debe más a su participación en el Proyecto Manhattan que a sus pesquisas en torno al ocaso de las estrellas. Con todo, el cine y la literatura no han dejado de reflejar su contribución a la particular mitología de los agujeros negros. Quién le iba a decir a Oppenheimer que, después de muerto, mantendría un pulso épico con la muñeca Barbie por ocupar el primer puesto en la lista de películas más taquilleras del año en 2023. En *Oppenheimer*, Christopher Nolan inserta una escena que puede considerarse como un guiño autorreferencial a otra de sus películas, *Interstellar*, el mayor monumento erigido por la cultura popular en honor de los agujeros negros, al que dedicaremos su debido espacio en el último capítulo. En la escena, un joven Oppenheimer se encuentra dando clase rodeado por un numeroso grupo de alumnos. Entre ellos destaca Snyder. Oppenheimer describe de manera muy somera el pulso entre la presión de radiación y la gravedad que se libra en el interior de las estrellas. Cuando llega al punto en el que se inicia el colapso, Snyder le interrumpe y el monólogo se convierte en un dueto:

SNYDER: La densidad aumenta…
OPPENHEIMER: Lo que incrementa la gravedad…
SNYDER: Lo que a su vez aumenta la densidad. Un círculo vicioso. Hasta que… ¿Dónde está el límite?
OPPENHEIMER: No lo sé. Descubre tú hasta dónde nos llevan las matemáticas. Te aseguro que será un lugar donde nadie ha estado antes.
SNYDER: ¿Yo?
OPPENHEIMER: A ti se te dan mejor las matemáticas que a mí.

Póster promocional de la película *Oppenheimer* de 2023, dirigida por Christopher Nolan. Fuente: Universal Pictures.

Más adelante, los estudiantes le muestran a Oppenheimer la revista en la que acaba de aparecer impreso su artículo sobre «agujeros negros». Un anacronismo, ya que el término no se acuñaría hasta décadas después. Cuando le enseñan el artículo a Snyder, asegurándole que el mundo siempre recordará la fecha de su publicación, el 1 de septiembre de 1939, Snyder responde esgrimiendo un periódico: «Nos han robado todo el protagonismo». En la portada del periódico se puede leer el titular: «Hitler invade Polonia».

Las dramáticas peripecias de Karl Schwarzschild en la Primera Guerra Mundial inspiraron un maravilloso relato de ciencia ficción, «Radio de Schwarzschild», escrito por una de las grandes autoras del género, Connie Willis. Se publicó por primera vez en 1987, en una curiosa antología, *The Universe*, que pretendía combinar ciencia, arte y ficción. El libro se divide en diez secciones, que repasan diversos conceptos astronómicos: nuestra galaxia, las estrellas, los púlsares, las supernovas… Cada sección ofrece un ensayo, un relato de ciencia ficción y una ilustración o fotografía. «Radio de Schwarzschild» figura en el apartado de agujeros negros.

«Radio de Schwarzschild» amalgama la ciencia de los agujeros negros con símbolos y mitos ancestrales que han rondado la imaginación humana desde mucho antes de la concepción de la relatividad. Willis establece así un vínculo deliberado entre el espíritu de las historias que vimos en el primer capítulo, que explotaban temores universales en un ámbito más o menos fantástico, y las historias que encontraremos en el cuarto, que los revisitan en un contexto científico. En palabras de Willis: «Nadie tenía que explicarme cuáles eran las implicaciones de los agujeros negros. Las reconocí de inmediato. Eran estas: la pesadilla de la que no podemos despertar, el ataúd que se cierra, la trampa de la que no puedes escapar porque dejaste atrás el punto de no retorno aun antes de advertirlo, y no hay salida, y ni siquiera se oyen tus gritos pidiendo ayuda». En esta declaración de intenciones no comparece ningún interés por la astronomía. Se recurre a los agujeros negros por su capacidad evocadora, por su poder para armar metáforas. Willis se reconoce como una practicante de la ciencia ficción blanda, que explora las ciencias sociales y, sin embargo, en la urdimbre de este cuento los hilos centrales son los fenómenos físicos que configuran una singularidad de Schwarzschild: la dilatación temporal, el horizonte de sucesos, el desplazamiento al rojo, la aparente ralentización del colapso estelar, el aislamiento causal de una región del espaciotiempo.

Nociones todas ellas que se subordinan a uno de los intereses fundamentales de Willis, la historia, y sirven para construir un relato atmosférico, que puede interpretarse como un minucioso retrato de un determinado estado de ánimo: la depresión, el desánimo y el agotamiento físico y mental de los soldados atrapados en las trincheras. «Radio de Schwarzschild» plantea un juego espaciotemporal, un partido de tenis narrativo en el que la acción va y viene del presente al pasado. Comienza un poco a la manera de *Los papeles de Aspern*, de Henry James, o de *Arcadia*, de Tom Stoppard, con un académico poco fiable, llamado Travers, que trata de explotar su encanto y su entusiasmo desmedido para sonsacar a quien no muestra ningún interés en darle la información que busca con tanto ahínco. Travers lleva meses trabajando en una tesis sobre Karl Schwarzschild, que ha terminado por embarrancar por culpa de la escasez de datos sobre el tramo final de su vida, que él atribuye al caos y el secretismo de la guerra. Travers vislumbra una salida a su bloqueo cuando oye hablar de Rottschieben, un profesor de biología ya jubilado, veterano de guerra, que coincidió con Schwarzschild en el frente ruso.

La esperanza convierte a Travers en un pitbull que no suelta a su presa e inoportuna al viejo profesor con visitas diarias. Rottschieben fue operador de radio. ¿Pasó por sus manos algún mensaje entre Schwarzschild y Einstein? ¿Habló alguna vez con el astrónomo acerca de las soluciones a las ecuaciones de la relatividad general que estaba desarrollando mientras comenzaba a padecer los primeros síntomas de la enfermedad que acabaría matándolo? Aunque Rottschieben apenas se deja arrancar información de valor, el interrogatorio lo sumerge inevitablemente en sus recuerdos. Esa memoria que se reaviva se presenta a los lectores como una narración en primera persona. Así se inicia el largo viaje hacia la noche de Schwarzschild. Y también de Rottschieben y de su compañero de fatigas, Muller, dos soldados alemanes que pugnan desesperadamente por arreglar una radio en el frente ruso, en el ecuador de la Primera Guerra Mundial. El aparato descompuesto es lo único que se interpone entre ellos y una muerte segura. Si pierden su condición de telegrafistas, serán enviados a la primera línea de combate. Mientras se pelean con cables, resistencias, baterías y válvulas, tratando de armar un intrincado rompecabezas electrotécnico, también luchan por mantener la cordura.

No solo el fuego enemigo causa estragos entre los soldados alemanes. También se ven diezmados por las enfermedades y el frío. A Rottschieben le duelen los ojos. El médico del regimiento, mientras lo atiende, le confiesa que no consigue identificar la enfermedad de otro soldado. Sus síntomas son fiebre, lesiones escoriadas en la piel y ampollas supurantes. Se trata de un teniente de artillería judío. Se llama Karl Schwarzschild. El médico encomienda a Rottschieben que transmita un mensaje con su cuadro clínico a la jefatura médica de Bialystok en cuanto arreglen la radio, con la esperanza de que puedan ayudarlo con el diagnóstico. Al terminar la consulta, unta los ojos de Rottschieben con una pomada para aliviar el dolor. Como efecto secundario, la pomada tinta su visión del color de la sangre.

Para Rottschieben, el paisaje de zanjas, taludes y alambradas se desplaza hacia el rojo. El embotamiento afecta a su percepción del tiempo, que se ralentiza. Con la radio estropeada, se acumulan los mensajes que debe enviar. La información parece atrapada dentro de una frontera invisible. Los fenómenos relativistas se proyectan espectralmente sobre el campo de batalla. Es como si un documental sobre la física de los agujeros negros intercalara sus fotogramas con los de *Senderos de gloria*, o como si un ensayo de divulgación científica se entrometiera en las páginas de *Sin novedad en el frente*. La singularidad se cierne, fagocitando la vida rutinaria de las trincheras, el miedo, el aburrimiento, la lluvia, el cansancio, la muerte.

En el clímax del relato, el colapso físico y mental que experimenta Rottschieben adquiere las formas de un colapso gravitatorio. El efecto de la pomada en sus ojos intensifica el viraje al rojo de cuanto ve. La sensación de que la ratonera que habita ha quedado aislada del resto del mundo se intensifica hasta resultar asfixiante, ni él ni Muller son capaces de hacer llegar sus mensajes al exterior. Finalmente, el bombardeo ruso se recrudece hasta el punto de que el laberinto de trincheras colapsa literalmente a su alrededor hasta enterrarlos bajo una masa aplastante de tierra.

Toda la historia se basa en un anacronismo eficaz. Schwarzschild se presenta como un teniente de artillería que formula muy cerca del campo de batalla «su teoría de los agujeros negros», algo que el astrónomo alemán jamás hizo, ya que jamás concibió la formación de un horizonte de sucesos ni asoció la formación de regiones de espacio-tiempo aisladas al colapso de una estrella. Lo que, por supuesto —en una muestra más de apropiamiento de motivos científicos por parte de la cultura—, no resta un ápice de intensidad y emoción al relato.

4

LA EDAD DE ORO DE LOS AGUJEROS NEGROS

¿Lo ves, hijo mío? Aquí el tiempo
se convierte en espacio.

Richard Wagner, *Parsifal*

Resultaba inevitable el colapso de las grandes masas estelares? ¿El pulso titánico entre la gravedad y la presión de radiación solo se podía resolver a través de la formación de una enana blanca o de una estrella de neutrones? Chandrasekhar y Oppenheimer ya se habían pronunciado al respecto, proporcionando claros indicios de que existía una tercera vía, mucho más oscura, que la comunidad de astrónomos no se mostraba muy dispuesta a considerar. Ni Chandrasekhar ni Oppenheimer saltaron realmente a la arena para partirse la cara por sus ideas incómodas. Chandrasekhar era demasiado joven para medirse en una pelea con Eddington y se resignó a trabajar en otros frentes, a la espera de que cambiara la dirección del viento. Tras la Segunda Guerra Mundial, Oppenheimer pareció perder todo interés por los agujeros negros. Cierto es que la resaca política y militar del Proyecto Manhattan se empeñó en mantenerlo alejado de una plácida vida de investigación. Con todo, siempre que pudo tomarse un respiro prefirió dirigir su atención hacia otras cuestiones que nada tenían que ver con el colapso estelar, como las teorías cuánticas de campos. ¿Por qué Oppenheimer dejó de investigar un fenómeno tan intrigante, que muchos consideran su principal legado científico? Uno de sus colaboradores, Freeman Dyson, definió esta deserción como «el misterio más llamativo en la vida de Oppenheimer». Los dos trabajaron durante años en el Instituto de Estudios Avanzados de Princeton y Dyson no dejó pasar la oportunidad de importunarle un poco con su curiosidad: «En varias ocasiones, le pregunté por qué no volvía a trabajar en [los agujeros negros]. Nunca respondió a mi pregunta, siempre cambiaba de tema».

Aunque Oppenheimer no volvió a tocar el asunto, las investigaciones en física nuclear de Estados Unidos —a las que tantos esfuerzos había dedicado— ofrecieron una inesperada continuidad a su análisis del colapso estelar, que conduciría sin desvíos hacia la singularidad. Para avanzar en el estudio de la muerte de las estrellas, había que incorporar más detalles al modelo que Oppenheimer había elaborado con ayuda de Snyder. Había que tener en cuenta la radiación de la estrella, había que dotarla de presión y reacciones nucleares, había que considerar las pérdidas de masa que pudiera sufrir... Estas mejoras en la simulación exigían más capacidad computacional, ya que cada nueva capa de realismo que se quisiera añadir volvía las ecuaciones mucho más complejas. Y precisamente poder computacional y un conocimiento más profundo de la física nuclear fueron dos regalos inesperados del Proyecto Manhattan.

Las bombas de Hiroshima y Nagasaki forzaron la rendición incondicional de Japón y la abrupta caída del telón sobre el drama bélico, un telón que se volvería de acero. A pesar de la desmovilización, muchos físicos del bando ganador siguieron comprometidos con el desarrollo de programas militares. Stirling Colgate —su familia, en efecto, estaba vinculada a la famosa marca de pasta de dientes— formaba parte de ese colectivo de científicos que en Estados Unidos continuó trabajando en el diseño de armas nucleares. En particular, contribuyó a la consolidación de una segunda generación de bombas, más letales, centradas en el proceso de fusión y no en el de fisión, las famosas bombas de hidrógeno o bombas termonucleares. Con el paso de los años, sin embargo, y para combatir la monotonía, comenzó a hacer pequeñas incursiones en el estudio de la evolución estelar. Esta deriva resultaba de lo más natural, ya que en el corazón de una estrella y de una bomba termonuclear late el mismo fenómeno: reacciones de fusión.

Imagen de la prueba nuclear Bravo, en el atolón Bikini.
Esta explosión de una bomba termonuclear formó parte de
la operación Castle. Fuente: US Air Force/Corbis.

Como acabamos de apuntar, la guerra había suministrado además armas de incalculable valor para renovar el ataque a las ecuaciones de la relatividad: las primeras computadoras electrónicas digitales. Colgate aprovechó su bagaje en física nuclear y en el diseño de modelos computacionales complejos para abordar el colapso de las grandes masas. Le llevó varios años armar un modelo estelar mucho más completo que el de Snyder y Oppenheimer, que solo se alejaba de la realidad en dos aspectos fundamentales: la forma de la estrella, que seguía siendo una esfera perfecta, y su estado de movimiento, ya que tampoco rotaba. Sus resultados, que dio a conocer en la década de 1960, se ajustaban en esencia a las conclusiones del primitivo cálculo de 1939. El trabajo de Colgate vino así a celebrar el ojo clínico de Oppenheimer a la hora de escoger los factores decisivos en el análisis de un problema físico complejo. El colapso parecía inevitable.

¿O no? Dos físicos soviéticos, Isaak Khalatnikov y Evgeny Lifshitz, hicieron una valoración muy distinta de la simulación de Colgate. A su juicio, a pesar de haber ganado en realismo, su modelo seguía asumiendo una condición que echaba por tierra sus deducciones. En la Unión Soviética se había producido una reconversión muy semejante a la que habían experimentado los científicos estadounidenses que habían participado en los programas nucleares. Tras completar su trabajo en el desarrollo de las bombas de hidrógeno, muchos soviéticos cambiaron de tercio en torno a la década de 1960 para aplicar todo el conocimiento atesorado sobre física nuclear al estudio de la evolución de las estrellas. Realmente se podrían escribir unas *Vidas paralelas* a partir de las trayectorias de algunos de los principales artífices de la vindicación y rehabilitación de los agujeros negros como materia seria de estudio. A la cabeza del bando estadounidense figuraría John Wheeler; en el bando soviético, lo haría Yákov Zeldóvich. Zeldóvich, al igual que Wheeler, fundó además un grupo de investigación muy activo en relatividad general. A ese grupo pertenecían Isaak Khalatnikov y Evgeny Lifshitz. El maridaje de física nuclear, relatividad general y computación terminaría por sacar a los agujeros negros del ostracismo científico al que habían sido condenados desde el mismo día de su nacimiento.

Khalatnikov y Lifshitz estaban convencidos de que la perfecta esfericidad del modelo de Colgate condenaba a su masa estelar virtual a desfilar ordenadamente hacia un mismo centro. No era de extrañar que su destino fuera entonces una implosión completa que daría lugar a una singularidad, como en efecto habían deducido Oppenheimer y Snyder partiendo de la misma restricción. Durante mucho tiempo, los físicos que investigaban el colapso estelar miraron con suspicacia los modelos que exhibían una perfecta simetría esférica precisamente porque muchos de ellos habían trabajado en el diseño de armas nucleares. Las primeras bombas de fisión se detonaban comprimiendo una masa de plutonio hasta hacerla alcanzar una densidad crítica. Para que el proceso tuviera éxito, resultaba crucial que la presión se ejerciera con la misma fuerza en todas las direcciones. Esto se conseguía disponiendo una serie de explosivos químicos alrededor del plutonio de acuerdo con una perfecta simetría esférica. Eran las ondas de choque de estos explosivos las que ejercían una presión de compresión homogénea. Este modelo, llamado de implosión, fue el que se utilizó en la primera prueba de Trinity y en la bomba de Nagasaki. Así, la experiencia en ingeniería nuclear ligó íntimamente la implosión y la simetría esférica en la mente de muchos físicos.

Cuando la muerte estelar parte de una distribución asimétrica de materia, sostenían Khalatnikov y Lifshitz, se rompe la artificiosa sincronización que conduce al colapso y a la formación de una singularidad. El tirón gravitatorio ya no induce el mismo movimiento en todos los puntos de la masa de la estrella. Puede hacer incluso que esta se disgregue y que no todas las trayectorias de los fragmentos se dirijan exactamente al mismo centro o que diversos pedazos lo alcancen en momentos diferentes. En definitiva, gran parte de las masas que se precipitan atraídas por la gravedad quizá se crucen sin llegar a tocarse y se alejen a continuación unas de otras, de modo que la contracción incluso se revierta y se transforme en una dispersión.

El único modo de averiguar qué veredicto dictaba realmente la relatividad general sobre la suerte de las estrellas muy masivas consistía en interrogar sus ecuaciones en un contexto plenamente realista. Khalatnikov y Lifshitz acometieron esa labor en 1961 tras sus críticas a Colgate. Pretendían demostrar que cualquier asimetría en la distribución de la materia de una estrella se acentuaría durante la implosión. Esta divergencia creciente respecto a un proceso de contracción uniforme y ordenado cortaría la vía hacia la formación de una singularidad. En su demostración adoptaron el enfoque de la vieja escuela relativista, desplegando las ecuaciones de Einstein en todo su esplendor y tratando de no perderse a continuación en su abrumadora complejidad. De su análisis concluyeron que existían soluciones tanto con singularidad como sin ella. Sin embargo, las soluciones que presentaban singularidades correspondían siempre a distribuciones de materia extravagantes, que no se darían en la naturaleza. Para respaldar esta tesis, mostraban una sola solución explícita con singularidad. Según ellos, el resto de soluciones singulares respondían al mismo patrón, punto que no demostraron.

A pesar de poner encima de la mesa argumentos de peso, Khalatnikov y Lifshitz no llegaron a probar que todas las soluciones con singularidad obedecieran a un mero capricho matemático de imposible implementación en la naturaleza. Además, su análisis —extremadamente arduo e intrincado— dejaba amplio margen a la comisión de algún error que invalidara sus razonamientos. Mientras la pequeña comunidad de expertos en relatividad general se aplicaba a desenredar la madeja de sus cálculos, el debate se mantenía vivo.

Khalatnikov y Lifshitz no eran los únicos convencidos de que las estrellas no podían, o no debían, colapsar. Al otro lado del telón de acero, el estadounidense John Wheeler lideraba la oposición a las ideas de Chandrasekhar, Oppenheimer o Snyder, explorando una vía radicalmente distinta a la de los físicos soviéticos. Una vía que, para sorpresa de propios y extraños, lo forzaría a cambiar de bando. Stephen Hawking se refirió a Wheeler en cierta ocasión como el «héroe de la historia de los agujeros negros». Nada parecía augurar que estuviera destinado a interpretar ese papel, ya que comenzó invirtiendo todos sus esfuerzos en barrerlos de la faz del universo.

WHEELER CONTRA OPPENHEIMER

Oppenheimer era un ser humano complejo. Nunca llegué a sentirme cercano a él. Nunca sentí que le entendiera realmente. Siempre tuve la sensación de que no debía bajar la guardia con él.

John Wheeler, *Geones, agujeros negros y*
espuma cuántica: una vida en la física

La trayectoria profesional de Wheeler había seguido los mismos pasos que otros físicos, tanto soviéticos como estadounidenses, que sacaron la investigación sobre agujeros negros de su punto muerto. Para empezar, era un experto en física nuclear. Había trabajado con Niels Bohr en Copenhague en la elaboración de un modelo capaz de explicar el mecanismo de la fisión, apenas un año después de que se descubriera el fenómeno. Uno de sus artículos apareció en la revista *Physical Review* el 1 de septiembre de 1939, con toda oportunidad, el mismo día que las tropas alemanas iniciaban la invasión de Polonia. Era el mismo día en el que se había publicado también, en la misma revista, el artículo de Oppenheimer y Snyder sobre el colapso estelar. Con este currículum nuclear a sus espaldas, Wheeler parecía un candidato ideal para que lo reclutaran para el Proyecto Manhattan. Y así fue. Una vez concluida la guerra, pasó de la fisión a la fusión. Wheeler no solo sobrepasaba a otros físicos en conocimientos, sino también en motivación para impulsar la investigación científica con fines militares.

Retrato de John Wheeler. Fuente: Emilio Segrè
Visual Archives, Wheeler Collection.

Cinco años después de que comenzara la Segunda Guerra Mundial, Wheeler recibió una postal que le enviaba su hermano pequeño, Joseph, desde el frente italiano. Contenía solo dos palabras: «¡Daos prisa!». Aunque el objeto de las investigaciones de Wheeler era secreto, su hermano sabía que colaboraba con los militares y solo necesitaba sumar dos y dos para establecer una conexión entre sus actividades presentes y el trabajo que había desarrollado antes con Bohr. Joseph confiaba en que la fisión nuclear acelerase el final de la guerra. Al poco de escribir la postal, murió en una escaramuza con soldados alemanes. Sus restos recibieron sepultura en un cementerio cerca de Florencia. Wheeler nunca olvidaría el mensaje —literal y simbólico— de la postal de su hermano: «Siempre que visito la tumba de Joe, recuerdo que la suya fue una de las muchas vidas —entre muchos millones, calculo, tanto de soldados como de civiles— que se podrían haber salvado si los Aliados hubieran desarrollado la bomba atómica un año antes». Esta convicción lo distanció de otros compañeros, como Oppenheimer, que experimentaron sentimientos encontrados hacia la responsabilidad que habían contraído por haber precipitado al mundo a una era nuclear. Numerosos físicos, sobre todo después del lanzamiento de las bombas contra Japón, juzgaron que ya habían hecho suficiente (o demasiado). Sin embargo, la mera existencia de un antagonista formidable, ya fuera Alemania o la Unión Soviética, anulaba para Wheeler todos los matices, todos los reparos. «A veces me preguntan cuál es la aplicación más importante de la energía nuclear en tiempos de paz —declaró—. Mi respuesta es simple: un dispositivo nuclear que mantenga esa paz».

Solo después de que se hubieran resuelto los principales problemas técnicos de las bombas termonucleares, a comienzos de la década de 1950, se permitió Wheeler regresar al estudio de la física fundamental. Los agujeros negros se cruzaron en su camino casi por casualidad, mientras andaba a la caza de nuevos temas de investigación que pudieran despertar su interés. Por aquel entonces, si uno pretendía estar a la última, lo que estaba arrasando en los departamentos de física teórica de medio mundo eran las teorías cuánticas de campos —un afortunado mestizaje entre mecánica cuántica y relatividad especial—. En materia científica, sin embargo, Wheeler se resistía a seguir las modas: «Cuando veo un rebaño que corre en una dirección, me gusta seguir otra distinta». Desde luego, no podía elegir nada más apartado de la moda del momento, más retro o *vintage*, que la relatividad general.

Como vimos en el capítulo anterior, la relatividad general había disfrutado de un período de esplendor clásico, con la forja de las ecuaciones de Einstein y la solución de Schwarzschild, pero luego se había sumido en su particular Edad Media, una época de oscuridad provocada por la endiablada dificultad de sus ecuaciones. Ciertamente se había producido un desplazamiento pendular. El paso de las décadas había acabado enfriando la excitación inicial ante las novedades y los físicos prácticamente habían terminado por guardar en un cajón la reinterpretación de la gravitación formulada por Einstein. Dos motivos explican este abandono. Por un lado, estaba la complejidad formal de la teoría, que alzaba a su alrededor un muro infranqueable y desalentador. Por otro lado, la relatividad general se desmarca con claridad de los vaticinios newtonianos allí donde la curvatura del espaciotiempo se vuelve muy acusada o varía con rapidez, condiciones extremas que ningún científico era capaz de reproducir en un laboratorio. Se contaban, literalmente, con los dedos de una mano los experimentos que se podían realizar para poner a prueba la teoría.

Al parecer, solo quedaba una alternativa. Dejar el trabajo duro a la naturaleza y espiar a ver qué hacía, pero en las primeras décadas del siglo XX los astrónomos no disponían aún de la tecnología observacional necesaria para advertir las discrepancias entre las predicciones newtonianas y las relativistas, tanto las más sutiles, que se manifiestan en el entorno inmediato de la Tierra, como las más llamativas, que se revelan muy lejos del sistema solar. La aceptación de la teoría se basaba en que podía reproducir todas las predicciones ya verificadas de la ley de gravitación universal y acertar además en dos casos muy concretos, donde aquella fallaba. Las dos pruebas experimentales clásicas que avalaban la relatividad general eran su predicción del grado de desviación que impone la masa del Sol a los rayos luminosos procedentes de estrellas lejanas y su descripción del comportamiento orbital anómalo del planeta más afectado por la gravedad solar, Mercurio. También se había intentado verificar el desplazamiento al rojo, pero con resultados que no eran del todo concluyentes. No había más evidencias empíricas que alegar y tampoco se esperaba que en un futuro próximo los científicos pudieran someter la teoría a un programa de pruebas más exhaustivo.

El bloqueo de las vías experimental y teórica lastró la relatividad general y acabó motivando una paulatina pérdida de interés hacia ella. El foco de la atención se desplazó entonces a la mecánica cuántica, una teoría conceptualmente más desafiante que, sobre todo, nunca perdió el contacto con los laboratorios. En su formulación, los hallazgos teóricos y experimentales se sucedían. Los descubrimientos planteaban incógnitas que la teoría debía resolver y la teoría hacía predicciones que los experimentos verificaban. Esta sinergia, estimulante y productiva, pronto derivó en toda suerte de aplicaciones tecnológicas, una dinámica que no se pudo llevar a la práctica en el caso de la relatividad general.

Entre las décadas de 1920 y 1950 se alcanzó lo que algunos historiadores han gustado en llamar la «línea de la bajamar de la relatividad general»: un éxodo de físicos a otros campos de investigación que ofrecían mejores perspectivas profesionales, como la mecánica cuántica, la física de partículas o la física nuclear. Durante este periodo gris, la llama de la teoría se mantuvo viva gracias, sobre todo, al entusiasmo de un grupúsculo marginal y disperso de matemáticos, atraídos por la dificultad y la belleza formal de sus ecuaciones. Su particular idiosincrasia impedía que fueran más allá de los aspectos algebraicos o geométricos. Stephen Hawking describió así su labor: «se alegraban tanto de encontrar cualquier solución a las ecuaciones de campo de Einstein [...] que no se preguntaban acerca de su significado físico, si es que tenía alguno».

Este fue el panorama que se encontró Wheeler cuando, en 1952, quiso crear un nuevo curso de relatividad general en la Universidad de Princeton. Era el primero que se programaba sobre la materia en dicha universidad desde 1941. En los tiempos en los que Einstein se había estado peleando con las ecuaciones fundamentales de la teoría, algunos matemáticos habían expresado su opinión de que debía dar un paso atrás y dejarles a ellos el trabajo. David Hilbert había manifestado en más de una ocasión esa convicción: «La física se está volviendo demasiado compleja para dejársela a los físicos». En la década de 1950, después de conocer cuál era el estado de la relatividad general, Wheeler expresó la preocupación contraria: «es demasiado importante para dejársela a los matemáticos». Einstein no hubiera podido estar más de acuerdo con él. Había llegado la hora de que los físicos reconquistaran el campo relativista.

Wheeler se internó en la relatividad general partiendo de un territorio que conocía bien, la física nuclear. El puente que cruzó, que conectaba ambas disciplinas, fueron precisamente los dos artículos sobre dinámica estelar que Oppenheimer había escrito en colaboración con Volkoff y Snyder a finales de la década de 1930. Fue el segundo artículo en particular el que lo sedujo. Como si se tratara de un encantamiento, su lectura lo empeñó en la resolución del misterio del colapso de las estrellas muy masivas. Antes de abordar tan ardua tarea, debía ponerse al día. Esa fue la razón de que solicitara a las autoridades de la Universidad de Princeton, donde trabajaba, permiso para crear un nuevo curso de relatividad. El mejor modo de dominar una materia que no conocía a fondo era verse obligado a enseñarla. Wheeler pasó un año tomando notas para preparar sus clases y, una vez completado el curso, después de repasarlas, se convenció de que había encontrado un filón que hasta entonces nadie había sabido explotar. Así mediría, años más tarde, el impacto que le produjo aquel curso: «[fue] mi primer paso en un territorio que se adueñaría por completo de mi imaginación y que dominaría mi atención investigadora durante el resto de mi vida».

Resultaba significativo que las singularidades se presentaran en regiones en las que la curvatura del espaciotiempo se volvía infinita y sometía a tensiones extremas a la materia que se internaba en ellas. No existía ninguna región de esas características en el sistema solar y los físicos no tenían modo de crearlas en un laboratorio. Por tanto, la descripción que hacía de ellas la relatividad general no había superado todavía ninguna verificación experimental. ¿Qué camino seguir entonces? John Wheeler lo tenía claro. Como tuvimos ocasión de ver en el capítulo anterior, un rasgo esencial de la gravitación einsteiniana es que sus ecuaciones no tienen en cuenta la estructura interna de la materia. Para ellas, la masa es un mero valor, un número, como la densidad o el volumen, que puede crecer o disminuir de manera continua, se puede reducir a cero o aumentar hasta volverse infinito. Las ecuaciones no se preocupan por lo que pueda ocurrirle a las partículas e interacciones que integran la materia en un proceso de contracción radical, por ejemplo. Pero ¿cómo se comportarían los neutrones y electrones durante el colapso estelar? ¿Las interacciones nucleares y electromagnéticas podrían interferir con la gravedad de algún modo, modificando el desenlace de la implosión? La relatividad, por sí sola, no tenía nada que decir al respecto.

No tomaba en cuenta ninguna información sobre la composición de la materia, que caracterizaba muy superficialmente. En suma, no era cuántica. Una descripción cabal del fenómeno del colapso gravitatorio había de ser relativista, pero también cuántica.

Así que había que fundar un nuevo marco conceptual, que incorporase simultáneamente ambas teorías. Lo que el propio Wheeler denominaba el «matrimonio ardiente». La idea tenía sentido, pero nadie sabía muy bien cómo llevarla a la práctica, porque los formalismos de la relatividad general y la mecánica cuántica parecían absolutamente incompatibles. La gravedad cuántica era una salsa que, o bien no ligaba, o bien se cortaba.

Si el humo delata dónde se ha encendido una hoguera, Wheeler sospechaba que las paradojas, las singularidades o las inconsistencias señalan dónde hay que buscar pistas para ampliar una teoría. Al llevarla al límite, al sacarla de su zona de confort, es probable que surjan problemas. Esos problemas son los que ofrecen indicios sobre las reformas que se deben acometer. Los agujeros negros llevaban al límite a la relatividad general y el artículo de Oppenheimer y Snyder encerraba sin duda una paradoja prometedora, con sus dos puntos de vista contradictorios sobre el colapso estelar. Un observador estático asistía a una implosión que se ralentizaba hasta quedar detenida. Un observador en movimiento advertía, sin embargo, que el mismo fenómeno progresaba de manera uniforme y continua hasta el final. Wheeler veía en esa discrepancia una grieta por la que acceder a un estrato más profundo de conocimiento. Ahí podían radicar las claves para una nueva física, para una teoría cuántica de la gravedad.

Oppenheimer no podía estar más en desacuerdo con él. No era el único asunto sobre el que discrepaban. También lo hacían sobre cuestiones de seguridad nacional o sobre cómo enfocar la propia investigación científica. La actitud de Oppenheimer con respecto a la creación de armas atómicas fue tan compleja como la cuestión merecía. Cuando vio cómo el hongo nuclear florecía por primera vez, en plena desolación, en el desierto Jornada del Muerto de Nuevo México, en julio de 1945, resonaron en su mente las palabras de uno de sus libros favoritos, la Bhagavad-gītā: «Ahora me convierto en la Muerte, la destructora de mundos». Tras la experiencia de Hiroshima y Nagasaki,

Oppenheimer manifestó muy poco entusiasmo por el desarrollo de una nueva generación de armas nucleares, mientras que Wheeler se convirtió en un firme promotor del programa de bombas de hidrógeno. Ambos se tenían una natural antipatía que, siendo vecinos en Princeton, sobrellevaban con distancia y educación.

Tras la Segunda Guerra Mundial, se inició una campaña para desacreditar a Oppenheimer, tratando de sembrar dudas sobre su lealtad, acusándolo de ser un agente soviético o de entorpecer el estudio y creación de las bombas de fusión. La investigación pseudoficial a la que fue sometido en 1954 se sostuvo en parte sobre los testimonios de diversas personas que habían colaborado con él. A uno de los principales artífices de la bomba de hidrógeno estadounidense, Edward Teller, le invadieron las dudas sobre cómo debía enfocar su comparecencia. No llegaba a cuestionar la lealtad de Oppenheimer, pero su relación con él había sido difícil durante el Proyecto Manhattan y no terminaba de verse en la situación de brindarle un apoyo incondicional. Años después, en una entrevista, expondría de manera franca sus recelos:

> Mire, la madre de Oppenheimer era comunista. Su esposa enviudó después de que su primer marido, un comunista, muriese combatiendo en España. Él no era miembro del Partido Comunista. Y no es asunto mío meterme en por qué hizo determinadas cosas. Pero sí es asunto mío repetir esencialmente lo que dije bajo juramento en su juicio: «No creo que quisiera perjudicar a Estados Unidos, pero no llego a entender el porqué de algunas de sus acciones y, como la seguridad de Estados Unidos depende de personas, prefiero que se trate de personas en las que pueda confiar más».

La noche antes de su declaración, Teller cenó con Wheeler y le expresó sus dudas. El consejo de Wheeler fue: «Edward, cuéntales la historia tal como tú la ves». Así lo hizo Teller, y su testimonio contribuyó a que le retirasen las credenciales de seguridad a Oppenheimer y lo condenaran al ostracismo gubernamental.

En lo que a agujeros negros se refiere, Oppenheimer y Wheeler escenificaron un primer y cortés desencuentro en el verano de 1958, en un Congreso Solvay celebrado en la Universidad de Bruselas. De entrada, Wheeler trató de enfatizar la importancia del problema que había acabado por convertirse en su particular obsesión: «De todas las implicaciones que tiene la relatividad general para la estructura y evolución del universo, esta cuestión del destino de las grandes masas es una de las más desafiantes». Acto seguido, pasó a expresar su opinión de que las simplificaciones extremas que Oppenheimer había impuesto a su modelo de estrella invalidaban su posterior descripción del colapso. En particular, Oppenheimer había eliminado un factor, la presión, que dejaba a la estrella sin armas para hacer frente a la apisonadora gravitatoria. Sin medios para defenderse, a esta no le quedaba más remedio que someterse al aplastamiento y rendirse a su destino de agujero negro. Wheeler se unía así al bando de Eddington, por razones idénticas a las que había esgrimido el físico británico en su controversia con Chandrasekhar: «debería existir una ley en la naturaleza que se ocupe de impedir que una estrella se comporte de un modo tan absurdo». Sin embargo, a diferencia de Eddington, Wheeler buscó esa ley de la naturaleza en el bando de Chandrasekhar: en una fusión de relatividad y mecánica cuántica. Lo que Eddington había censurado como un «matrimonio ilegítimo», Wheeler lo celebraba como un «matrimonio ardiente».

Wheeler se convenció de que las estrellas no colapsarían en el marco de una teoría cuántica de la gravedad. Parte de ese convencimiento se debía más a su intuición o a una cuestión de gusto personal que a los dictados de la razón: «Durante años, esta idea del colapso hacia lo que ahora llamamos un agujero negro resultaba contraria a mi naturaleza. Simplemente no me gustaba. Hice cuanto pude por encontrar una salida, para evitar la implosión obligatoria de las grandes masas». Al margen de lo que le dictara su instinto, el propio desarrollo histórico del problema parecía dotar de un cierto sentido a su manera de enfocarlo. En la versión de Ralph Fowler, que había respaldado Eddington, la presión cuántica de los electrones aseguraba a todas las estrellas un final dulce como enanas blancas. Al imponer el límite de velocidad relativista a los electrones, Chandrasekhar había abierto la vía al colapso. Wheeler pensaba que la unión de la relatividad general y la mecánica cuántica volvería a modificar las reglas del juego y cerraría definitivamente la vía abierta por Chandrasekhar. Aquí se adentraba, sin embargo, en una senda de pura especulación. En el congreso de Bruselas expuso ante Oppenheimer la posibilidad de que la compresión gravitatoria, al confinar de forma drástica la materia, disparase fenómenos cuánticos desconocidos capaces de transformar buena parte de los neutrones y protones en radiación. Esa radiación escaparía al espacio y así liberaría suficiente masa para dejar un remanente dentro de los límites que permitían a una estrella plantar cara a la gravedad y morir dignamente como estrella de neutrones.

Oppenheimer no se mostró impresionado ante la idea, en la que apreciaba demasiados elementos arbitrarios y hasta fantasiosos. No veía la necesidad de recurrir a actos de prestidigitación, fundados en ciencia ignota, para transformar el exceso de materia que tanto molestaba a Wheeler en radiación, y así quitársela de encima e impedir el colapso. A él le bastaba con la versión de la relatividad general que Einstein había formulado en 1915. Solo había que acatar el dictamen de sus ecuaciones, aparcando a un lado cualquier prejuicio sobre lo que uno considerase que debía o no resultar aceptable para la naturaleza. «¿No sería más sencillo suponer —le preguntó a Wheeler— que las masas experimentan una contracción gravitacional continua que las va aislando cada vez más del resto del universo?». Wheeler no dio su brazo a torcer: «Me parece muy difícil aceptar que el "corte gravitacional" constituya una respuesta satisfactoria», fue su respuesta. Por el momento, la discusión quedó en tablas.

Durante varios años, Wheeler siguió militando en las filas de Eddington, cegado por la posibilidad de que la gravedad cuántica propiciara algún fenómeno desconocido capaz de evitar el colapso continuado de las grandes masas estelares. Dos acontecimientos vendrían a precipitar su particular caída camino de Damasco y su conversión a la causa de Oppenheimer. El primero fue el trabajo de Colgate, que incluía en su modelo de implosión muchos de los detalles que Wheeler había echado en falta en el artículo de 1937, en particular, la presión de la estrella, la emisión de radiación y las interacciones nucleares. En su simulación, Colgate sí suministraba armas suficientes a las estrellas para que se defendieran del aplastamiento gravitatorio y, a pesar de todo, salían derrotadas.

El segundo acontecimiento que hizo desertar a Wheeler de las filas de Eddington fue el descubrimiento de nuevos sistemas de coordenadas —nuevos puntos de vista de observadores relativistas— que deshacían el espejismo de la superficie singular de Schwarzschild. Estos sistemas ofrecían una descripción completa y pormenorizada del colapso estelar, mostrando cómo, desde un cierto ángulo, se podía ver como un proceso que se ralentizaba gradualmente hasta detenerse y, desde otro, como un proceso que progresaba sin freno hasta concluir en la singularidad. Si en el fondo las dos versiones no se contradecían, si no había paradoja, se cerraba la grieta que, presuntamente, conducía hacia la nueva física.

Estos nuevos sistemas de coordenadas —desarrollados, entre otros, por Martin Kruskal y David Finkelstein— reconciliaban las perspectivas del observador que acompaña al colapso y del observador que permanece en reposo y lo contempla desde una distancia prudencial. El segundo punto de vista parece más problemático y, sin embargo, concuerda de manera muy natural con el primero si tomamos en cuenta dos aspectos. Por un lado, que el observador que no se mueve reconstruye la película del colapso a partir de la luz que le va llegando. Por otro lado, que esa misma luz sufre una fuerte distorsión por el camino antes de alcanzarlo. Desde que es emitida por la estrella, atraviesa un espaciotiempo con una curvatura pronunciada que altera su naturaleza y la información que transporta.

A medida que progresa la implosión, se acentúa la curvatura del espaciotiempo en las proximidades de la estrella. Su masa se va concentrando, por acción del aplastamiento gravitatorio, en un volumen cada vez más reducido. Al mismo tiempo que aumenta su densidad, la masa va dejando una huella más profunda en la lámina del espaciotiempo. Y precisamente esa deformación de la lámina afecta a la luz que la atraviesa, procedente de la superficie de la estrella. La somete a un estiramiento gradual, que alarga su longitud de onda, volviéndola más roja, al tiempo que va robándole energía. Cuando llega al observador en reposo, no es la misma luz que se emitió, se ha transformado. Si este observador en reposo no es muy ducho en relatividad general, interpretará lo que ve de manera literal, sin tener en cuenta la interferencia de la gravedad. Reconstruirá el fenómeno pensando que es la fuente la que se está volviendo más roja y más débil. Un efecto que, por supuesto, no advierte el observador que acompaña a la implosión, porque permanece pegado a la fuente.

Se puede hacer una lectura muy semejante si consideramos que la luz es corpuscular. En ese caso, las partículas luminosas que emite la superficie de la estrella deben atravesar un espaciotiempo cada vez más distorsionado. Aunque la fuente las emita a intervalos iguales, el estiramiento progresivo de la lámina espaciotemporal las irá separando cada vez más unas de otras. Este espaciamiento hará que las partículas —que, en realidad, siguen emitiéndose al mismo ritmo— lleguen cada vez más tarde al observador distante, que interpretará la demora como una ralentización en la fuente. A sus ojos, la implosión parece entrar en una cámara lenta, un efecto que se debe exclusivamente a la interferencia de la gravedad en la luz emitida.

Llega un momento en el que la reducción del volumen de la estrella distorsiona hasta tal punto el espaciotiempo, que induce en él la creación de una región que se aísla por completo del entorno (figura 1). A partir de entonces, cualquier luz emitida por la superficie de la masa estelar describirá una trayectoria que la propia geometría del espaciotiempo se ocupará de desviar al centro del colapso. Esa luz nunca alcanzará al observador en reposo. Este nunca podrá actualizar su información sobre cómo evoluciona el proceso de implosión. Ignorante del drástico ejercicio de papiroflexia que ha sufrido la lámina espaciotemporal, su interpretación de lo sucedido será que la estrella menguó cada vez más despacio, emitiendo luz cada vez más débil, hasta desvanecerse en un estado de quietud absoluta.

Cuando se consuma el colapso, la distorsión que ha generado en el espaciotiempo se estabiliza. Los pliegues de la nueva geometría permanecen, conformando una región que queda aislada causalmente del entorno. Es decir, nada de lo que suceda en su interior podrá afectar al exterior, porque nada podrá salir de ella. La frontera que delimita dicha región se llama «horizonte de sucesos», expresión creada por el físico de origen vienés Wolfgang Rindler en torno a 1956, inspirándose en una analogía. Igual que un observador quieto deja de ver el

Sol después de que este se ponga detrás del horizonte, un observador en reposo deja de ver la estrella que colapsa una vez que esta se hunde dentro de la esfera de Schwarzschild. En ambos casos, lo que deja de verse sigue existiendo más allá de una frontera. El Sol, tras el horizonte; la masa que implosiona, tras el horizonte de sucesos.

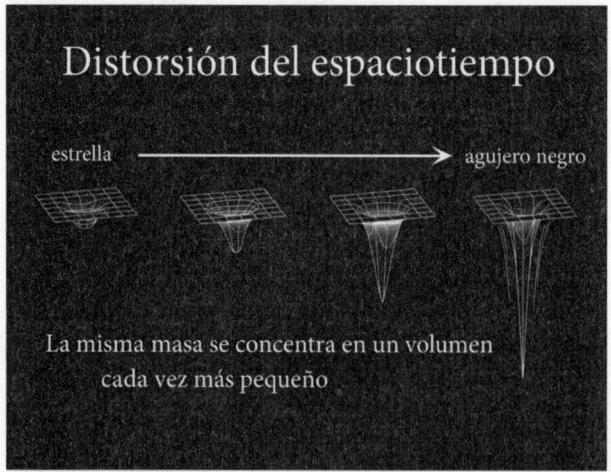

Figura 1. A medida que se concentra la misma masa en un volumen cada vez más reducido, se agrava la distorsión que induce en la geometría del espaciotiempo.

Si fuéramos los abogados defensores del colapso estelar, con el modelo de Stirling Colgate y los nuevos sistemas de coordenadas de Kruskal y Finkelstein, ya habríamos reunido evidencias convincentes a favor de nuestro cliente. No obstante, el fiscal todavía podría sembrar dudas entre los miembros del jurado y llamar al estrado a Khalatnikov y Lifshitz. Estos testigos no dudarían en señalar las debilidades del modelo de Colgate —su artificiosa simetría esférica— y pasarían a exponer su propio trabajo con las ecuaciones de Einstein, alegando que las soluciones con singularidades son un mero capricho matemático de imposible implementación en la naturaleza. En este punto, el juicio entraría en una fase de incertidumbre. A los abogados defensores no les quedaría más remedio que salir a buscar nuevas pruebas, capaces de neutralizar los argumentos de Khalatnikov y Lifshitz. A mediados de la década de 1960 no era esta una tarea fácil, ya que los principales expertos en relatividad general aún no habían terminado de digerir el pesado artículo de los soviéticos. Fue entonces cuando un joven matemático británico, Roger Penrose, hizo su aparición para atacar el problema desde un ángulo completamente inesperado.

Antes de saber cómo se resolvió el juicio, sin embargo, vamos a abrir un breve paréntesis para examinar un último indicio en favor del colapso gravitatorio, que a la postre resultaría definitivo. No era el producto de otra abstrusa elucubración teórica. Era una pista que aportaban los astrónomos y supondría el ansiado regreso de la relatividad general al terreno experimental.

QUIMERAS CÓSMICAS

Pasó toda la noche observando el cielo,
escuchando la música del tiempo de los cuásares.

J. G. Ballard. *La exhibición de atrocidades*

El gran salto adelante de la astronomía tras la Segunda Guerra Mundial no solo se produjo gracias a la inyección de savia nueva procedente de la física nuclear. También se nutrió de numerosos científicos e ingenieros que durante la contienda se habían entregado al perfeccionamiento del radar. Firmada la paz, dejaron de afanarse en detectar las ondas de radio que emitían o rebotaban en los vehículos del enemigo para analizar aquellas que llegaban a la Tierra procedentes del espacio. El diseño de radiotelescopios —telescopios que registran luz con una longitud de onda más larga que la luz visible— cada vez más precisos y sofisticados permitió profundizar en la senda que habían abierto en solitario Karl Jansky y Grote Reber. La imagen del universo ganó en resolución y reveló un escenario en el que se desarrollaban dramas que hasta entonces habían pasado desapercibidos. Se descubrieron así nuevas fuentes de radio, como la que Reber había localizado en el centro de nuestra galaxia, pero envueltas en un misterio aún mayor, sobre todo después de que se constatara la distancia, ciertamente extraordinaria, a la que se encontraban.

¿Qué clase de fenómeno podía liberar un volumen de energía tan descomunal como para que sus señales llegaran hasta la Tierra con nitidez desde fuera de la Vía Láctea? Se alimentaron toda clase de especulaciones al respecto. ¿Serían fruto de algún accidente a escala cósmica, como una colisión entre galaxias? ¿O tal vez había que buscar la causa en una reacción en cadena de supernovas? El aumento en la sensibilidad de los radiotelescopios terminó por demostrar que la luz provenía de espacios mucho más reducidos, que no daban de sí para espectáculos tan aparatosos. De hecho, el tamaño de las fuentes correspondía más o menos al de una estrella, aunque las reacciones termonucleares de ninguna estrella hubieran podido generar tanta luz. Por eso se etiquetó el nuevo fenómeno con el nombre de *cuásar*, un acrónimo de la expresión «cuasi estelar». Parecían estrellas, pero, al mismo tiempo, no podían serlo. Oppenheimer se refirió a ellas como «eventos espectaculares de una grandeza sin precedentes».

Cada año que pasaba se encontraban nuevos cuásares y se multiplicaban las hipótesis. Existía una notable ambigüedad en la determinación de las distancias, pero en 1963, el astrónomo holandés Maarten Schmidt logró precisar que una fuente extraterrestre de ondas de radio, identificada con el nombre de 3C 273, se hallaba a dos mil millones de años luz de la Tierra. Se trataba de una de las distancias más grandes medidas hasta la fecha y situaba a la fuente en la frontera misma del universo observable. Para que la presencia de 3C 273 se hiciera notar desde esa vastísima lejanía, debía desprender cien veces más energía que todas las estrellas juntas de una galaxia excepcionalmente brillante. Después de una minuciosa criba de candidatos, se llegó a la conclusión de que solo se conocía un mecanismo capaz de sostener una emisión de ese calibre: la aceleración de electrones hasta una velocidad muy próxima a la de la luz. ¿Y quién podía propiciar y sostener una aceleración semejante? Solo la gravedad, operando a una escala astronómica. La dinámica exacta del mecanismo se ignoraba, pero parecía inconcebible que el responsable fuera ninguno de los actores de reparto de la astronomía clásica, como las estrellas o los planetas.

El enigma de los cuásares ocupó el centro del primer Simposio sobre Astrofísica Relativista de Texas, que se celebró en la ciudad de Dallas en diciembre de 1963, muy poco después del asesinato de Kennedy. La conmoción que sacudió a Estados Unidos tras el atentado proyectaría una aciaga sombra sobre el simposio y, de hecho, estuvo en un tris de provocar su cancelación. En el acto de inauguración, el gobernador de Texas, John Connally, dio la bienvenida a cientos de astrofísicos, matemáticos y físicos teóricos con el brazo enyesado y en cabestrillo. El 22 de noviembre, Connally había ocupado un asiento

Retrato de Maarten Schmidt, obra de Robert Vickrey. Fuente: National Portrait Gallery, Smithsonian Institution.

delante de Kennedy en la limusina que había desfilado entre la multitud congregada en el centro de Dallas y había recibido varios disparos dirigidos al presidente. Pero el evento resultó histórico por motivos menos luctuosos. Allí fueron convocados John Wheeler, Robert

Oppenheimer, Roger Penrose y Maarten Schmidt. En alguna de las charlas del simposio, muchos físicos oyeron hablar por primera vez del mítico artículo de Oppenheimer y Snyder, «Sobre la contracción gravitatoria continua». Hong-Yee Chin acuñó el término cuásar. El neozelandés Roy Kerr presentó una nueva solución exacta a las ecuaciones de la relatividad general que extendía la solución de Schwarzschild a las estrellas en rotación. Se invitó también a varios físicos soviéticos. Aunque les denegaron el permiso para asistir, enviaron en su representación algunos artículos que mostraban que al otro lado del telón de acero los físicos nucleares también habían realizado con aprovechamiento la transición desde el diseño de bombas termonucleares a la astrofísica. Por último, y de particular interés para nuestra historia, Fred Hoyle y William Alfred Fowler formularon una aventurada hipótesis: ¿y si había que buscar el motor de los cuásares en la drástica distorsión del espaciotiempo causada por la implosión de una estrella muy masiva?

Si Hoyle y Fowler tenían razón, los cuásares sacarían a la relatividad general de su ensimismamiento matemático y darían carta de naturaleza a un nuevo campo de investigación: la astrofísica relativista que había dado nombre al simposio. Esta nueva disciplina actuaría como una toma de tierra para la más abstracta de las teorías, forzándola a explicar una serie de observaciones, si bien enigmáticas, perfectamente tangibles, registradas en placas fotográficas. A partir del encuentro de Dallas, el colapso estelar no solo ganó verosimilitud para muchos teóricos. La radioastronomía había delatado la presencia en el cosmos de actores muy activos gravitatoriamente y los astrofísicos reconocieron que la clave para desentrañar su intrigante naturaleza podía radicar en la relatividad general. En el discurso de clausura, el astrofísico Thomas Gold quiso enfatizar, con humor, este punto:

Acabamos de vivir, sin duda, una reunión histórica. Será recordada como la reunión en la que se discutieron por primera vez todos estos increíbles descubrimientos astronómicos [...]. Creo que debemos atribuir sobre todo al genio de Hoyle esa idea tan atractiva de que hemos encontrado, al fin, un caso que nos permite sugerir que los relativistas, con toda la sofisticación de su trabajo, no solo son espléndidos ornamentos culturales,

¡sino que realmente podrían resultar de utilidad para la ciencia! Todos contentos. Los relativistas, que se sienten apreciados y que se han vuelto expertos, de la noche a la mañana, en un campo que apenas conocían; los astrofísicos, porque han ampliado sus dominios, su imperio, mediante la anexión de otro territorio: la relatividad general. Todo lo cual resulta de lo más agradable, así que ojalá que sea cierto. Sería una verdadera lástima que tuviéramos que despedir otra vez a todos los relativistas.

El que resiste, gana

Algunas ideas se me ocurrieron durante
un paseo por el bosque, en el que me imaginé
en el interior de un agujero negro —como lo
llamamos ahora— que estaba colapsando.

Roger Penrose

Roger Penrose se debatía entre dos grandes pasiones, las matemáticas puras y la física. La relatividad general le ofreció la oportunidad de no renunciar a ninguna de las dos y entregarse a ambas al mismo tiempo. En el temperamento dual de Penrose se reconciliaban las posturas enfrentadas de Hilbert y Minkowski —la relatividad para los matemáticos—, y de Einstein y Wheeler —la relatividad para los físicos—. Fue precisamente Wheeler quien, en el otoño de 1964, llamó la atención de Penrose sobre el reciente descubrimiento de Maarten Schmidt: había cuásares que se encontraban, como quien dice, en la otra punta del universo. Penrose se planteó entonces la cuestión de si un proceso de implosión realista podría consolidar una singularidad en el espaciotiempo. ¿Su influencia bastaría para acelerar los electrones de la materia del entorno hasta hacer que casi casi alcanzaran la velocidad de la luz, provocando la extraordinaria emisión de ondas de radio de 3C 273?

Las razones que habían esgrimido Khalatnikov y Lifshitz para borrar del mapa las singularidades no habían convencido en absoluto a Penrose: «En realidad no podías demostrar nada con el procedimiento que ellos habían seguido. Manejaban demasiadas suposiciones. No podían descartar la existencia de singularidades de esa manera». Penrose decidió ensayar una línea de ataque por completo diferente. Para ello recurrió al vasto fondo de armario de los matemáticos, del que extrajo herramientas, como la topología, que prácticamente no se habían aplicado en el campo de la relatividad general. El experimento se zanjó con un éxito rotundo.

Uno de los objetos de la topología es el estudio de aquellas propiedades de los volúmenes y superficies que no se ven alteradas por cambios progresivos de tamaño o de forma. Es decir, por estiramientos, torsiones y aplastamientos. Dentro de estas operaciones no se admiten, sin embargo, las perforaciones o los desgarros. En broma, los matemáticos dicen que un topólogo es una persona que no sabe distinguir una rosquilla de una taza de café. Ambos objetos son topológicamente equivalentes, ya que una rosquilla de arcilla se puede moldear y deformar hasta que adquiera el aspecto de una taza, sin necesidad de abrir nuevos orificios en la masa (figura 2). Los topólogos, en cambio, sí saben distinguir una naranja de una rosquilla, ya que no hay modo de convertir la primera figura en la segunda sin desgarrar el material que la compone abriendo un agujero. Una de las ventajas de la topología es que, una vez que se demuestra un resultado para una figura, se demuestra también para sus equivalentes topológicos. Lo que se prueba para una rosquilla, vale para todas las rosquillas, al margen de cuál sea su tamaño y de los bultos, depresiones o irregularidades que exhiba su contorno. También vale para todas las tazas.

Al considerar el proceso de implosión desde una perspectiva topológica, Penrose se ahorró el penoso trabajo de tener que resolver las ecuaciones de la relatividad general para infinidad de casos particulares. Se limitó a investigar qué aspectos globales de la propia geometría del espaciotiempo condicionaban el desarrollo de cualquier colapso gravitatorio y encontró que siempre que la contracción continua de la masa de una estrella provocaba la creación de un horizonte de sucesos, en el tejido del espaciotiempo se abría una singularidad. Esta conclusión no dependía en absoluto de qué forma tuviera la estrella al inicio del proceso o de si estaba rotando o no.

La topología no se pronuncia acerca de cómo de redonda o achatada es una masa, de si presenta una perfecta simetría esférica o es

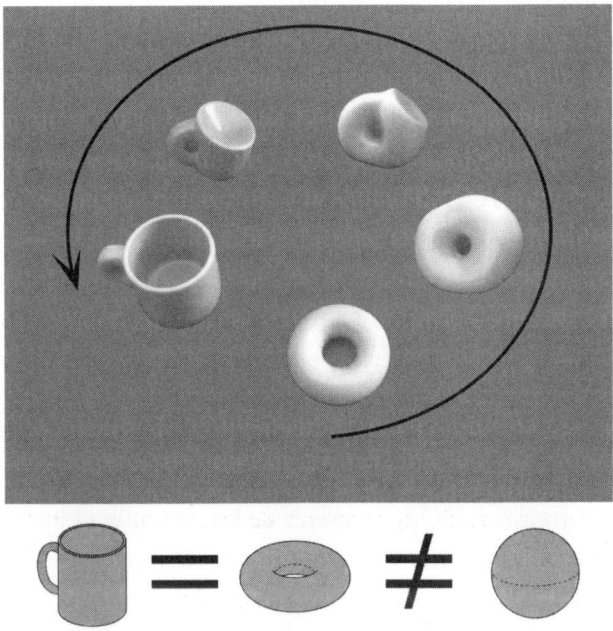

Figura 2. La secuencia ilustra la equivalencia topológica entre una taza y una rosquilla. Respetando las mismas reglas topológicas, no hay modo de transformar ninguno de los dos objetos en una esfera.

completamente irregular, de si es grande o pequeña. La falta de atención a esos detalles tiene un precio. La topología es incapaz de especificar, por ejemplo, cuál es la curvatura del espaciotiempo en un punto determinado o de dibujar con precisión cómo va evolucionando su geometría en función de cómo sea la estrella que colapsa. Pero sí es capaz de emitir un dictamen irrevocable: si la masa que se contrae induce en algún momento la formación de un horizonte de sucesos en la lámina del espaciotiempo, ese incidente traerá consigo la aparición de una singularidad.

Los relativistas de la vieja escuela no estaban familiarizados con los principios de la topología y no supieron valorar en primera instancia la prueba de Penrose. Su instinto les hacía confiar más en el enfoque tradicional y, por tanto, en las conclusiones de Khalatnikov y Lifshitz. Sin embargo, en 1969 los soviéticos revisaron minuciosamente sus ecuaciones con ayuda de un estudiante de doctorado, Vladimir Belinski, e identificaron una familia de soluciones con singularidad que habían pasado por alto y que no correspondían a las distribuciones de materia extravagantes que habían denunciado en su artículo de 1961. De hecho, esta nueva clase de soluciones singulares parecía la más general, resultado que venía a ratificar el análisis topológico. Penrose llevaba razón.

La acumulación de hallazgos teóricos y experimentales terminó de convencer a Wheeler de que las estrellas podían morir como agujeros negros. En el Simposio sobre Astrofísica Relativista de Texas, dio una charla sobre el colapso estelar. Oppenheimer estaba presente en el auditorio y Wheeler quiso, de algún modo, convertir su intervención en una muestra de reconocimiento a su antiguo rival. Mientras Wheeler se dedicaba a ensalzar el carácter visionario de «Sobre la contracción gravitatoria continua», Oppenheimer se levantó, abandonó su asiento y salió al pasillo para ponerse a charlar con otros compañeros. Wheeler recordaría siempre con tristeza el desplante.

Llegados a este punto, uno se podría preguntar por qué Stephen Hawking celebró a Wheeler como el héroe de los agujeros negros. Después de todo, hizo cuanto estuvo en su mano por erradicarlos, solo para terminar claudicando ante una suma abrumadora de pruebas. La respuesta es que, en sus esfuerzos por borrar del mapa la implosión de las grandes masas, Wheeler contribuyó a aclarar muchos aspectos imprecisos o dudosos, tanto del fenómeno en sí como de la teoría que trataba de describirlo. Además, por el camino, creó un núcleo muy activo de investigación sobre relatividad en la Universidad de Princeton, que atrajo a un grupo de estudiantes e investigadores de primer nivel a los que supo contagiar su entusiasmo. Muchos interpretarían un papel decisivo en el establecimiento de la astrofísica gravitatoria. En 1960, el físico matemático Alfred Schild hacía la siguiente constatación: «La teoría de la gravitación de Einstein [...] se está desplazando del ámbito de las matemáticas al de la física». Wheeler fue uno de los principales artífices del retorno de los físicos al estudio de la relatividad general. Representó como nadie el cambio de actitud hacia los agujeros negros y convenció a toda una nueva generación de que merecía la pena seguir su ejemplo. Werner Israel recurrió a una metáfora sencilla para resumir todas estas aportaciones (y alguna más, como ahora veremos):

Ni Michell ni Laplace fundaron la teoría de los agujeros negros. Sus verdaderos padres fueron Chandrasekhar y Oppenheimer que, en la década de 1930, descubrieron que las grandes masas frías son gravitacionalmente inestables. Sin embargo, ellos dejaron solo una semilla, tierna y desatendida. Fue John Wheeler quien la replantó, creyó en ella, la cuidó y se encargó de hacerla florecer.

El desembarco de Wheeler en la relatividad general tuvo un impacto simbólico en el estudio del colapso gravitatorio no menor que el que produjo su actividad investigadora. Se convirtió en un embajador inestimable de los agujeros negros que, después de décadas de ser ninguneados y cuestionados, estaban pidiendo a gritos una buena campaña de marketing. Y toda campaña de marketing se arma alrededor de una marca que ostente un nombre sencillo, sugerente y pegadizo. Ninguna agencia de publicidad admitiría locuciones como «singularidad de Schwarzschild», «estrella congelada» o «estrella colapsada» como candidatos para un *branding* decente. Y es aquí donde llega el momento de cerrar el círculo y volver a llamar a escena a Robert Dicke. En el primer capítulo descubrimos su costumbre de atribuir al agujero negro de Calcuta la desaparición de cualquier objeto cotidiano que se perdiera en su casa. Robert Dicke había sido uno de los primeros alumnos de Wheeler y, más tarde, los dos serían compañeros de departamento en la Universidad de Princeton. Si en 1952 Wheeler inició su transición desde la física nuclear a la relatividad general, Dicke llevaría a cabo una mudanza semejante muy poco tiempo después. Durante un año sabático en la Universidad de Harvard, en 1954, se despertó su interés por diseñar nuevos experimentos que pusieran a prueba la relatividad general. Wheeler y Dicke consideraban la teoría de Einstein desde ángulos contrapuestos. Wheeler creía que había que transformarla en una teoría cuántica, Dicke pensaba que había que modificar su formulación clásica. Ambos tuvieron ocasión de intercambiar puntos de vista en infinidad de conversaciones informales en la facultad y en decenas de congresos y seminarios sobre relatividad que entonces se estaban volviendo cada vez más frecuentes.

Fue en el curso de estas charlas y ponencias, a comienzos de la década de 1960, cuando Dicke comenzó a utilizar la expresión «agujero negro» para referirse a la peculiar geometría que adopta el espacio-tiempo después de un colapso gravitatorio. Poco a poco, otras personas fueron adoptando el nombre, uso que no tardaría en reflejarse en textos escritos. La primicia corresponde a una periodista científica, Ann Ewing, que el 18 de enero de 1964 publicó en la revista *Science News Letter* un artículo titulado «Agujeros negros en el espacio». Era una breve nota informativa que se hacía eco de una conferencia organizada en Cleveland por la Asociación Estadounidense para el Avance de la Ciencia. La primera línea, memorable, del artículo rezaba así: «Puede que el espacio esté salpicado de agujeros negros». Seis días después, el neologismo de Dicke aparecía en letra impresa por segunda vez, en este caso con mucha mayor difusión, en la revista *Life*. Lo hacía en un reportaje titulado «El nuevo enigma del cielo: ¿qué son las cuasiestrellas?». El texto, escrito por Albert Rosenfeld, editor científico de *Life*, ofrecía una crónica del Simposio sobre Astrofísica Relativista de Texas. Rosenfeld escribió el reportaje antes que Ewing, pero la revista *Life* retrasó seis meses su publicación.

La imagen de la izquierda corresponde a la página 39 de la revista *Science News Letter,* del 18 de enero de 1964. La de la derecha, está extraída de un álbum familiar y acompañó el obituario de Ann Ewing publicado por *The Washington Post* el 1 de agosto de 2010.

A pesar de que el nuevo término fuera ganando adeptos, todavía se hallaba muy lejos de ser de uso común. Para que se volviera viral dentro de la comunidad científica, necesitaba el respaldo de alguna de sus figuras de referencia. Algo que ocurrió cuando John Wheeler, auténtico *influencer* de la física, supo ver su potencial y se empeñó en popularizarlo. Se puede decir que los agujeros negros celebraron su puesta de largo en 1967, en otra conferencia auspiciada por la Asociación Estadounidense para el Avance de la Ciencia, en este caso a cargo de Wheeler. El texto de la conferencia apareció publicado al año siguiente en la revista *American Scientist*, bajo un título tan vago como sugerente: «Nuestro universo, lo conocido y lo desconocido». Wheeler ofrecía en él una maravillosa descripción de la que había sido su obsesión recurrente a lo largo de los últimos años, el colapso gravitatorio:

> A causa de un desplome cada vez más vertiginoso, [la estrella] se aleja del observador cada vez más deprisa. Su luz se desplaza hacia el rojo. Se vuelve más débil a cada milisegundo y, en menos de un segundo, se vuelve demasiado oscura para ser vista. Lo que una vez fue el núcleo de una estrella ya no resulta visible. El núcleo, como el gato de Cheshire, se desvanece. Uno deja tras de sí solo su sonrisa; el otro, solo su atracción gravitatoria.

Dicke había acuñado la expresión «agujero negro», pero fue Wheeler, con su ascendiente, quien la convirtió en moneda de uso común. La adopción del nuevo nombre contribuyó a la difusión y aceptación de la noción que representaba. Uno de los estudiantes de doctorado de Wheeler, Kip Thorne —que más adelante le sucedería como uno de los grandes popes de la relatividad general—, defendía que los nombres que damos a los conceptos científicos contribuyen tanto a su promoción como a su descrédito. Establecen un marco mental desde el que consideramos la idea que encarnan simbólicamente. Un buen nombre centra la atención en sus características más relevantes. Un mal nombre puede desviar la atención a otros aspectos de menor importancia o incluso espurios, y acabar induciendo un bloqueo mental. En particular, Thorne manifestó su convencimiento de que una de las primeras denominaciones que habían recibido los agujeros negros —«singularidades de Schwarzschild»— alzó una barrera psicológica que entorpeció su estudio.

Quizás nada contribuyó más a impedir que los físicos llegaran a comprender el fenómeno de la implosión de una estrella, entre 1939 y 1958, que el nombre que usaron para la circunferencia crítica: «singularidad de Schwarzschild». La palabra «singularidad» evocaba la imagen de una región donde la gravedad adquiría una intensidad infinita, haciendo que las leyes de la física —tal como las conocemos— se rompieran, una imagen que ahora entendemos que es correcta para el centro de un agujero negro, pero no para la circunferencia crítica. Esta imagen hizo que a los físicos les costara aceptar la conclusión de Oppenheimer y Snyder de que una persona que atraviese la singularidad de Schwarzschild (la circunferencia crítica) de una estrella en implosión no experimentará una gravedad infinita ni asistirá a ninguna ruptura de las leyes físicas.

Por tanto, estaba más que justificado que los agujeros negros pasaran por el registro civil para solicitar un cambio de nombre. Wheeler compartía el punto de vista de Thorne acerca de la importancia de las palabras:

El advenimiento de la expresión «agujero negro» en 1967 fue terminológicamente trivial, pero psicológicamente poderoso. Después de que se introdujera este nombre, más y más astrónomos y astrofísicos empezaron a considerar que los agujeros negros pudieran ser algo más que un producto de la imaginación. Podían ser objetos astronómicos en cuya búsqueda merecería la pena invertir tiempo y dinero.

Después de que los físicos alcanzaran una comprensión razonable del fenómeno, se convencieran de que, en efecto, tenía lugar en el universo y lo etiquetaran con el nombre apropiado, los agujeros negros ya estaban en condiciones de conquistar su espacio dentro de la cultura popular. Rotas las barreras, el proceso de asimilación se desarrolló con rapidez a lo largo de la década de 1970. Cuando Chandrasekhar tuvo que hacer frente a una operación de corazón, disfrutó del placer y la distracción de que todo el personal médico que lo atendía se mostrara interesado en hablar con él sobre singularidades y horizontes de sucesos. En la introducción a la antología de

214

Cubierta de la antología *Black Holes,* editada por Jerry Pournelle.

relatos de ciencia ficción *Agujeros negros y otras maravillas,* escrita en 1978, su editor, Jerry Pournelle, señalaba:

> Los agujeros negros se han vuelto populares. Hace unos años, apenas podías encontrar referencias suyas en la literatura científica. En el índice de los libros de gravitación no figuraba ninguna entrada sobre agujeros y, si querías aprender algo acerca de estos objetos peculiares, tenías que remitirte a trabajos ciertamente oscuros. Y, de pronto, de la noche a la mañana, vas y te tropiezas con agujeros negros allá donde mires. Te los encuentras en historias de ciencia ficción y en artículos de divulgación científica. Ahí los tienes, en los periódicos y en la televisión. El concepto se ha vuelto tan popular que incluso puedes oír hablar de ellos cuando sales a tomar algo.

Réquiems, contrabandistas e hipermasas

En la constelación del Cisne
se oculta una fuerza invisible y misteriosa:
el agujero negro de Cygnus X-1.
Seis estrellas de la Cruz del Norte
lloran la pérdida de su hermana
en un último destello de gloria.
Nunca más adornará la noche.

Rush, «Cygnus X-1, Book I: The voyage»

Una vez que, a lo largo de la década de 1960, la comunidad científica superó su repulsa inicial y admitió los agujeros negros como un objeto de estudio respetable, dotándolos de una serie de rasgos ciertamente extraordinarios, pero bien definidos, la divulgación científica puso en marcha su maquinaria propagandística y asumió la tarea de entregarlos a las masas. Una nueva estrella del rock había surgido en el firmamento de la ciencia. Un fenómeno rebosante de misterio y atractivo, que prometía hacer realidad las fantasías húmedas de muchos aficionados a la ciencia ficción, como los viajes en el tiempo o la apertura de portales a galaxias muy remotas o, por qué no, a otros universos. La noticia corrió como la pólvora y la operación se saldó con un éxito rotundo.

La bola de nieve comenzó a rodar ladera abajo y se fue engrosando, primero a costa de breves noticias científicas y reportajes sueltos en la prensa generalista y en revistas especializadas, que se fueron publicando entre mediados y finales de la década de 1960. En ese mismo periodo, los agujeros negros hicieron tímidas incursiones en programas y series de televisión, como *Star Trek*, y en relatos y novelas de ciencia ficción de autores bastante conocidos, como Poul Anderson o Robert Silverberg. Fue a partir de los años setenta cuando se desató el furor, con su aparición en otras series muy populares, como *Doctor Who* o *Space: 1999*. Ni siquiera se libraron de papeles algo vergonzantes en películas de serie B, como *Godzilla contra Mechagodzilla* o *La invasión de las arañas gigantes*. La onda expansiva terminaría por sobrepasar las fronteras del género. El quinto álbum de estudio de la banda de rock progresivo canadiense Rush, publicado en 1977, se cerraba con un tema de más de diez minutos titulado «Cygnus X-1». Su letra nos relata un azaroso viaje a través de la Vía Láctea a bordo de la nave espacial Rocinante, rumbo a una misteriosa fuente de rayos X situada en la constelación del Cisne. Cygnus X-1 fue el primer fenómeno que los astrofísicos reconocieron como un candidato firme a agujero negro. Rush le rendiría tributo con una segunda canción, el doble de larga, en su siguiente álbum, *Hemispheres*. A los aficionados a la ciencia ficción, el nombre de la nave Rocinante no les remitirá al Quijote sino a *The Expanse*, un fenómeno literario y audiovisual cimentado en torno a nueve novelas y un puñado de relatos. Uno de los grandes protagonistas de *The Expanse* es la nave Rocinante, una fragata ligera fabricada en los astilleros de Marte. Los libros están escritos a cuatro manos, por Daniel Abraham y Ty Franck, que los firman con el pseudónimo de James S. A. Corey. Franck es un reconocido seguidor de Rush.

A finales de la década de 1970, los agujeros negros no se conformaban ya con el circuito alternativo de la serie B y se dispusieron a escalar la cumbre del cine de entretenimiento, convirtiéndose en el foco de producciones de gran presupuesto, como *El abismo negro*, de Disney, o *Star Trek: la película*. A lo largo de los años ochenta, su popularidad no dejaría de crecer gracias a la mítica serie *Cosmos*, presentada por Carl Sagan, en una trayectoria ascendente que alcanzaría su apogeo con Stephen Hawking. A través de su genio y figura, los agujeros negros adquirieron rostro humano. La publicación, en 1988, de *Breve historia del tiempo: del Big Bang a los agujeros negros* se convirtió en un desconcertante fenómeno. Nadie en el gremio editorial hubiera apostado por que un libro de divulgación científica —que contenía extensos fragmentos absolutamente incomprensibles para el gran público— se fuera a mantener en las listas de libros más vendidos durante más de cuatro años, llegando a vender más de diez millones de ejemplares. El fenómeno que tanto se habían esforzado por silenciar Eddington, Einstein o Schwarzschild había acabado protagonizando el acontecimiento editorial de la década. Por supuesto, ninguno de estos tres patriarcas de la física tuvo ocasión de horrorizarse ante semejante espectáculo. Se cumplía así, una vez más, el principio enunciado por uno de los fundadores de la mecánica cuántica, Max Planck: «Una verdad científica nueva no triunfa porque logre convencer a quienes se oponen a ella, haciendo que vean la luz, sino más bien porque quienes se oponen a ella acaban muriendo y crece una nueva generación que ya se ha familiarizado con ella». La interferencia de una guerra mundial ralentizó bastante el proceso de asimilación, pero la revolución de los agujeros negros al final se mostró imparable. Ratificando la máxima de que el que resiste gana, Subrahmanyan Chandrasekhar ya había retomado para entonces sus investigaciones sobre la evolución estelar y en 1983 escribió uno de los libros más influyentes sobre la materia: *La teoría matemática de los agujeros negros*. Muestra de su generosidad es que el mismo año tuviera tiempo para publicar otro libro, titulado *Eddington, el astrofísico más distinguido de su tiempo*.

En un reflejo de lo que estaba sucediendo en los periódicos, los programas de televisión o las películas, los agujeros negros se fueron infiltrando poco a poco en el lenguaje de la calle. Es una expresión que hoy en día podemos encontrar en boca de cualquier persona. Alimenta metáforas, chistes, memes, comentarios deportivos o políticos. Cerrando el círculo, ha terminado por interpretar el mismo papel que Dicke otorgaba al agujero negro de Calcuta, el de una misteriosa entidad en la que desaparecen todas las cosas que perdemos: ya sea el tiempo, el dinero, nuestra energía… Ha dilatado hasta tal punto su capacidad polisémica que la reforma de un piso puede acabar convirtiéndose en un agujero negro, o el desarrollo de un proyecto profesional, o una resaca, o una relación sentimental, o la enfermedad de Alzheimer, o una catástrofe ambiental.

Los agujeros negros también han incorporado a nuestro acervo un concepto intrigante y de indudable poder metafórico que permite establecer analogías más trascendentes. Pueden representar el olvido como, por ejemplo, en este poema de Maria Popova:

En el centro de nuestra galaxia,
un agujero negro con la masa de
cuatro mil millones de soles
grita con la boca abierta su beso
de olvido.

Algún día se tragará
los postulados de Euclides y las *Variaciones Goldberg,*
y se tragará el cálculo y las *Hojas de hierba.*

De entre todos los fenómenos que tienen lugar en el universo, quizá ningún otro resulte tan adecuado como los agujeros negros para simbolizar la muerte. Encarnan a la perfección esa «tierra inexplorada, de cuyas fronteras ningún viajero regresa» a la que se refería Hamlet en su célebre monólogo. En torno a la singularidad, el espaciotiempo configura un ámbito cuya exploración implica la desconexión con el resto del mundo. El agujero negro se hermana con la muerte en su condición de proceso irreversible. Traspasar el horizonte de sucesos no tiene, literalmente, vuelta atrás. Quienes no vean en la muerte la aniquilación definitiva y prefieran apostar por la continuidad de un más allá, siempre pueden reemplazar en su metáfora el agujero negro por un agujero de gusano que los conduzca a otros universos, a otras vidas.

Volvamos ahora un poco sobre nuestros pasos, alejándonos de la metafísica y de la época de esplendor de los agujeros negros. ¿Cuánto tardó en permear en el campo de la cultura la creciente certidumbre de los físicos de que las singularidades de Schwarzschild no solo habitaban en su imaginación, en el lienzo abstracto de las ecuaciones tensoriales, sino que también podían —y debían— acechar en nuestro vasto e inexplorado universo? ¿Cuándo asomó el primer agujero negro plenamente relativista en las páginas de una revista de ciencia ficción, por ejemplo? Un agujero negro con su horizonte de sucesos, queremos decir, y con su singularidad en el centro, armado de toda su capacidad para distorsionar el espacio y el tiempo. Resulta fácil identificar los primeros ejemplos claros, pero, como sucede a menudo, vienen a disputar la prioridad algunos candidatos dudosos.

Por ejemplo, ¿qué tenía exactamente en la mente Arthur C. Clarke cuando introdujo una estrella negra al final de *Contra la caída de la noche,* la novela corta que publicó en la revista *Startling Stories* en noviembre de 1948? Resulta difícil determinarlo a partir de la escueta descripción que hace de ella:

No se podía destruir al Intelecto Demente, porque era inmortal. Fue conducido hasta los límites de la galaxia y allí fue encerrado en una prisión de un modo que no entendemos. La prisión era una extraña estrella artificial conocida como el Sol Negro y en ella permanece hasta el día de hoy. Cuando el Sol Negro muera, será puesto de nuevo en libertad. No hay manera de saber cuán lejos en el futuro se encuentra ese día.

El Sol Negro podría ser una mazmorra relativista, creada artificialmente mediante una tecnología avanzada, capaz de plegar el espaciotiempo a voluntad. Ahora bien, también se habla de la muerte de la estrella. ¿Es una manera poética de referirse a algún mecanismo desconocido que, pasado un tiempo, deshaga la papiroflexia espaciotemporal y desbarate el horizonte de sucesos? ¿Quizá merced a efectos cuánticos que corrijan y cuestionen las inflexibles reglas relativistas? Puede que la coincidencia de las palabras «estrella» y «negra» con la noción de una prisión estelar inexpugnable solo obedezca a una casualidad. En cualquier caso, cuando décadas después otro autor, Gregory Benford, aceptó el encargo de escribir la continuación de la novela de Clarke —que tituló *Más allá de la caída de la noche*—, deshizo cualquier ambigüedad. En su libro, la prisión era un agujero negro en toda regla. El mismo modelo de cárcel definitiva aparece en un cómic de los creadores de *Watchmen*, Alan Moore y Dave Gibbons, *Para el hombre que lo tiene todo* (que no era otro que Superman).

Isaac Asimov pudo haberse llevado el gato al agua antes incluso que Clarke. Una de sus mayores hazañas literarias consistió en la composición de una autobiografía, en dos volúmenes, que suma más de mil quinientas páginas a base de, en esencia, apenas contar nada. Tardó nueve meses en escribirla. Se tarda prácticamente lo mismo en leerla. Así vivió la experiencia Martin Amis:

Me abrí camino a través del primer volumen en un estado de escandalizada admiración. ¿Cómo se podía atrever nadie a registrar su vida con semejante fidelidad a lo trivial? El libro se lee como un desmesurado experimento sobre el tedio concebido por Andy Warhol o Yoko Ono. Después de un tiempo, produce un efecto hipnótico e implacable: sigues leyendo con una torturada fascinación.

A mitad del primer volumen, Asimov nos relata los entresijos de su primera boda y sus preocupaciones por alcanzar la estabilidad financiera poco después de que Estados Unidos haya entrado en la Segunda Guerra Mundial tras el ataque a Pearl Harbor. Asimov, a los veintidós años, comienza a trabajar como químico en Filadelfia, en el laboratorio de una fábrica de aviones de la armada. Se trata de un periodo un tanto angustioso de su vida, en el que las demandas del mundo exterior se imponen y en el que apenas consigue sacar tiempo para escribir. Aun así, siguen fluyendo las ideas. Una de ellas llama poderosamente nuestra atención:

> Se me ocurrió una historia que titulé *El lomo del camello* que, en esencia, trataba acerca de la formación de un agujero negro, décadas antes de que los astrónomos comenzaran a hablar de agujeros negros, pero nunca pasé de las primeras páginas.

Si en lugar de atravesar una de sus infrecuentes etapas de sequía, la idea hubiera encontrado a Asimov en plena forma, en la vena de escribir sus mil quinientas páginas en nueves meses, tendríamos una primera historia de agujero negro relativista publicada en 1942. El destino quiso que llegara más tarde.

Tenemos que avanzar cinco años en el tiempo para encontrar otro posible candidato. En junio de 1947, la revista *Thrilling Wonder Stories* ofrecía entre sus páginas una novela completa de Leigh Brackett, *Los reyes del mar de Marte*. En 1953 se volvería a publicar, en formato de libro, bajo un título nuevo, más rotundo y eufónico, que sería el definitivo: *La espada de Rhiannon*. Su protagonista, Matt Carse —un cruce entre arqueólogo y contrabandista, que corre mil aventuras en un Marte poblado por princesas, piratas y criaturas fantásticas—, parece una versión atemperada del John Carter de Burroughs. Duda más, vacila más, es menos recto, menos infalible, sus golpes de espada resultan menos demoledores, se muestra más humano y, por ende, más simpático. Comienza como un ladrón de tumbas exultante y calculador, y acaba como un héroe agotado.

Su apellido casi podría ser el de Carter desfigurado por una errata. Todo lo que diferencia a Carse de Carter juega a favor de Carse.

Al comienzo de *La espada de Rhiannon*, Penkawr, un ladrón de poca monta, guía a Carse a través de un recóndito paraje de los áridos, monumentales desiertos de Marte, hasta el lugar donde ha encontrado por accidente el acceso a la cámara subterránea en la que fue enterrado Rhiannon. Rhiannon, el Maldito, ocupa una posición privilegiada dentro del panteón de la mitología marciana, es una especie de Prometeo condenado por haber entregado el fuego del conocimiento científico a una de las especies humanoides del planeta rojo. Un corredor conduce a Penkawr y Carse hasta una primera estancia excavada en la roca, presidida por un altar y cargada de objetos de interés para cualquier ladrón o contrabandista que se precie: un trono, cotas de malla, una espada... Una puerta de acero se abre a una segunda cámara de piedra. Esta no encierra joyas ni armas antiguas. En su centro levita una misteriosa esfera negra, que parece albergar una presencia insondable y amenazadora. Cuando Carse, fascinado por el objeto, se aproxima para examinarlo mejor, Penkawr, descontento con el reparto del botín, lo arroja a su interior. Su acción traicionera no desplaza al arqueólogo a otro lugar, sino a otro tiempo, al remoto pasado de Marte, un millón de años atrás.

El meollo del libro lo constituyen las aventuras que vivirá el arqueólogo en ese pasado que solo conocía a través de viejas historias y leyendas. *La espada de Rhiannon* oscila entre dos Martes antagónicos. El Marte bullente de vida, cubierto de mares y bosques, del pasado, y el Marte moribundo, árido y desértico, del presente. Al contrario de lo que sucede con tantos otros *pulps*, el libro cobra vida de nuevo nada más abrir sus páginas. Se puede interpretar como un ejercicio de metanostalgia donde nada suena falso ni acartonado. Brackett trata con generosidad al lector y cuida de que no le falte de nada: viajes en el tiempo, ladrones de tumbas, joyas y espadas legendarias, traiciones y engaños, fugas desesperadas, galeras, dioses antiguos, seres alados y criaturas del mar, amigos incondicionales, formidables banquetes, palacios, villanos repugnantes. Solo aquí y allá la ciencia asoma tímidamente para justificar a medias alguna de las maravillas. En realidad, la tecnología sigue aquí la máxima de Clarke y se muestra tan avanzada

A la izquierda, cubierta de la novela *The Sword of Rhiannon* de Leigh Brackett. La imagen de la derecha corresponde a una ilustración de la edición original, publicada en la revista *Thrilling Wonder Stories* de junio de 1949.

para todos los personajes que, para ellos, resulta indistinguible de la magia. Todo ello servido en una prosa más depurada y agradable de leer que la de Burroughs. Además, el corazón de los personajes late con fuerza. Todos ellos vienen armados con sus razones. Casi ninguno es del todo bueno o del todo malo. Son personajes de aventura, diestros peones del entretenimiento, pintados con viveza y todos sus matices. La carpintería de la trama se oculta con habilidad bajo el colorido deslumbrante de los episodios que se suceden sin descanso, hasta un final tan inevitable como sorprendente. *La espada Rhiannon*, por sí sola, bastaría para justificar que Brackett fuera elevada al trono de reina de la *space opera*.

Para acabar de celebrarla, entre las joyas que tanto abundan en la trama, ¿podemos identificar la más rara y preciosa de todas ellas: un agujero negro? El argumento del libro descansa sobre una distorsión temporal. Cuando Carse entra en la segunda cámara de la tumba de Rhiannon, el lenguaje de Brackett adopta maneras relativistas. Las paredes labradas en la roca de la montaña solo encierran una cosa:

[...] una gran burbuja de oscuridad. Una gran esfera sombría, de negrura que se estremecía y que recorrían pequeñas partículas de fulgor centelleante, como estrellas fugaces avistadas desde otro mundo. Y frente a esta extraña burbuja de oscuridad palpitante, la luz de la lámpara retrocedía con aprensión.

¿Cuál es la naturaleza de esta misteriosa esfera?

Esta sombría burbuja de oscuridad... resultaba extrañamente similar a la oscuridad de esos enclaves negros de la galaxia, que han hecho fantasear a algunos científicos con que son agujeros en el mismo continuo, ¡ventanas abiertas al infinito que se extiende fuera de nuestro universo!

La primera parte de la frase parece remitirnos a un agujero negro. La segunda nos conduce a un malentendido que, como veremos, ha plagado la ciencia ficción como una mala hierba desde que se plantó en el género la semilla del espaciotiempo. Para crear un portal que nos transporte a otro lugar o a otro tiempo remotos, no basta con abrir un agujero, como sugiere Brackett, necesitamos dos aberturas y un pasadizo que las conecte. En otras palabras, no necesitamos un agujero negro, sino a uno de sus parientes próximos, un agujero de gusano. Comparemos las dos estructuras que aparecen representadas en la figura 3.

La primera estructura muestra una sola abertura en el espaciotiempo, un agujero negro, y, si nos deslizamos a través de su boca, nos llevará a un único destino, la singularidad. En otras palabras, a la destrucción. Hace falta una papiroflexia espaciotemporal algo más sofisticada para evadir la singularidad y alcanzar una meta más amigable. La segunda estructura de la imagen presenta, no solo un agujero de entrada, A, sino otro de salida, B, y un conducto que une ambos. Una vez ejecutado este ejercicio de bricolaje cósmico nada trivial, ya estamos en condiciones de acortar el viaje entre dos puntos distantes del espaciotiempo. Recordemos que este último se extiende a lo largo de

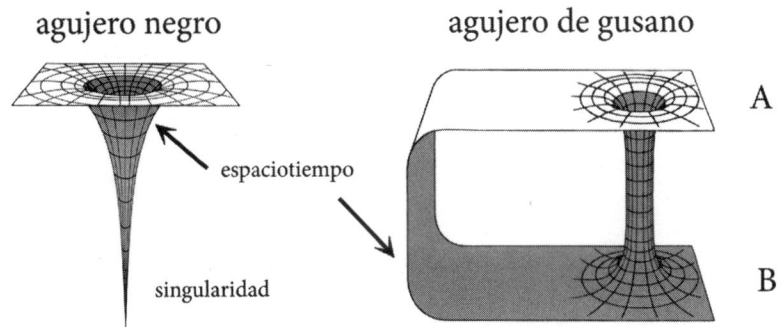

agujero negro   agujero de gusano

espaciotiempo

singularidad

Figura 3. Dos ejercicios de papiroflexia espaciotemporal diferentes.
A la izquierda, un agujero negro. A la derecha, un agujero de gusano.

tres dimensiones espaciales, y que la imagen solo ofrece una analogía bidimensional. Al incorporar la tercera dimensión, las bocas no se verían como círculos, sino como esferas. Si los dos extremos del agujero de gusano corresponden a coordenadas espaciales, habremos establecido un atajo. Si A y B corresponden a dos coordenadas temporales, habremos creado un bucle que puede conducirnos, según dónde nos ubiquemos y cómo decidamos recorrerlo, camino del futuro o del pasado (figura 4).

Un requisito que hay que tener en cuenta es que estos bucles no se pueden construir hacia atrás (desde el presente hacia el pasado), sino solo hacia delante (desde el presente hacia el futuro). Es decir, se puede empezar a construir el bucle en los tiempos del Marte verde y rebosante de vida para tender un puente hacia el Marte desértico y decadente, pero no a la inversa. El bucle enlaza dos extremos, pero solo se puede armar desde uno de ellos, el extremo más antiguo. Quizá por eso no hemos recibido todavía ninguna visita de viajeros del futuro. Para ello, antes habría que desarrollar la tecnología necesaria para plegar el espaciotiempo a nuestro antojo y establecer conexiones entre tiempos distantes. Una vez confeccionado el bucle, se podría recorrer en cualquier sentido y dar rienda suelta a toda clase de paradojas temporales, si las leyes desconocidas que rigen esos vaivenes cronológicos

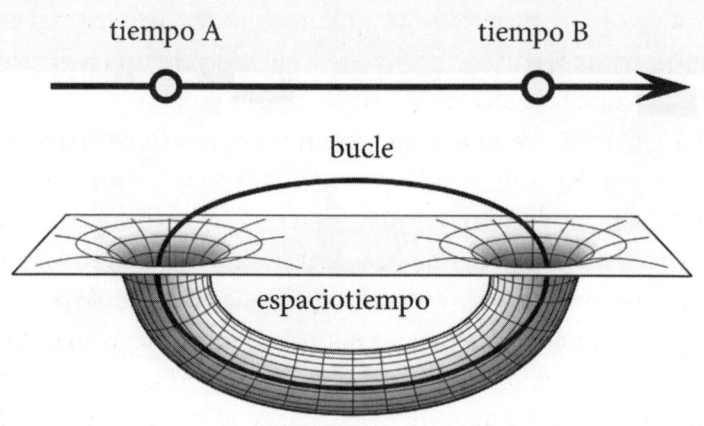

tiempo A   tiempo B

bucle

espaciotiempo

Figura 4. En esta figura, equivalente a la anterior, se modifica un poco la disposición de las dos bocas del agujero de gusano para enfatizar la configuración del bucle. Al ir desde A hasta B, viajaríamos del pasado al futuro. Al ir desde B hasta A, del futuro al pasado.

lo permiten. Por supuesto, hay que entender todos los «se puede» de este párrafo en la acepción más conjetural y especulativa del verbo.

Para sus lectores, Brackett convirtió el sistema solar en una elaborada sucesión de mundos maravillosos que se desvanecieron, como por encanto, cuando las primeras sondas espaciales comenzaron a enviar sus prosaicas imágenes de Marte o Venus. Brackett no encontró ningún problema en cambiar de tercio, ya que cultivaba infinidad de géneros, al igual que su marido, Edmond Hamilton, del que hablamos en el capítulo anterior a propósito de «El siseo cósmico». En particular, Brackett escribió una novela negra, *De un cadáver... nada bueno,* que atraería la atención de Howard Hawks y le abriría las puertas de Hollywood. Hawks la llamaría para que colaborase con William Faulkner en la escritura del guion de *El sueño eterno,* que protagonizarían nada más y nada menos que Humphrey Bogart y Lauren Bacall. El director volvería a solicitar su colaboración para desarrollar los guiones de otras obras maestras del cine clásico, como *Río Bravo, ¡Hatari!* o *El Dorado.* Su último encargo como guionista fue uno de los primeros borradores de *El imperio contraataca.* Aunque rara vez trabajaran juntos, Hamilton y Brackett —el destructor de mundos y la reina de la *space opera*— hicieron de su hogar una factoría de comics de aventuras y guiones de cine, de relatos y novelas del oeste, de historias de ciencia ficción, de fantasía y de género negro. Un auténtico Shangri-La de la cultura popular.

Con *La espada de Rhiannon* cerramos el proceso de selección de candidatos dudosos. El estadounidense Fred Saberhagen puede presumir de ser el primero en introducir en las páginas de una revista de ciencia ficción un agujero negro capaz de satisfacer (casi) todos los requisitos relativistas. Lo hizo a través de un relato cuyo título hace referencia a un fenómeno físico netamente einsteiniano, al mismo tiempo que rinde homenaje a —¿quién si no?— Edgar Allan Poe: «La máscara del desplazamiento al rojo», que alude al clásico relato de Poe, *La máscara de la muerte roja*. En inglés, la alusión funciona mejor, ya que los dos títulos suenan prácticamente igual (*Masque of the Red Shift* frente a *The Masque of the Red Death*). Como el relato se publicó en noviembre de 1965, en la revista *Worlds of If*, antes de que Wheeler se comprometiera a fondo con la promoción de la marca «agujero negro», Saberhagen utiliza una expresión de su cosecha: «hipermasa».

Foto del rodaje de *El sueño eterno*, donde se ve a Leigh Brackett sentada en el sofá junto a Lauren Bacall y Humphrey Bogart. Fuente: Wikimedia Commons.

Saberhagen fue un veterano de la guerra de Corea que se reintegró a la vida civil trabajando como ingeniero electrónico para Motorola. En sus ratos libres supo combinar el pulso destructor de la guerra, que todavía zumbaba en sus oídos, con su gusto por la electrónica a través de la serie Berserker, una colección muy popular de novelas y relatos de ciencia ficción protagonizada por un ejército implacable de máquinas asesinas. Los *berserkers* fueron guerreros vikingos, famosos por su ferocidad y por arrojarse al combate desafiando a la muerte de manera casi desvergonzada, sin cascos ni armaduras, cubiertos tan solo con pieles de oso o de lobo. Aterrorizaban a sus enemigos profiriendo alaridos y exhibiendo un comportamiento demencial, mordiendo con voracidad sus escudos y entrando en un trance homicida tras ingerir un cóctel de sustancias sicotrópicas extraídas de diversas plantas y hongos, como el beleño y la amanita. Cuenta la leyenda que ni el hierro ni el fuego podían abatirlos y que llegaban a transformarse en animales. Nadie puede negar que se comportaran como tales. La lengua inglesa rinde tributo a estos guerreros vikingos con el adjetivo *berserk*, que se aplica a cualquier persona que se halle fuera de sí, a causa de la excitación o la ira.

Saberhagen tomó prestado el nombre para aplicarlo a una flota de naves espaciales asesinas, dotadas de conciencia y capaces de autorreplicarse. Estas naves, los Berserkers, fueron fabricadas al calor de una guerra a muerte entre dos razas alienígenas. Su rendimiento excedió cualquier expectativa: no solo supieron exterminar al enemigo, sino también a sus atónitos creadores. Finiquitado el trabajo, se mostraron reacios a irse al paro y extendieron su propósito exterminador a cualquier muestra de vida orgánica que se cruzara en su camino. Los Berserkers son naves en su mayoría, pero pueden adoptar formatos tanto más ambiciosos como más modestos, según lo requiera la ocasión, dentro de un amplio rango de posibilidades que van desde un robot humanoide a toda una estación espacial. De algún modo, Saberhagen anticipó el *fatum* de *Terminator*, de las máquinas asesinas implacables, indestructibles, obsesionadas con el exterminio de la raza humana. Tampoco se trataba de una idea del todo original dentro de la ciencia ficción, es cierto, siempre generosa a la hora de discurrir medios para aniquilar a nuestra especie, pero llama la atención el argumento de

Hermano asesino, una de las primeras novelas de la serie. Después de ser prácticamente derrotada por los habitantes del planeta Sirgol, una nave Berserker envía una partida de máquinas asesinas al pasado, con el cometido de aniquilar a ciertos individuos que interpretaron un papel clave en el progreso de la civilización humana, para evitar así que en el presente esta alcance el desarrollo tecnológico necesario para plantarles cara y vencerlos. Ninguno de sus objetivos responde al nombre de Sarah Connor, pero la premisa recuerda inevitablemente al argumento de *Terminator*.

Saberhagen manifestó una temprana predilección por los agujeros negros, que asoman en muchas de sus historias, como en sus novelas *La estrella Berserker* o *Los velos de Azlaroc*, esta última ambientada en un sistema doble compuesto por una estrella de neutrones y un agujero negro. También fue un pionero en la explotación de franquicias vampíricas, con una serie de novelas narradas por el conde Drácula, que comienza, muy apropiadamente, con *La voz de Drácula*. En ella, el noble transilvano ofrece su propia versión de los hechos que narra el libro de Bram Stoker. Francis Ford Coppola tomaría diversos elementos de esta renovada mirada a la historia clásica para su película de 1992. Saberhagen publicó el primer relato de la serie Berserker en enero de 1963 para *Worlds of If*. Frederik Pohl, a la sazón editor de la revista, vivía en una constante necesidad de historias, tanto para *Worlds of If* como para su hermana mayor, *Galaxy*. Cada vez que vislumbraba un filón capaz de suministrarle una provisión regular de cuentos y novelas cortas, utilizaba sus malas artes para tentar a los autores. Según Saberhagen, Pohl le aseguró «solemnemente que una colección de historias relacionadas entre sí constituía el camino más seguro hacia la fama». Como veremos, Pohl se convertiría inopinadamente en un verdadero apóstol de los agujeros negros en la ciencia ficción.

En «La máscara del desplazamiento al rojo», Saberhagen agita un cóctel capaz de alzar a los *berserkers* de entre los muertos y arrojarlos de nuevo al combate: física relativista, agujeros negros, guerras entre humanos y *terminators*, imperios a escala galáctica, gobernantes corruptos, insurrecciones, saltos al hiperespacio, batallas legendarias, complots, muertes simuladas, plagas devastadoras, abordajes a traición, fiestas y banquetes suntuosos, escenas de tortura, combates cuerpo a cuerpo… La historia sitúa al agujero negro en su foco durante las primeras páginas, para luego relegarlo a un segundo plano de manera calculada y sorprender al lector con su abrupto regreso al final. La descripción que hace Saberhagen de la hipermasa no da pie a equívocos acerca de con qué clase de criatura astrofísica estamos tratando:

> Alcanzó a distinguirlo por la aparente aglomeración de galaxias situadas detrás, y por las nubes y las corrientes de polvo que se precipitaban en ella. La estrella que se hallaba en el origen del fenómeno se mantenía fuera del alcance de la vista humana en virtud de su propia gravedad. Su masa, quizás mil millones de veces la del Sol, plegaba el espacio-tiempo a su alrededor de tal manera que ni un solo fotón de luz podía escapar con una longitud de onda visible.

> Los polvorientos detritos del espacio profundo se agitaban y giraban, cayendo en el poder de la hipermasa. Al caer, el polvo generaba cargas estáticas, hasta que un relámpago las transformaba en nubes de tormenta luminiscentes, y el destello del inmenso relámpago se desplazaba hacia el rojo antes de desvanecerse, cerca del fondo del pozo gravitatorio. Ni siquiera un neutrino podría escapar probablemente de este sol. Y ninguna nave se atrevería a acercarse mucho más allá de donde se encontraba ahora la Nirvana.

Aquí Saberhagen dibuja con trazos precisos los contornos de un agujero negro, capaz de aislar una región del espaciotiempo merced a la sola fuerza de su gravedad. También apunta algunos efectos ópticos que cabe atribuir a cómo tuerce precisamente la gravedad de la hipermasa los rayos de luz procedentes de las estrellas que se encuentran a su espalda. Además, muestra cómo lo que percibimos de un agujero negro no es el agujero en sí, sino los fenómenos que desata en la materia y la luz de su entorno. Todos ellos son atributos bastante sofisticados que prefiguran la visión moderna de un agujero negro. Menos acertada resulta la sugerencia de que, de algún modo, la estrella originaria retiene parte de su estructura material más allá del horizonte de sucesos. Incluso se contempla la posibilidad de que el agujero negro se descomponga y devuelva al universo todos los secretos que atesoraba:

Y, antes [de que pasaran mil años], la hipermasa se podría haber saturado de polvo hasta hacer que su núcleo implosionara, tras lo cual cabía la posibilidad de que la mayor parte de su materia reentrara en el universo en una forma mucho más espectacular, pero menos peligrosa.

En «La máscara del desplazamiento al rojo», las hipermasas se perciben como riesgos potenciales para los planetas habitados, con la consabida alusión al Maelstrom: «los soles ordinarios se perderían como astillas de madera en un remolino si se cruzaran en el camino de la hipermasa». Fuera del universo Berserker, sin embargo, se trata de un temor infundado, ya que para cruzar el horizonte de sucesos de un agujero negro realmente hace falta buscarle las cosquillas, ser maleducado y no respetar la distancia interpersonal. Más allá del radio de Schwarzschild, se comportan como una masa cualquiera. Además, la probabilidad de que el azar cruce uno en nuestro camino se antoja despreciable. Llama la atención que una de las naves del cuento, la lujosa Nirvana, busque un agujero negro en el confín exterior de la galaxia, ya que, si uno llega a una galaxia desconocida y tiene prisa por localizar un agujero negro de buen tamaño, la mejor estrategia consiste en buscarlo en su centro.

El relato avanza hasta coronar un clímax de difícil resolución. Uno de los humanos protagonistas, Karlsen, termina lanzándose de cabeza al interior del agujero negro —«dentro del maelstrom de la hipermasa»— como señuelo para arrastrar tras de sí a una nave Berserker. Las máquinas se muestran aquí demasiado humanas, porque el furor homicida nubla su raciocinio y pican el anzuelo: «Las dos motas teñidas de rojo, cada vez más rojas, corrían delante de una enorme nube de polvo que caía, como si volaran hacia el horizonte de una puesta de sol planetaria. Y entonces el desplazamiento al rojo de la hipermasa las volvió invisibles, y el universo dejó de verlas».

Los lectores que se sintieron ligeramente estafados con este desenlace, que se quedaron con la sospecha de que los habían dejado tirados en un *cliffhanger* y de que el relato no había terminado en realidad, no tenían de qué preocuparse. Pohl y Saberhagen ya habían puesto en marcha la cadena de producción Berserker y, meses después, en el número de septiembre de 1966 de *Worlds of If*, encontraron la esperada continuación: «El rostro de lo profundo». El nuevo relato transcurría por entero en la tierra de la que nadie regresa, el interior de un agujero negro. «El rostro de lo profundo» comienza justo donde lo dejara «La máscara del desplazamiento al rojo», con Karlsen cruzando el umbral de la hipermasa, seguido de cerca por la nave Berserker. La frenética persecución que se desata a continuación transcurre en un escenario al que John Wheeler, Martin Kruskal o David Finkelstein hubieran puesto toda clase de reparos. Cierto es que en 1966 los propios físicos tampoco tenían demasiado claro cómo debía ser el interior de un agujero negro. Solo habían transcurrido tres años desde que Roy Kerr publicara su solución a las ecuaciones de Einstein para un agujero en rotación. Saberhagen compone un imaginativo *collage* en el que combina recortes de una estrella oscura de Laplace con retazos de un agujero negro relativista.

Las primeras líneas del relato nos reencuentran con un Karlsen que cae en picado, «a medio camino del desnivel gravitatorio más empinado del universo conocido». ¿Qué contemplan sus ojos alucinados tras cruzar el horizonte de sucesos? ¿El ansiado y terrible espectáculo de la singularidad? Pues no. «En el fondo oculto del desnivel residía un sol tan masivo que ni siquiera un cuanto de luz podía escapar de él con una longitud de onda visible». La vertiginosa trayectoria de Karlsen no lo precipita por la vía más directa, sin paradas ni desvíos, a una singularidad. De hecho, la caída se interrumpe para instalarlo en una órbita estable en torno a un gigantesco cuerpo estelar, henchido con mil millones de masas solares. A su alrededor se han consolidado nubes de polvo interestelar cargado eléctricamente, que alimentan un espectáculo incesante de relámpagos azulados. La gravedad es tan intensa aquí que estira la longitud de onda de los rayos tiñéndolos de rojo. Karlsen más bien parece pilotar un avión monoplaza en la hora del crepúsculo, a través de un cielo cubierto de nubes de tormenta. El interior del agujero se asemeja por momentos al contenido de la bolsa de una aspiradora, aunque sea a escala planetaria. Toda la materia que ha cruzado el horizonte de sucesos se congrega allí, girando en una

232

demencial centrifugadora gravitatoria. Además del polvo, se distinguen rocas y asteroides de los más diversos tamaños, que arman cinturones que ciñen la descomunal estrella. Karlsen estima que lo separa del núcleo de la hipermasa la misma distancia que separa la Tierra del Sol. Aunque ninguna luz visible pueda escapar de la hipermasa, el espacio más próximo a su superficie parece agitado por una actividad magmática, violenta y eruptiva.

Durante toda la lectura de «El rostro de lo profundo» uno no deja de preguntarse: ¿cómo demonios sacará Saberhagen a su protagonista del interior de un agujero negro? Karlsen parece encerrado en la prisión definitiva. El lector no encuentra ninguna vía de escape. Karlsen parece igual de perdido. ¡Lo mejor es que Saberhagen tampoco conoce la salida! Ni falta que hace. El relato lo narra Karlsen en primera persona y llega un momento en el que cae en la cuenta de que debe de estar experimentando una distorsión temporal: «lo más probable era que en esta órbita estuviera envejeciendo a un ritmo bastante más lento que el resto de la especie humana». Lo que para él son meses supondrían décadas más allá del horizonte de sucesos. ¿Tiempo suficiente para que los seres humanos aprendan la física necesaria para rescatar a alguien de un agujero negro? Afirmativo. ¿No tanto tiempo como para que se olviden de su heroico sacrificio y lo dejen allí tirado? Afirmativo también. Antes de que Karlsen peine canas o de que el prodigioso sistema de reciclaje de residuos de su cápsula de salvamento se atasque y deje de proporcionarle alimento y agua, irrumpe en la hipermasa el séptimo de caballería. Saberhagen se apresura a poner punto final a su relato antes de que Karlsen tenga oportunidad de preguntar a sus rescatadores qué aspecto de la relatividad general han tenido que modificar para cruzar de vuelta el horizonte de sucesos. Karlsen se salva, aunque, a cambio, los agujeros negros pierdan su aura de misterio impenetrable.

La hipermasa de «La máscara del desplazamiento al rojo» y «El rostro de lo profundo» se comporta como un agujero negro bipolar. Según se mire, se muestra como un agujero negro relativista (desde fuera del horizonte de sucesos) o como un agujero negro newtoniano (desde el interior). Parece una estrella extravagante emboscada tras un horizonte de sucesos. En resumen, los dos relatos de Saberhagen

Portada de la revista *Worlds of If,* de noviembre de 1965.

conservan algunos elementos *pulp,* de las estrellas oscuras de John Campbell o Edward Elmer Smith, pero su hipermasa exhibe sobre todo rasgos relativistas. Se presenta encerrada detrás de una frontera de no retorno, que oculta a los ojos de los curiosos sus vergüenzas cósmicas. También genera fenómenos netamente einsteinianos, como el desplazamiento al rojo, la distorsión temporal o ese plegado del espaciotiempo que sustrae toda una región del resto del universo. Para rematar, Saberhagen tiene en cuenta el impacto del agujero negro en sus inmediaciones, en los efectos ópticos que alteran el fondo de estrellas o en la dinámica de la materia que se precipita en su interior. Para ser hijos —como las canciones de los Beatles o la contracultura— de la agitada década de 1960, los agujeros negros del universo Berserker rozan la excelencia.

El siguiente hito en el desembarco de agujeros negros genuinos en la ciencia ficción se debe a uno de sus autores más prolíficos, Poul

Anderson. Pocos escritores han integrado de manera más orgánica la ciencia y la ficción en su obra que Anderson, que pagó las matrículas de su carrera de física con el dinero que ganaba publicando relatos en la revista *Astounding*. Tan bien le fue con la escritura, que decidió convertir en profesión lo que hasta entonces había considerado como una mera beca universitaria. Además de la ciencia ficción, cultivó otros géneros, como la fantasía o el misterio, pero aun cuando poblaba sus mundos de brujas y dragones se detenía a calcular con precisión qué órbita seguía cada estrella y cada satélite. «Kyrie» es una historia de fe y de religión, y también una historia de amor entre dos telépatas: una humana y un alienígena compuesto de plasma. El planteamiento podría ser objeto de un chiste, pero en «Kyrie», Anderson no se concede ningún margen para las bromas.

El relato comienza y termina en Santa Marta de Betania, un convento situado en un escarpado pico de los Cárpatos. La cruz de piedra del convento no se alza contra los riscos de la segunda cordillera más larga de Europa, sino de los montes del mismo nombre ubicados en la Luna. Allí, las hermanas atienden «a los enfermos, a los necesitados, a los lisiados, a los locos, a todos aquellos a los que el espacio ha roto o rechazado». También se ofician allí misas de réquiem por los que han muerto fuera de la Tierra. Cada una de esas misas conmemora una historia aciaga. Con este arranque, intuimos que al final de «Kyrie» los protagonistas no serán felices ni comerán perdices. El título se refiere a la tradicional invocación de la liturgia cristiana: *Kyrie eleison, Christe eleison*. Es decir, «Señor, ten piedad; Cristo, ten piedad».

«Kyrie» narra la clase de viaje en el que hubieran deseado embarcarse casi todos los científicos que se han paseado por las páginas de los dos últimos capítulos, desde Eddington y Chandrasekhar hasta Oppenheimer o Wheeler: una expedición científica para contemplar en directo la muerte de una estrella, la supernova Sagittarii. El capitán Teodor Szili dirige su nave, el Cuervo, un poco a la manera de *Star Trek*, hacia un lugar donde nadie ha estado antes, pero carga con la responsabilidad de hacer historia con menos entusiasmo que el capitán Kirk.

En su tripulación destacan dos personajes peculiares y un tanto incómodos: Eloise Waggoner, una muchacha introvertida, y Lucifer, una llama, ambos conectados a través un vínculo telepático. La llama no es un mamífero camélido doméstico, endémico de los Andes, sino una criatura alienígena, una especie de vórtice de plasma con conciencia, que acompaña a la nave como un pequeño cometa flamígero. Lucifer pertenece a la especie de los aurigas, llamados así porque proceden de un sistema solar doble, en la constelación del Auriga, a unos tres mil años luz de la Tierra. No bebe cerveza ni come hamburguesas. Prefiere metabolizar directamente electrones y fotones. Puede conservar su estructura estable, pensar y reproducirse, quién sabe si disfrutando en el proceso. Sin boca, garganta ni cuerdas vocales, es una suerte que haya desarrollado poderes telepáticos, que han permitido a los humanos dotados de las mismas habilidades reparar en su existencia y comunicarse con él.

El Cuervo y Lucifer hacen una penúltima parada a quinientos millones de kilómetros de la supernova. Al contrario que los humanos, el auriga puede aproximarse más a la estrella agonizante sin que corra peligro su integridad física. Entre las emociones que es capaz de experimentar Lucifer figura la curiosidad, pero no el miedo. No pueden existir criaturas más diferentes que él y Eloise, pero el vínculo telepático abre sus mentes a la contemplación de sus respectivos universos perceptivos. No sería del todo inapropiado afirmar que esa intimidad compartida hace que se enamoren el uno del otro.

La comunicación entre Eloise y Lucifer es instantánea y de alcance infinito, así que sus románticos intercambios violan de manera flagrante los postulados relativistas. Anderson es perfectamente consciente de ello y prefiere ignorar los problemas causales que esto podría acarrear. Después de estallar, la supernova retiene más de tres masas solares y está condenada a colapsar dando lugar a un agujero negro. Su pulsión gravitatoria ya tensa el espaciotiempo, llevándolo al límite que desencadenará la formación del horizonte de sucesos. Aunque el remanente estelar todavía no se haya encerrado dentro del radio de Schwarzschild, la distorsión establece ya diferencias notables entre el ritmo al que transcurre el tiempo a millones de kilómetros de distancia, donde ha quedado estacionado el Cuervo, y en sus inmediaciones, en las que se adentrará Lucifer. Hay algo en lo que los responsables de la misión parecen no haber reparado: el auriga nunca logrará regresar a la nave después de presenciar el colapso, como le han prometido, a menos que el Cuervo le espere durante años en una órbita alrededor del agujero negro que está a punto de formarse. El tiempo transcurrirá más despacio para Lucifer que, además, deberá atravesar una región fuertemente distorsionada por la gravedad antes de reunirse con su amada Eloise. A lo largo del recorrido de vuelta, su sentido del tiempo se irá acelerando hasta igualarse al de los relojes del Cuervo, pero en el trayecto, la tripulación de la nave irá envejeciendo y, muy probablemente, todos habrán muerto para cuando el auriga los alcance.

En «Kyrie», los dados del destino deciden la tragedia por una vía más expeditiva. Una última maniobra de aproximación sumerge al Cuervo en el caótico entorno de la supernova. Una inesperada emisión de plasma amenaza con aniquilar la nave. Lucifer acude en su ayuda, pero durante la operación de salvamento pierde energía y queda atrapado en el pozo del agujero negro en formación y se precipita tras el horizonte de sucesos. Así, Lucifer, etimológicamente «dador de luz», se sacrifica por la tripulación.

Pocos lamentan su muerte tanto como Eloise que, de hecho, no puede recuperarse de la tragedia. Por efecto de la distorsión temporal, para ella Lucifer ha quedado atrapado, como un insecto en el ámbar, en el momento final de su agonía, que ella percibe sin descanso telepáticamente. Aquí Anderson incurre en una contradicción. La dilatación temporal es un efecto que obedece a la observación de un mismo fenómeno desde perspectivas diferentes. Desde el punto de vista de Lucifer, su caída dura un tiempo finito, no demasiado largo. Como su comunicación con Eloise resulta instantánea, su agonía debería terminar tan pronto para él como para ella. Para que se produzca el efecto que describe Anderson, la telepatía tendría que transmitirse como una perturbación ondulatoria, como la luz. Entonces, desde el punto de vista de Eloise, los últimos acontecimientos en la vida del auriga se ralentizarían. La información de lo que le está pasando le llegaría a lomos de ondas cada vez más largas, más débiles, que terminarían por languidecer hasta perder toda su energía. Si es que antes Eloise no decide alejarse del agujero negro a bordo del Cuervo. En ese caso, las ondas telepáticas dejarían de alcanzarla.

Pintura de Edmund Blair Leighton, *Abelardo y su alumna Eloísa*. Fuente: Wikimedia Commons.

En la lógica del cuento, la agonía de Lucifer reverbera para siempre en la cabeza de Eloise. Cada instante de su vida está sucediendo todavía. No es de extrañar que se acabe ordenando monja para honrar a los muertos en el convento lunar de Santa Marta de Betania. Anderson trufa «Kyrie» de alusiones religiosas y literarias. Lucifer es un ángel caído en el pozo gravitatorio de un agujero negro, al mismo tiempo que un dador de luz, que se sacrifica por una pequeña porción de la humanidad. Por efecto de la distorsión temporal, la herida de su sacrificio permanecerá siempre viva en la mente de una creyente, que ha visto cómo se abre en ella la percepción de otras realidades gracias a su conexión íntima, incomunicable, con un ser inmaterial. El nombre de Eloise seguramente hace referencia a una de las historias de amor más trágicas de la Edad Media, protagonizada por Abelardo y Eloísa (Eloísa ésta que también terminaría sus días de monja, recluida en un convento). No sin fundamento quiso titular Abelardo su autobiografía *Historia calamitatum*. La calamitosa relación sentimental entre los dos amantes inspiró un episodio de *Los Soprano*, una novela epistolar de Jean-Jacques Rousseau y una canción de Joaquín Sabina. ¿Por qué no revivir el drama en el espacio, justo en el instante en el que se forma un agujero negro?

A «Kyrie» le salió una hermana melliza, menos grave, más gamberra si se quiere, nada religiosa: «A la estrella oscura», de Robert

Silverberg. Se parecen tanto que cabría sospechar que Silverberg leyó el cuento de Anderson y decidió fusilarlo, pero ambas historias se publicaron al mismo tiempo, en 1968, en *Los confines más lejanos*, una antología de relatos originales, que tenían que plegarse a la premisa de su editor, Joseph Elder: desarrollarse «exclusivamente en los confines más lejanos del espacio, más allá del sistema solar». Silverberg se jactaba de que el cuento era una de las primeras exploraciones de la noción de agujero negro en la ficción. Lo mismo puede decirse de su hermana más trascendente «Kyrie».

Si «Kyrie» giraba en torno al amor, «A la estrella oscura» lo hace en torno al odio. La historia superpone hábilmente dos planos, el de una misión científica que trata de registrar en directo la transformación de los restos de una supernova en agujero negro y el de la complicada relación entre los integrantes del equipo de investigación, que podría resumirse en un «pocos y mal avenidos». Tres son los tripulantes atrapados en un triángulo de animadversión, rencor y desinterés. El primero, que narra la historia en primera persona, es un humano. La segunda es una humana modificada por cirujanos genéticos para adaptar su cuerpo a las condiciones de vida de un planeta con una gravedad que duplica la terrestre. El tercero es un microcéfalo, un alienígena. El hombre y la mujer se detestan cordialmente y el microcéfalo los saca de quicio con una diplomática indiferencia con la que intenta mediar para que no se maten antes de que concluya la misión. Silverberg relata la agonía de la estrella con razonable rigor, que adereza con oportunos toques de fantasía. Menciona el límite de Chandrasekhar, por ejemplo, y también describe el pulso desigual entre la gravedad de la estrella y su presión de radiación.

Los científicos van en pos de una reliquia estelar, los restos de una estrella gigante, que agotó su combustible nuclear y acaba de atravesar una fase de supernova. Ya solo quedan de ella cuatro masas solares, un núcleo que atraviesa una extraña fase de equilibrio mientras se enfría. Aquí, Silverberg pausa el proceso de implosión porque le conviene, con fines dramáticos. La expedición científica aparca su nave a una distancia prudencial de ocho días luz de los restos de la estrella y aguarda a que esta se rinda finalmente al imperio de la gravedad. El colapso se producirá, no se sabe muy bien por qué, según Silverberg, cuando el remanente estelar alcance una temperatura de cero grados.

Transcurren varios meses, en los que un soberano aburrimiento enrarece más todavía la convivencia dentro de la nave de exploración. La crisis está a punto de estallar cuando la estrella da señales de que, por fin, se dispone a exhalar su último suspiro. A diferencia de los relatos que vimos en el capítulo anterior, aquí la ciencia ficción se vuelve conscientemente relativista:

> Lo que le iba a suceder a nuestra estrella podría sonarle extraño a un profano, pero Einstein y Schwarzschild expusieron la teoría hace mil años y desde entonces se ha visto confirmada infinidad de veces, aunque nunca hasta nuestra expedición se había observado de cerca. Cuando la materia alcanza una densidad suficientemente elevada, puede forzar a la curvatura local del espacio a cerrarse sobre sí misma, formando un bolsillo que se aísla del resto del universo.

Es probable que Einstein y Schwarzschild hubieran rechinado los dientes al ver cómo los hacían responsables de una idea que les repugnaba. Quién sabe si hubieran seguido leyendo llevados por la curiosidad. El propósito de la misión es enviar una sonda hasta la superficie de la masa que está colapsando para registrar el preciso instante en el que se estrangula el tejido del espaciotiempo y genera en su seno una región aislada causalmente. La tarea entraña sus peligros, porque uno de los tres miembros de la expedición debe maniobrar la sonda a distancia y, para controlarla, debe conectar su sistema nervioso a los sensores de la máquina. Con ello corre el riesgo de confundir la información registrada por la sonda con sus propias sensaciones y se teme que el radical espectáculo de la creación de un horizonte de sucesos pueda llevar el cerebro al límite y dejarlo en un trance catatónico. Una perspectiva nada apetecible. No es de extrañar que ninguno de los tres investigadores se presente voluntario para operar la sonda. Quizá lo suyo hubiera sido echarlo a suertes o a la pajita más larga, pero los ánimos caldeados de la tripulación harán que recurran a medios más expeditivos.

De este modo, la peripecia científica y el conflicto entre los miembros de la expedición convergen con habilidad hacia un final tan pirotécnico como satisfactorio. El único precio que hay que pagar es arrojar por la borda toda verosimilitud científica, cosa que Silverberg hace con la misma alegría que sus agradecidos lectores. Para que la sonda pueda, en efecto, acercarse hasta la superficie estelar que se está venciendo al colapso gravitatorio y pueda entregar a la nave —situada a una distancia prudencial— los datos que vaya registrando, Silverberg debe ignorar por completo la propia geometría del espacio-tiempo en la que se vería inmerso el vehículo. El tejido espaciotemporal se deformaría rápidamente, atrapando entre sus pliegues cualquier información que emitiera la sonda. Información que estaría cifrada en ondas electromagnéticas, cuya longitud de onda se iría estirando hasta el límite en el que terminasen por perder toda su energía. La escena de cómo se fragua el horizonte de no retorno, como bien establecieron Oppenheimer y Snyder, nunca se transmitiría a un espectador remoto. Este solo observaría una progresiva ralentización en las maniobras de la sonda, a medida que su luz se fuera desplazando cada vez más al rojo, debilitándose progresivamente hasta desvanecerse. En otras palabras, el colapso que describe Silverberg tiene lugar en un universo newtoniano, en el que la información recorre el espacio libremente, sin verse entorpecida o lastrada en ningún momento por los accidentes de un espaciotiempo dinámico que la encapsula. Además, Silverberg sostiene que el operador de la sonda no solo asiste a la creación del horizonte de sucesos, también se permite el lujo de contemplar la singularidad. En realidad, esta solo podría verse desde el interior del agujero negro, donde toda la información emitida por la sonda seguiría una trayectoria curva que nunca alcanzaría el exterior y cuyo rumbo se iría desviando irremisiblemente hasta quedar apuntando al centro de la singularidad.

Los paralelismos entre «Kyrie» y «A la estrella oscura» parecen fruto de una apuesta entre Anderson y Silverberg por ver quién escribe un cuento mejor a partir de la misma premisa: un desventurado observador que se queda solo ante el peligro para retransmitir en directo el nacimiento de un agujero negro. El resultado ilustra cómo dos sensibilidades literarias disímiles pueden alumbrar dos obras completamente diferentes en cuanto a atmósfera, propósito y caracterización, basadas en el mismo argumento. «Kyrie» se nos muestra grave, mística, triste y romántica. «A la estrella oscura» es ligera, impía, divertida y perversa.

Ambas se adhieren a la novedad que había traído Saberhagen y presentan un poderoso conflicto dramático que no tendría sentido sin la presencia de un agujero negro relativista. Al mismo tiempo, su descripción traiciona aspectos esenciales del fenómeno. Como tantas veces en el género, la ficción gana a la ciencia sin perjuicio para los lectores. Con historias como «La máscara del desplazamiento al rojo», «El rostro de lo profundo», «Kyrie» o «A la estrella oscura», los agujeros negros relativistas se fueron afianzando como un motivo cada vez más común dentro de la ciencia ficción. Sus autores vacilaban con la nomenclatura —hipermasa, estrella oscura, núcleo de supernova—, pero el concepto adquiría cada vez más peso dentro del género.

Sin duda, los agujeros negros han alcanzado su máxima expresión en el ámbito de la cultura a través de la ciencia ficción, pero en las décadas de los sesenta y setenta del siglo pasado los aficionados no vivían ya marginados en un pequeño gueto de lectores de revistas especializadas. El cine y la televisión se habían sumado a la conquista del espacio seduciendo a audiencias mucho más amplias. Cada vez más autores de ciencia ficción redondeaban sus ingresos escribiendo para el cine o los comics, lo que favoreció una eficaz propagación de ideas. Entre la publicación de «El rostro de lo profundo» y «Kyrie», se emitió en televisión, en enero de 1967, uno de los mejores episodios de la primera temporada de la *Star Trek* original: «El mañana es ayer». Bajo este título evocador se presenta una historia de viajes en el tiempo, cuyo modelo se repetiría en la serie con cierta asiduidad, sobre todo cuando servía para enviar a la tripulación de la Enterprise a un escenario contemporáneo, con el consabido ahorro en vestuario y decorados.

La autora del guion, Dorothy Fontana, fue una de las artífices del éxito de la serie, ya fuera aportando ideas originales, desarrollando premisas de otros, escribiendo o reescribiendo numerosos episodios o trabajando como coordinadora de guiones. Fontana no había manifestado el más mínimo interés por la ciencia ficción antes de que

Star Trek se cruzara en su camino, pero era un auténtico todoterreno televisivo, que colaboró en series de todo pelaje y condición. Que lo mismo fuera capaz de escribir un episodio de *Kung Fu* que otro de *Dallas*, uno de *He-Man* que otro de *Bonanza*, nos da una idea de su versatilidad. Al contratar a Fontana, uno no estaba apostando por el rigor científico, sino por una historia entretenida, con ritmo, bien armada y mejor dialogada. Bajo estos parámetros, no se le puede pedir más a «El mañana es ayer». El agujero negro hace su aparición justo al principio del episodio para interpretar un mero papel instrumental de máquina del tiempo. ¿A qué coordenadas espaciotemporales dirige Fontana a Spock y al capitán Kirk? Muy oportunamente a la década de 1960, a la Tierra, a una base militar estadounidense. La irrupción de la Enterprise en la atmósfera sorprende a un atónito piloto de las fuerzas aéreas. A partir de aquí, «El mañana es ayer» combina con soltura algunos lugares comunes del género: el avistamiento de ovnis por parte de pilotos militares, los viajes en el tiempo, un agujero negro... Que en este caso tampoco recibe el nombre de agujero negro, claro está, ya que el término de Dicke todavía no se había incorporado al léxico de la ciencia ficción. El capitán Kirk opta por la vieja jerga *pulp* y habla en su lugar de una «estrella negra».

Como apuntamos al hablar de *La espada de Rhiannon*, a los agujeros negros se les suele asignar erróneamente la función de portales espaciotemporales, cuando el único destino al que te pueden conducir es a una singularidad. Cuando se cruza un horizonte de sucesos no se está abriendo la puerta a otra dimensión, sino la tapa de un ataúd. Si uno quiere que la distorsión del espaciotiempo te transporte a otro tiempo o lugar que no sea el más allá, hay que reemplazar la singularidad y hacer un empalme con otra sección de espaciotiempo, que puede pertenecer al mismo universo o a otro distinto. En la operación, el agujero negro se convierte en un agujero de gusano (ver, de nuevo, la figura 3).

En cualquier caso, Fontana no repite el truco del agujero negro y recurre a otra interpretación errónea de la relatividad para devolver a la tripulación de la Enterprise al siglo XXIII. ¿Cómo deshacer el camino andado hacia el pasado? Spock y Scotty, el ingeniero jefe de la nave, dan con una solución ciertamente arriesgada. Proponen que la Enterprise se lance de cabeza al Sol y luego retroceda a toda velocidad, aprovechando la distorsión que induce en el espaciotiempo la gravedad de nuestra estrella para catapultarse tres siglos hacia el futuro. Por desgracia, el Sol es incapaz de ofrecer semejantes prestaciones, como mucho podría modificar la velocidad de la nave o proporcionar una ralentización de milisegundos, pero estamos hablando de limitaciones que se circunscriben a nuestro cosmos. En el universo de *Star Trek*, la Enterprise se somete a los vaivenes temporales como una pelota en una mesa de pimpón y puede viajar al pasado, echando mano de un agujero negro, y hacia el futuro, recurriendo a la gravedad de la más humilde de las estrellas. La diversión está garantizada. La popularidad del episodio hizo que los guionistas de la serie tomaran nota y recurrieran infinidad de veces a la gravedad —agujero negro o no mediante— para viajar al pasado.

Llama la atención que la otra gran franquicia de la ciencia ficción pop, *Star Wars*, haya mostrado tan poco interés por los agujeros negros. Sus naves entran y salen sin descanso del hiperespacio. Emergen limpiamente frente a planetas, lunas o campos de asteroides o, si hay mala suerte, acorazados imperiales, pero nunca tropiezan con singularidades o regiones aisladas causalmente. Quizá se deba a que *Star Wars* juega, a su manera, más en el terreno social que en el de la especulación científica. Desarrolla sobre todo aventuras convencionales que se trasladan a un escenario espacial. Sus personajes recorren toda clase de mundos y asentamientos humanos o alienígenas, de arquitecturas fantásticas habitadas por un repertorio inagotable de criaturas. El diseño deslumbra en las máquinas, los vestidos, los edificios... A cambio, sus películas y series rara vez exhiben una genuina inquietud científica, exploratoria. Al comienzo de cada episodio de la serie original de *Star Trek*, el capitán Kirk declaraba su propósito de: «ir con audacia allí donde nadie haya viajado antes». Los personajes de *Star Wars* se dirigen, sin embargo, a lugares bien transitados, ya poblados, donde el drama surge de conflictos entre los intereses de toda clase de individuos y sociedades. Sus protagonistas son contrabandistas, rebeldes y princesas, o magos apenas encubiertos, pero rara vez físicos o matemáticos.

Entrados ya en la década de 1970, prosiguió el goteo de agujeros negros más o menos auténticos o desvirtuados, y también de agujeros de gusano de tapadillo, como el que protagoniza la claustrofóbica «La segunda clase de soledad», de George R. R. Martin. Esta historia, narrada por un personaje atrapado en el laberinto de una mente torturada, secretamente homicida, está escrita en una vena semejante a la de *El corazón delator* de Poe y gira en torno a su peculiar maelstrom. Es uno de los mejores relatos de Martin, escrito cuando daba sus primeros pasos como autor en las revistas de ciencia ficción. A mediados de los años ochenta, la televisión lo alejaría de la literatura y lo sumiría en un periodo de latencia larvaria, que abandonaría para regresar a las librerías probando fortuna en otro género, la fantasía heroica, con la monumental *Canción de hielo y fuego*. Para muchos lectores de ciencia ficción hay dos Martins. Uno es el proteico creador de *Juego de tronos*, enfrascado en la orfebrería de una obra quizá literalmente inacabable. Más que un individuo, se ha convertido en una marca literaria a la altura de J. R. R. Tolkien, Stephen King o J. K. Rowling. Otro Martin, al que echan de menos, es el autor de uno de los relatos más hermosos y desasosegantes de la ciencia ficción, la perturbadora *Una canción para Lya*. Y también de algunos de sus relatos más divertidos, como el conjunto de aventuras ecológicas que aparecen recogidas en *Los viajes de Tuf*. Este segundo Martin es un hijo pródigo al que el éxito nunca permitirá regresar a la ciencia ficción. Por suerte, antes de abandonar el género dejó una cosecha abundante de novelas y relatos. Toda la energía que más tarde invertiría en poblar hasta el último rincón de Poniente la destinó en su juventud a confeccionar su propio universo, rico en planetas, extrañas formas de vida y culturas insólitas, en realidad un campo de exploración alegórico para toda clase de conflictos desgarradores y emociones crudas, bajo el que yacía agazapado el viejo sentido de la maravilla.

«La segunda clase de soledad» es un ensayo clínico sobre la locura, que explora todos los matices de la soledad, como refugio ansiado y como maldición aniquiladora, dos caras de una misma moneda, que a menudo cuesta distinguir. Es un relato en primera persona que, a la manera de Henry James, va revelando poco a poco a los lectores que no se encuentran en manos de un narrador fiable. La verdadera historia no reside en lo que este nos cuenta, sino en lo que calla. La historia que cuenta es la de un hombre que guarda un faro y al que se ha encomendado la tarea de dirigir a los navegantes sanos y salvos hasta su destino. Aquí los navegantes viajan a bordo de naves espaciales y el faro es un portal, situado como quien dice en el extrarradio del sistema solar, un portal que conduce a un remoto planeta, Segunda Oportunidad, «el rico planeta verde de una estrella tan remota que los astrónomos todavía no están seguros de si forma parte de nuestra galaxia». En otras palabras, de nuevo, un agujero de gusano. Martin lo denomina simplemente «agujero», una incisión que rasga el tejido del espacio. Lo presenta como un fenómeno natural que los humanos descubrieron por casualidad más allá de Plutón. Después de comprender cuál era su naturaleza, dispusieron a su alrededor una batería de motores «de espacio nulo», que inyectan energía en el corazón del agujero, ensanchándolo y generando un vórtice que cada vez gira más deprisa, hasta abrir el portal: «un remolino en el espacio, un maelstrom de llamas y luz». El protagonista ha aceptado custodiar y operar el portal no como un trabajo para ganarse la vida sino como una vía de escape, porque quiere apartarse del mundanal ruido, porque no soporta la compañía humana y porque pretende huir de un daño que la soledad no sanará, sino que agravará hasta llevarlo a su paroxismo. Para Martin, «La segunda clase de soledad» supuso una apuesta arriesgada y visceral.

> La historia era una herida abierta, dolorosa de escribir, dolorosa de leer. Representó un verdadero avance en mi escritura. Las historias que había escrito hasta entonces salían por completo de mi cabeza, pero esta salió del corazón y también de las entrañas. Fue la primera historia que realmente me dejó con una sensación de vulnerabilidad, la primera historia que me hizo preguntarme: ¿De verdad quiero que alguien lea esto?

La siguiente pregunta que se formuló fue más bien si alguien querría leerla. Después de poner toda la carne en el asador, la historia sufrió una sucesión de rechazos que sumieron a Martin en un pozo de dudas acerca de su futuro. Por aquel entonces tenía veintitrés años y apenas llevaba dos años ganándose la vida como escritor. Al final,

«La segunda clase de soledad» encontró su espacio en el lugar más inesperado, en *Analog* —la antigua *Astounding Stories*—, «la revista que presumía de una mayor tirada y de pagar mejores tarifas que ninguna otra revista del género. John W. Campbell había muerto esa misma primavera y, después de un interregno de varios meses, Ben Bova ocupó su lugar como editor de la cabecera más respetada de la ciencia ficción». Este cambio de rumbo editorial resultaría providencial para la carrera de Martin, que ganaría su primer premio Hugo —el más popular del género, llamado así en honor de Hugo Gernsback— con otro relato publicado en la revista: «Una canción para Lya». «Estoy convencido de que Campbell nunca hubiera tocado ninguna de mis historias —pensaba Martin—, pero Bova tenía la intención de dirigir *Analog* hacia nuevas direcciones».

En la misma línea que Martin, otros autores incorporaron a sus historias la entonces exótica presencia de agujeros negros, no con la intención de enfrentar a sus protagonistas a nuevos e insólitos peligros del espacio exterior, como había hecho Saberhagen, sino más bien para explotar el fenómeno como una metáfora de los fantasmas de nuestro espacio interior, para hablar del miedo a la soledad, del sentimiento de culpa o de la enajenación.

«La segunda clase de soledad» acaparó la cubierta del último número de *Analog* de 1972. La ilustración fue obra de Frank Kelly Freas, responsable también de los dibujos de las páginas interiores, en blanco y negro. Freas representó el agujero, el vórtice de espacio nulo, como un remolino vaporoso, un banco de nieblas irisadas, centrifugadas por un huracán. Un maelstrom suspendido en el abismo del cosmos. La escritura y la caracterización psicológica de «La segunda clase de soledad» son tan modernas y sofisticadas como cabría exigir a cualquier relato escrito en 1972, pero su agujero en el espacio parece exhumado de las páginas de cualquier revista *pulp* publicada cuatro décadas atrás, de historias como «Por debajo de... ¡lo absoluto!», de Harry Walton, o «¡La nave estelar Invencible!», de Frank Kelly.

Como parte de su primera gira promocional dentro del género, los agujeros negros también hicieron una parada en otra de las grandes franquicias de la ciencia ficción televisiva, en este caso británica, la inagotable serie *Doctor Who*. El doctor Who, como James Bond, se

Portada de la revista *Analog*, publicada en diciembre de 1972.

ha reencarnado en una sucesión de actores, que se han ido pasando unos a otros el relevo del personaje a lo largo de las décadas con el fin de mantener vivo un filón ultraexplotado. El primer episodio de *Doctor Who* se emitió un día después del asesinato de Kennedy —por lo que obtuvo una audiencia mucho más baja de lo esperado, lo que motivó que volviera a emitirse a la semana siguiente— y, desde entonces, la BBC ha sometido la serie a toda clase de reinterpretaciones, retoques estéticos y *reboots* que la han mantenido en antena la friolera de cuarenta temporadas. No se puede decir que el doctor Who sea tan popular fuera del Reino Unido como Luke Skywalker, Grogu o Spock. Quizá sea una experiencia tan intrínsecamente británica como jugar al bridge o al polo, o celebrar la noche de Guy Fawkes.

En diciembre de 1972, se estrenó en plena Navidad la décima temporada, integrada por cinco historias. Cada una se desarrollaba a lo largo de varios episodios. La primera historia, dividida en cuatro partes, estuvo en un tris de titularse «El agujero negro», aunque acabó por llamarse «Los tres doctores». Para entonces, el buen doctor iba ya por su tercera encarnación y, con el fin de celebrar los diez años de la serie, Jon Pertwee, el actor que entonces interpretaba al personaje, se reunía en la pequeña pantalla con sus dos predecesores, Patrick Troughton y un William Hartnell ya muy enfermo, cuyas intervenciones tuvieron que reducirse al mínimo. Para los espectadores de la época era como ver juntos a Tobey Maguire, Andrew Garfield y Tom Holland en *Spider-Man: No Way Home*. Sin embargo, los guionistas no vistieron sus mejores galas para la celebración y no se rompieron precisamente la cabeza con el argumento: un villano enloquecido busca venganza y amenaza con destruir el universo. Lo único novedoso era el plan que concebía para conseguirlo. El villano respondía al ominoso nombre de Omega, un ingeniero solar de la misma especie alienígena que el doctor Who que, después de trastear con una supernova, acaba encerrado dentro de un agujero negro. Omega lleva una capa y oculta su rostro tras una monumental máscara de papel maché forrada con purpurina dorada. Como si esto no resultara suficientemente impresionante, el agujero negro está compuesto de antimateria, contiene un universo creado a partir de la sola voluntad de Omega y está drenando la energía de nuestro universo. Las cosas no pintan nada bien para la Tierra, pero al menos ahí está el doctor Who, multiplicado por tres, para tratar de desbaratar los malvados planes del ingeniero solar.

Cuesta encontrar alguna lógica a la combinación de agujeros negros y universos drenantes de antimateria que propone «Los tres doctores». También hay rayos de luz transportadores que viajan más deprisa que la propia luz y unos monstruos gelatinosos que parecen niños disfrazados que se acaban de escapar de una función navideña. El mismo doctor Who se muestra tan perplejo como el resto de personajes que merodean a su alrededor, mientras no cesan de preguntarle qué está pasando. La profusión de pajaritas y pelos cardados que se confunden con pelucas, un diseño de producción que abusa del cartón piedra y unos efectos especiales carpetovetónicos distraen la atención de una trama que no resulta fácil de seguir. Como premio a la paciencia, en «Los tres doctores» se nos enseña algo que, supuestamente, nadie podría ver y vivir luego para contarlo: la singularidad de un agujero negro. Al contemplarla, el espectador no cae en la locura ni se ve aniquilado. Después de todo, Einstein o Eddington no tenían tantas razones para aborrecerla. Al final, resulta que la singularidad no era más que una máquina de humo, como las que se utilizan en los platós de televisión para ambientar un número musical. Omega la custodia en una cámara especial de su mansión de antimateria, en el corazón del agujero negro.

El peinado rococó del doctor Who no se descompone en ningún momento, mientras sufre la persecución de los monstruos de gelatina y se enfrenta a Omega en un extraño y singular combate de volteretas. El destino del universo está en juego. El espíritu de Ed Wood sobrevuela la producción en todo momento. La antimateria y el agujero negro forman parte de una jerga pseudocientífica con la que Omega trata de dar algo de empaque a su manida amenaza de destruir el universo. Lo que viene siendo un Macguffin en toda regla, vamos. Su importancia radica, para nosotros, en mostrar cómo el vocabulario propio de los agujeros negros —desarrollado por Dicke, Wheeler o Rindler— ya había penetrado en la cultura popular. Los actores de «Los tres doctores» hablan del tejido del espaciotiempo, de singularidades, supernovas, horizontes de sucesos, aunque sea en frases a las que nadie —ni siquiera los intrépidos guionistas— encuentra el menor sentido.

¿EL MEJOR RELATO SOBRE AGUJEROS NEGROS?

> *Se dice que la realidad a veces supera*
> *a la ficción. No puede ser más cierto*
> *en el caso de los agujeros negros.*

Stephen Hawking en una conferencia Reith

En general, los agujeros negros se retrataron con más rigor en las obras estrictamente literarias que en las audiovisuales. Es el caso de «Cayó en un agujero oscuro», de Jerry Pournelle, que apareció en las páginas de *Analog* en marzo de 1973. Aquí encontramos un relato que gira con absoluta premeditación en torno a un agujero negro relativista al que, además, se llama por su nombre. Ya no estamos ante un vórtice de espacio nulo, o una hipermasa, o una estrella negra. Pournelle cultivó toda su vida un profundo interés por la astronomía y le venía siguiendo la pista a los agujeros negros desde mucho antes de que se hicieran populares. Sabía quiénes eran Oppenheimer o Schwarzschild y cuáles habían sido sus contribuciones al estudio de la relatividad general, así que se puede considerar como el primer escritor que logra encajar todas las piezas en su sitio con propiedad. Su amigo Larry Niven había escrito el primer relato de ciencia ficción protagonizado por una estrella de neutrones y Pournelle soñaba con hacer lo mismo con los agujeros negros:

> Había perdido la oportunidad de ser el primero en escribir sobre agujeros negros. Ya se habían publicado algunas historias que los mencionaban, aunque yo no las conocía (los escritores tienen muy poco tiempo para leer ficción). Aun así, lograría figurar entre los primeros y, con un poco de suerte, podría hacer con los agujeros negros lo que había hecho Larry Niven con las estrellas de neutrones.

Es decir, ya que había perdido la prioridad (frente a Fred Saberhagen, Poul Anderson o Robert Silverberg), intentó escribir el relato definitivo sobre agujeros negros antes de que su novedad se desgastara en exceso. «Cayó en un agujero oscuro» se encuadra en un vasto marco temporal, una historia del futuro concebida por Pournelle en colaboración con otros autores, que abarca desde los años setenta del siglo xx —la época en que comenzaron a escribirse los primeros relatos de la serie— hasta el año 3000. Tiempo más que suficiente para que la especie humana invente un motor interestelar, funde colonias en exoplanetas, contemple el auge y caída de un imperio galáctico, con sus diversas dinastías y su Edad Media, asista al ascenso de un segundo imperio y sobrevenga el primer contacto con alienígenas. Con el paso de los siglos, todo avanza menos el arte de la diplomacia, y los conflictos políticos se siguen resolviendo al estilo tradicional, recurriendo a las armas, cada vez más sofisticadas, eso sí. En esta historia futura los militares parecen ostentar el monopolio del sentido común. Pournelle, veterano de la guerra de Corea, reparte las cartas entre sus personajes de manera que los civiles hagan el ridículo cada vez que discuten con cualquier miembro del ejército, ya sea un alférez o un capitán general.

«Cayó en un agujero oscuro» se sitúa en los primeros compases de esta ambiciosa cronología, antes de la creación del primer imperio, cuando el poder lo administra el CoDominio, una alianza supranacional forjada entre Estados Unidos y la Unión Soviética en un esfuerzo por superar la Guerra Fría. El protagonista es Bartholomew Ramsey, un capitán de la armada espacial del CoDominio. Cinco años antes de que tengan lugar los hechos que se relatan en el cuento, Ramsey perdió a su mujer y a su hijo en un acto de desaparición digno de un prestidigitador cósmico. No se desvanecieron en el escenario de ningún teatro, ante una multitud de espectadores, sino en mitad del espacio, sin testigos. En el viaje de regreso de una estrella lejana, Eridani 8, su nave entró en el hiperespacio y nunca más se volvió a saber de ella. Todas las partidas de rescate sufrieron el mismo destino, desanimando búsquedas ulteriores. Al comienzo de «Cayó en un agujero oscuro», un asesor del servicio de inteligencia del CoDominio esboza una teoría que trata de explicar qué ha pasado en esa especie de triángulo de las Bermudas sideral. La gravedad de las estrellas es capaz de interferir y frustrar el salto al hiperespacio. Una estrella, que hasta ese momento nadie ha detectado, debe de haberse cruzado en la nueva ruta que ensayaba la nave en la que viajaba la familia de Ramsey, dejándola varada en su proximidad. ¿Cómo es posible que ningún telescopio la haya avistado hasta entonces? La respuesta es que no se trata de una estrella, por supuesto, sino de un agujero negro.

Pournelle sitúa su historia en un futuro en el que, con el fin de asegurar la paz, el CoDominio ha puesto todas las trabas posibles a la investigación científica, para evitar que esta se traduzca en aplicaciones militares. La censura y la falta de incentivos han hecho que la noción de agujero negro caiga en el olvido. No contento con jugar con un concepto astrofísico innovador, Pournelle lo combina con otro casi más especulativo en aquel entonces: la existencia de ondas gravitatorias. Las naves que captura su agujero negro se ven severamente dañadas por las ondas que este emite cada vez que una masa cae en

Retrato de Jerry Pournelle. Fuente: George Brich.

sus fauces. Esa misma radiación gravitatoria abrirá una inesperada vía de escape para acceder de nuevo al hiperespacio.

Justo en la década de 1960, en la que los agujeros negros iban ganando adeptos dentro de la ciencia ficción, comenzó a publicar sus primeros relatos un amigo y colaborador habitual de Pournelle, que vendría a revitalizar la vertiente más dura y científica del género. Muchos saludaron a Larry Niven como a un heredero natural del primer Heinlein o del primer Asimov, o una reencarnación del mismísimo John Campbell (que seguía vivo), inmune a la Nueva Ola que en ese momento estaba transformando la ciencia ficción en un campo de experimentación literaria. Aunque, si uno se fijaba con más detenimiento, percibía que Niven tampoco se mantenía del todo al margen de la corriente general de renovación estilística. El tiempo había transcurrido inevitablemente y su escritura era más sofisticada. También más desenfadada y alegre. Niven sonaba clásico y moderno a la vez. Venía a honrar el pasado y, al mismo tiempo, su inventiva inagotable parecía capaz de renovar el viejo sentido de la maravilla valiéndose de nuevas ideas extraídas directamente de la ciencia contemporánea. Cierto es que algunos dejes racistas y su tratamiento de los personajes femeninos rendían también un tributo menos luminoso a los autores de *Amazing* o *Wonder Stories*.

Larry Niven tuvo una formación científica que la propia ciencia ficción estuvo a punto de arruinar. Se matriculó en el Instituto Tecnológico de California con el noble propósito de estudiar matemáticas, pero un día aciago sus pasos le condujeron hasta una librería de segunda mano abarrotada de antiguas revistas *pulp*. A partir de ese momento, consagró a su lectura todas las horas que debía dedicar al estudio. Al final consiguió graduarse, pero el daño estaba hecho: «Comencé a escribir [ciencia ficción] porque las historias que soñaba despierto (cosa que venía haciendo desde niño) surgían en mi mente como historias ya acabadas. Y porque me había dado cuenta de que nunca sería un gran matemático». Si la ficción desbarató su carrera como investigador, su paso por la universidad fundamentó una endiablada habilidad para desarrollar historias originales a partir de problemas científicos. David Brin —otro gran escritor del género que estudió en el Instituto Tecnológico de California— le acusó en broma de haber esquilmado todos los campos de la ciencia, dejando al resto sin ideas que explotar. Entre los cientos de conceptos que exploró Niven no podían faltar, por descontado, los agujeros negros. Con el permiso de Leigh Brackett, fue él quien escribió la primera historia sobre un agujero negro de origen no estelar. En cualquier caso, sobre un agujero negro cuántico.

Sabemos ya que los agujeros negros corresponden a plegados muy particulares del espaciotiempo. La primera forma que concibieron los físicos para generarlos fue a través de una implosión estelar, pero las ecuaciones de Einstein no excluían otros procedimientos. En realidad, lo único que demandaban era que se acumulara suficiente materia o energía en una determinada región del universo para someter el tejido espaciotemporal a las tensiones extremas que desencadenan la creación de una singularidad y un horizonte de sucesos. En resumidas cuentas, no hacía falta recurrir a una estrella y, por esa razón, en teoría, puede haber agujeros negros de cualquier tamaño. En particular, puede haber agujeros negros de bolsillo. O incluso microscópicos. Fueron los esfuerzos por poner al día la relatividad general y convertirla en una teoría cuántica los que dieron pie a estas especulaciones. La noción de agujeros negros más pequeños que los producidos tras la muerte de una estrella fue introducida por Stephen Hawking en 1971, en su artículo «Objetos de masa muy baja colapsados gravitacionalmente».

¿Cuál era la receta que proponía Hawking para cocinar agujeros negros eliminando las estrellas de la lista de ingredientes? Poco después del Big Bang, el universo presentaba una altísima densidad y exhibía una uniformidad casi perfecta. La concurrencia de ambas circunstancias pudo favorecer la aparición de aglomeraciones espontáneas de materia. Cualquier pequeña fluctuación en la densidad que motivase una mayor concentración de masa en una determinada región la convertiría en un foco de atracción gravitatoria, que atraería más materia que el entorno. La afluencia de masa incrementaría la densidad, acentuando la intensidad de la atracción, lo que captaría a su vez más masa. Así se retroalimentaría un bucle de acumulación de materia y gravedad creciente que podría terminar provocando el colapso de regiones de extensiones muy diversas, dando lugar a agujeros negros dentro de un rango de tamaños mucho más amplio que el que propicia la muerte de una estrella. Incluso podrían brotar ejemplares microscópicos. Estos hipotéticos agujeros negros, nacidos en los albores del universo, se conocen con el nombre de «primordiales». La física detrás de este mecanismo alternativo para forjar agujeros negros recurre no solo a la relatividad general, sino también a la mecánica cuántica, un espinoso maridaje en el que Hawking fue tanto un virtuoso como un pionero. Muchos consideran que la construcción de una teoría cuántica de la gravedad sigue siendo el santo grial de la física moderna. Legiones de investigadores se han afanado en su búsqueda sin que, de momento, ninguno haya dado con él.

Robert Lull Forward fue un físico estadounidense experto en relatividad y también uno de los fundadores de una nueva rama experimental: la detección de ondas gravitatorias. Estas ondas, que se desplazan a la velocidad de la luz, se pueden considerar como vibraciones del espaciotiempo, causadas por la actividad de las masas que lo habitan. Las ondas se comportan como actualizaciones o mensajeros que recorren el universo en todas las direcciones para informar de cualquier cambio que se haya producido en la distribución de la materia y, por tanto, en la geometría que adopta en cada punto el tejido espaciotemporal. En 1973, mientras Forward se encontraba dando los últimos retoques a un artículo que trataba sobre las ondas gravitatorias generadas por un cuerpo que se precipita en un agujero negro, se cruzó en su camino el número de marzo de *Analog*, que contenía «Cayó en un agujero oscuro», de Pournelle. En el cuento se describen, como vimos, los daños que sufren varias naves espaciales a causa de las ondas gravitatorias que origina la caída de materia en un agujero negro. Forward quedó estupefacto. Esa era su idea, pero presentada a través de una ficción, en lugar de un artículo científico. Forward consiguió el contacto de Pournelle y le informó amistosamente de que, con su relato, le había pisado el tema de su investigación. Pournelle quedó encantado («No es frecuente que los escritores de ciencia ficción logren una hazaña semejante») y fue a visitarlo a su laboratorio en compañía de Larry Niven. Allí Forward los encandiló, mostrándoles el prototipo de un detector de masas en el que estaba trabajando y, acto seguido, los aturdió con un torrente de ideas científicas que podrían servirles de inspiración para nuevos relatos. Según Niven:

> Nos enseñó su detector de masas [...]. Esbozó un sistema newtoniano de antigravedad. Describió los «agujeros negros cuánticos» de Stephen Hawking. De camino a casa, le dije a Jerry que publicaría algo sobre ellos antes que él.

Dicho y hecho. En el número de enero de 1974 de *Analog*, apareció «El hombre agujero», de Larry Niven, un relato de misterio que gira en torno a un crimen cometido en una base alienígena abandonada, descubierta en Marte. ¿El arma homicida? Un microagujero negro. ¿Cómo lo localizan sus protagonistas? Con el detector de masas Forward, faltaría más. En una nueva muestra de interacción entre ciencia y literatura, la cuestión de si un microagujero negro podría, en efecto, matar a una persona, ha sido tratada en artículos de investigación que citan el cuento de Niven. Por ejemplo, en el reciente «Efectos gravitacionales de un pequeño agujero negro primordial al atravesar el cuerpo humano», del cosmólogo Robert J. Scherrer.

A partir de 1974, Stephen Hawking aceptó un puesto de profesor visitante del Instituto Tecnológico de California y Robert Forward ejerció de celestina científica, ofreciendo a Pournelle y a Niven la oportunidad de hablar con él y de conocer de primera mano su

Retrato de Stephen Hawking. Fuente: Darlow Smithson Productions.

interpretación cuántica de los agujeros negros. Claramente los encuentros con Forward y Hawking —y la obsesión de su amigo Pournelle por el tema— mantuvieron la imaginación de Niven bajo el hechizo de las singularidades. Cuando Dorothy Fontana se puso en contacto con él para pedirle argumentos para la serie de animación de *Star Trek* en la que estaba trabajando, Niven le propuso un nuevo misterio con microagujero negro incluido. Fontana rechazó la premisa, al considerarla un tanto complicada para el público que se sentaba frente al televisor los sábados por la mañana para disfrutar de una serie de dibujos animados. Niven aprovechó entonces la idea para otro relato, que también publicó en *Analog*: «La frontera del Sol».

Tanto «La frontera del Sol» como «El hombre agujero» dieron nuevos bríos a la carrera en alza de Niven, ya que con ellos ganó el premio Hugo en dos años consecutivos. Niven reconoció la contribución de Forward poniendo su nombre al detector de masas de «El hombre agujero» y dando su apellido al villano de «La frontera del Sol». Con el paso del tiempo, Forward llegó a la conclusión de que, además de regalar ideas a granel a los autores de ciencia ficción, bien podía reservarse alguna que otra para crear sus propias historias. La primera surgió como una colaboración frustrada con Niven, que al final no pudo participar en el proyecto porque, a su vez, andaba enfrascado en la escritura de una novela con Pournelle. Así, Forward se vio en la tesitura de acometer la tarea en solitario y, en 1980, vio la luz *Huevo del dragón*. Forward caracterizó su ópera prima como: «un libro de texto sobre la física de las estrellas de neutrones disfrazado de novela». Uno de sus personajes respondía al nombre de Pierre Carnot Niven.

Los microagujeros negros fueron bien recibidos por los aficionados y por un puñado de escritores que poseían más conocimientos científicos que los autores que habían alimentado con sus rudimentarias aventuras las primeras revistas del género. Solo un año después de que apareciera «El hombre agujero», Arthur C. Clarke publicó *Regreso a Titán*, una novela ambientada en el siglo xxiii. En ella se nos narra el viaje de la S. S. Sirius, una nave espacial capaz de salvar la distancia entre la Tierra y Titán, una de las lunas de Saturno, en apenas veinte días. La sonda espacial Cassini de la NASA invirtió siete años en completar el mismo recorrido. Claro de que la S. S. Sirius dispone de una tecnología que ya quisieran para sí los ingenieros del siglo xx: un motor que extrae toda su energía mecánica de un pequeño agujero negro. En los agradecimientos de la novela, Clarke menciona a un viejo conocido: «Estoy en deuda con el doctor Robert Forward, del Hughes Research Laboratory de Malibú, por descubrirme el fascinante concepto de los miniagujeros negros y por sus comentarios sobre el sistema de propulsión, un tanto extravagante, de la S. S. Sirius. Fueron tan alentadores que me sentí tentado de patentarlo». Como en la ficción no hay patentes que valgan, un año después llegaba a las librerías *Y mañana serán clones*, de John Varley, una novela rica en invasiones alienígenas, ingeniería genética y... cazadores de microagujeros negros, que se terminan aprovechando como impulsores interestelares.

Se podría hablar de una cofradía de autores consagrados en estos años al culto de las singularidades. Entre ellos se pueden establecer numerosas conexiones, a menudo curiosas, la mayoría quizá intrascendentes. Larry Niven fue amigo y colaborador de Jerry Pournelle, y cada uno leyó y comentó los relatos que el otro había escrito sobre agujeros negros antes de enviarlos a las revistas. Robert Forward estimuló la sinergia de la pareja, a partir de un primer cuento de Pournelle y precipitando la escritura de los relatos de Niven. Este último participó además con Poul Anderson, Fred Saberhagen y Connie Willis en la composición de una novela colectiva sobre el universo Berserker. Todos eran amigos. Y al fondo, en esta foto de grupo, sobresale la figura de Frederik Pohl como editor. Fue Pohl quien convenció a Saberhagen de que produjera más relatos sobre los Berserkers, el primer universo de ciencia ficción provisto de agujeros negros razonablemente relativistas. También fue Pohl quien compró los primeros relatos de Niven. No solo le abrió las puertas del mundo editorial, sino que contribuyó a definir su personalidad como autor durante sus primeros años. «Al principio, me sugirió que escribiera historias inspiradas en contextos astrofísicos singulares», recordaba Niven, «estrellas muy calientes y frías, hipermasas, el tipo de cosas que hacía Hal Clement; se le ocurrió que podríamos combinarlas con ilustraciones y artículos de divulgación que trataran sobre los mismos temas... La idea no prosperó, pero despertó en mí el deseo de indagar en los rincones más insólitos del universo».

Si Pohl no publicó «A la estrella oscura», de Robert Silverberg, fue de puro milagro. Muy probablemente, el relato nunca hubiera visto la luz sin su intervención, ya que en la década de 1960 Silverberg había tomado la decisión de abandonar la ciencia ficción y fue Pohl quien lo disuadió, ofreciéndose a comprar cualquier relato que le enviara. Para cerrar el círculo, Pohl encargó el primer ensayo de divulgación científica de Robert L. Forward para las páginas de una revista de ciencia ficción. Fue en 1962 y el físico no se atrevió a firmarlo con su nombre, temeroso de que algunos de sus colegas, que tachaban sus ideas científicas de poco ortodoxas, encima lo asociaran con invasiones extraterrestres, viajes en el tiempo o portales a otros universos.

Inmerso en esta red de autores dedicados a la exploración de las posibilidades narrativas de los agujeros negros, no es de extrañar que Frederik Pohl acabara sucumbiendo a la tentación de probar él mismo fortuna. Aunque se apuntó un poco tarde al juego, lo llevaría a su perfección con *Pórtico*, su novela más ambiciosa y personal, que apareció por entregas en la revista *Galaxy* a partir de noviembre de 1976. Al hojear las tres revistas en las que se publicó, uno se encuentra la novela bien arropada por otros relatos o artículos de divulgación escritos por una tríada familiar: Jerry Pournelle, Larry Niven y Robert L. Forward. Ignoramos casi todos los detalles sobre la génesis de *Pórtico* porque el propio Pohl prefirió ocultar sus motivos bajo un tupido manto de misterio:

> [El libro] está lleno de sentimientos y actitudes muy personales. Que me pertenecen. Que han salido de mis entrañas; si los cortaran, yo sangraría. No creo que nadie más pudiera haber escrito ese libro. Todo resultó difícil, muy difícil. Lo escribí siguiendo un procedimiento muy poco habitual [...]. No me gusta hablar sobre sus implicaciones, o sobre su significado, o sobre ese tipo de cosas. Si no es capaz de hablar por sí mismo, entonces no merece la pena que yo hable por él.

Para sumergirnos en el mundo de *Pórtico*, Pohl salpica la narración con textos de anuncios, fragmentos de código, letras de canciones, cartas escritas por los personajes, informes de misiones espaciales, las sesiones de psicoterapia del protagonista... Robinette Broadhead es un antihéroe, un arma cargada con la munición pesada de la frustración y un origen miserable, con todas las papeletas para caer mal al lector, aunque siempre deja una puerta abierta a la empatía gracias a su humor, sus sangrantes autocríticas y su dolor visceral. Pocas obras de ciencia ficción han sabido combinar con tal maestría el sentido de la maravilla *pulp* con la madurez literaria que trajo la Nueva Ola de los sesenta y un montón de ideas científicas modernas. Sus personajes, de carne y hueso, se recortan con luces y sombras contra un vasto escenario cósmico, generoso en portentos y horrores. Es una de las pocas novelas que ha ganado la triple corona de los principales premios del género: el Hugo, el Nébula y el Locus.

Pórtico es una estación espacial, situada a medio camino entre Mercurio y Venus, excavada en el interior de un asteroide de unos diez kilómetros de longitud por una especie alienígena, los Heechees, que en algún momento de un remoto pasado hicieron una parada en el sistema solar. Los seres humanos encuentran la estación abandonada. Esta extraña y fascinante obra de ingeniería les ofrece un tesoro de información científica y tecnológica, pero ese conocimiento está encriptado. Nadie sabe cómo pensaban los Heechees. Nadie sabe qué aspecto tenían. Nadie parece capaz de descifrar su lenguaje. La estación alberga casi un millar de naves programadas para viajes de ida y vuelta a destinos desconocidos. Nadie sabe interpretar sus coordenadas ni modificar su rumbo. Solo cabe armarse de valor para entrar en ellas, atiborrarlas de provisiones, ponerlas en marcha y cruzar los dedos.

Los prospectores de Pórtico son pioneros y jugadores de azar que apuestan su vida en una lotería alienígena cuyas reglas no comprenden. Se embarcan en las naves Heechees para explorar las maravillas del universo o morir. Las naves pueden llevarlos hasta un exoplaneta colonizable, rico en recursos naturales, y hacerles ganar una fortuna como recompensa. También pueden dirigirlos al corazón de una supernova, porque las coordenadas se fijaron hace cientos de miles de años y los objetivos de los Heechees se han desplazado con el tiempo. El viaje puede durar tres horas y traer de regreso a los prospectores con las manos vacías. O puede durar años y devolver sus cadáveres. En resumidas cuentas, las naves de Pórtico son una ruleta rusa, que puede conducirte a la riqueza, a la intrascendencia o a la muerte. Robinette Broadhead se someterá a esa lotería con la convicción íntima de que solo puede ganar. Si se hace rico, porque ambiciona una vida mejor; si muere en el intento, porque piensa que no merece esa vida mejor.

Este planteamiento resulta difícil de superar. El único modo de elevar la apuesta consiste en colocar un agujero negro como dios manda al final. En el cierre, Pohl se inspira en «Kyrie» y situará a dos personajes que se quieren con locura en la frontera de un horizonte de sucesos. Uno de ellos caerá rumbo a la singularidad, mientras que el otro regresará a Pórtico para convertirse en la persona más rica de la Tierra. Una circunstancia acentúa la tragedia de este desigual desenlace. El que se condena piensa que cae al agujero negro víctima de la traición del otro. La dilatación temporal hará que quien se salva viva el resto de su vida instalado en el momento en el que su gran amor cree haber descubierto la traición. Cada instante que respire, mientras

Cubierta del libro *Eater* de Gregory Benford.

disfruta de todos los placeres y caprichos que dispensa la riqueza, es el mismo instante en el que está conduciendo a su amante a la muerte. Es el mismo instante en el que está siendo maldecido por la persona que más quiere en el mundo. Como comentamos en «Kyrie», la física desmiente la fuerza dramática de este desenlace. La relatividad es un juego de puntos de vista. Un astronauta puede ver detenida la caída de un compañero en las fauces de un agujero negro, pero en el universo, en realidad, nadie ha pulsado el botón de pausa. La ralentización obedece a una mera cuestión de perspectiva. Aunque la información de lo ocurrido vaya llegando con cuentagotas, cada vez más espaciada, débil y desplazada hacia el rojo, la propia desgracia ya se consumó. Pero, puestos a admitir juegos de puntos de vista, como lectores preferimos en este caso no prestar demasiada atención a la física y atenernos en su lugar a la verdad del libro.

En 1977, la ciencia ficción había normalizado hasta tal punto la existencia de agujeros negros que su propia extrañeza ya no bastaba para sorprender a los lectores. Había que añadir al guiso algo más de picante. En «Xanthia y el agujero negro», John Varley ensaya el triple salto mortal de introducir un microagujero negro consciente, capaz de comunicarse con el clon de una mujer, creado por esta para entretener la soledad de sus largos viajes espaciales. ¿O simplemente está dialogando con un espejismo de su imaginación? Gregory Benford dedicó toda una novela, *Eater*, al encuentro de la humanidad con una inteligencia alienígena. ¿Esa inteligencia la albergaba un cerebro monumental, encerrado en un cabezón verde de orejas puntiagudas y ojos saltones? Nada más lejos de la realidad, era un agujero negro de dimensiones modestas. Una entidad errante, casi tan antigua como las deidades cósmicas de Lovecraft y casi igual de aterradora, con la que los humanos tendrán que aprender a negociar si no quieren acabar siendo devorados.

Cerraremos esta primera etapa de singularidades relativistas en la ficción con la publicación en julio de 1978 de la voluminosa antología *Agujeros negros y otras maravillas*, editada por Jerry Pournelle. El hecho de que se pudiera componer un volumen de más de trescientas páginas a base de reunir cuentos, ensayos e incluso poemas, aparecidos a lo largo de la década anterior en las principales revistas del género, como *Galaxy* o *Analog*, obra de algunos de los autores más populares del momento, como Poul Anderson, Greg Bear o Larry Niven, prueba más allá de toda duda razonable que el concepto se había asimilado. Dando muestra de su interés por la estrategia, sobre todo política y militar, Pournelle ubicó su relato «Cayó en un agujero oscuro» justo en la entrada de la antología, para promocionar su candidatura a relato definitivo sobre agujeros negros.

Para rematar el hito que marca la antología de Pournelle, *Agujeros negros y otras maravillas* estaba dedicado a Stephen Hawking, «que trae asombro y maravilla al universo». Un reconocimiento apropiado y justo, ya que buena parte de los cuentos y artículos del libro habían encontrado su inspiración en las ideas del físico británico. Faltaba apenas una década para que el propio Hawking sacara los agujeros negros del nicho de la ciencia ficción y los catapultara, con un tratamiento conceptual riguroso, al olimpo de la cultura popular con su *Breve historia del tiempo*. Habría que esperar otro cuarto de siglo para que *Interstellar* hiciera lo propio con su tratamiento visual, acuñando la imagen icónica de los agujeros negros.

5

EL ARTE DE VOLVER VISIBLE LO INVISIBLE

> *Agujero negro supermasivo,*
> *agujero negro supermasivo,*
> *agujero negro supermasivo,*
> *agujero negro supermasivo.*
>
> Muse, *Supermassive Black Hole*

Los primeros escritores que se lanzaron a explorar el atractivo de los agujeros negros relativistas a través de la ficción tuvieron que resolver un problema ciertamente inusual: ¿cómo iban a describirlos? Se enfrentaban a la singular tarea de visualizar un fenómeno que ningún ser humano había tenido ocasión de contemplar. En el mejor de los casos, los astrónomos habían registrado señales procedentes del entorno de un agujero negro. Señales que llegaban desde distancias inconmensurables, sin aportar información alguna sobre el aspecto de la fuente. Tampoco facilitaba la tarea que, en principio, los agujeros negros, por su propia naturaleza, fueran invisibles. De acuerdo con la relatividad general, ninguna luz escaparía de ellos. Sin embargo, su poderosa presencia gravitatoria sí podía (y debía) afectar a la materia y la luz que se internara en sus inmediaciones, provocando efectos visibles. Una vez más, las

ecuaciones de Einstein almacenaban las respuestas a todas las preguntas y, una vez más, no resultaba nada fácil extraer dichas respuestas.
Hasta finales de la década de 1970, los escritores, dibujantes y directores de cine no tuvieron a su disposición ninguna referencia visual
autorizada. Por mucho que rebuscaran en las páginas de las revistas
de astrofísica o de los libros de relatividad general, no iban a encontrar
ninguna ilustración de un agujero negro.

¿Cómo resolvieron entonces la papeleta? De algún modo, debían
evocar una imagen en la mente de los lectores. Una imagen de la
que ellos mismos nada sabían y que, aun así, debía transmitir toda
la fuerza y el misterio de los agujeros negros. Los autores de ciencia
ficción tienen particularmente desarrollado el músculo de la imaginación y poseen una proverbial habilidad para hacer pasar por nuevo lo
que en realidad no es más que una insólita combinación de elementos
familiares. La amplia galería de alienígenas que han recorrido las historias del género —desde los correosos pseudopulpos de *La guerra de
los mundos* hasta los xenomorfos de *Alien*— ofrece muestras más que
convincentes de esta destreza. En el caso de los agujeros negros, los
escritores debían acometer un nuevo ejercicio de originalidad impos-
tada ajustándose a una breve lista de requerimientos:

- Debían concebir alguna suerte de entidad astronómica.

- Tenían que dotarla de un poderoso influjo gravitatorio que, llevado al extremo, provocara efectos devastadores.

- Debía encarnar además la más absoluta oscuridad.

- Debía disponer de unos dominios y de una frontera que deli-
  mitara una región secreta, de la que nada pudiera escapar.

Casi todos estos atributos hacen gala de una molesta abstracción, así
que había que forjar una imagen capaz de sugerirlos o representar-
los, que fuera atractiva, aunque no albergara la menor pretensión de
realismo. Sobre todo, porque nadie sabía en qué demonios consistía
ese realismo. Había que construir un artificio que encajara bien en

un escenario espacial y que al mismo tiempo resultara amenazador. Como en el caso de las profecías, cuanto más vagas fueran las descripciones, más oportunidades había de acertar; cuanto más concretas, más posibilidades de errar el tiro. En *Pórtico*, leemos:

> En ese momento, giró la pantalla de la nave y en ella surgió algo que no era ni una estrella ni una galaxia. Era una masa mortecina de luz azul pálido, moteada, inmensa, que causaba pavor nada más verla. Supe que no era un sol. No puede haber ningún sol tan grande y mortecino. Te dolían los ojos con solo mirarla, pero no a causa de su brillo. Te dolían los ojos por dentro, hasta lo más profundo del nervio óptico. El dolor se instalaba en el propio cerebro.

Más adelante, Frederik Pohl ofrece una descripción más completa. «Y todo el tiempo, en una pantalla de observación u otra, titilaba esa vasta, inmensa y funesta esfera azul. Las sombras fugaces que recorrían su superficie, debido a los efectos de fase, generaban imágenes aterradoras. Sentíamos cómo tiraba de nuestras entrañas la tenaza inflexible de sus ondas gravitatorias». Esta imagen de una esfera de luz mortecina, azulada, cuya superficie recorren sombras funestas, era demasiado concreta y, por tanto, errada. Ocurría lo mismo con la hipermasa que Fred Saberhagen se había molestado en pintar con todo lujo de detalles en «La máscara del desplazamiento al rojo» o en «El rostro de lo profundo».

En «Cayó en un agujero oscuro», Jerry Pournelle practicaba, sin embargo, el noble arte de la ambigüedad. De entrada, los propios científicos de finales del siglo XXI de su historia reconocían lo poco que sabían sobre qué aspecto debía presentar un agujero negro: «en realidad, todo lo que hemos llegado a observar son algunas desviaciones de la luz y una difusa ocultación de estrellas». Cerca del final de su relato, Pournelle delegaba la responsabilidad de las descripciones en un personaje que se lanza de cabeza a un agujero negro y transmite de manera casi telegráfica lo que va observando hasta que, muy oportunamente, la comunicación se corta cuando cruza el horizonte de sucesos. Su primer mensaje es más bien parco en detalles: «El agujero ha ocultado la estrella. Produjo un anillo brillante en el espacio. Muy brillante. Ahí sigue. Nunca había visto nada parecido». Su segundo mensaje no añade gran cosa: «Otro anillo brillante. Me debo de estar acercando». El tercer y último mensaje nos deja un poco como al principio: «Otro anillo brillante. ¡Menudo espectáculo! Maldita sea, es la mejor vista del universo». Aquí, el efecto Nostradamus funciona a la perfección (como siempre, en un solo sentido). Uno podría encajar las palabras de Pournelle en una moderna animación de lo que observaría un astronauta al caer en un agujero negro. En cambio, nadie que lea solo las palabras de Pournelle podría reconstruir los aspectos más relevantes de la animación.

En estos relatos y novelas inaugurales, con los que los agujeros negros relativistas se estaban abriendo camino en la ficción y buscaban su espacio dentro del imaginario colectivo, encontramos abundantes muestras de los dos enfoques: demasiada concreción y descripciones manifiestamente erróneas y ambigüedad calculada y descripciones que siguen resultando aceptables aun hoy en día para un lector familiarizado con la representación icónica de *Interstellar* o con otras visualizaciones rigurosas que circulan por redes sociales o canales de vídeo de Internet.

En las décadas de 1960 y 1970, los dibujantes de cómics o los ilustradores de cubiertas de libros o de revistas de ciencia ficción no pudieron beneficiarse del ardid de Nostradamus de la indefinición calculada. Más agudo era el problema en el caso de las películas o las series de televisión. Aquí no se podía sortear la dificultad de evocar lo que nadie había visto (ni siquiera imaginado con claridad) a base de vaguedades, metáforas o insinuaciones. No quedaba más remedio que ser concreto. La amenaza del agujero negro debía adoptar una forma visualmente bien definida. Los responsables de la dirección y el arte de estas producciones audiovisuales abordaron tan espinoso asunto con diferentes grados de motivación, curiosidad y presupuesto.

En el guion de «El mañana es ayer», Dorothy Fontana eludía meterse en jardines astrofísicos y optaba por no mostrar nada. La voz en *off* del capitán Kirk narraba sin el soporte de ninguna imagen el encontronazo de la Enterprise con un agujero negro: «Cuaderno de bitácora del capitán, fecha estelar 3113.2. Íbamos de camino a la Base Estelar 9 para reabastecernos, cuando una estrella negra con una enorme capacidad de atracción gravitatoria comenzó a arrastrarnos hacia ella. Aplicamos toda nuestra energía de curvatura marcha atrás, tratando de alejarnos de la estrella. Conseguimos liberarnos, pero, igual que cuando una goma elástica se rompe, salimos disparados a través del espacio, sin control, hasta detenernos aquí... donde quiera que estemos». La interferencia gravitatoria del agujero negro afectaba muy oportunamente a los circuitos de la nave, apagando las pantallas de observación. Para cuando el ingeniero jefe Scotty conseguía restituir el suministro eléctrico, la Enterprise se encontraba ya muy lejos de la singularidad.

Escena del rodaje de la película *Godzilla vs. Mechagodzilla*, dirigida por Jun Fukuda en 1974. Fuente: Toho Company, Ltd.

Tampoco se mostraba a los espectadores el agujero negro de la irresistible *Godzilla contra Mechagodzilla*, que Jun Fukuda rodó en 1974. A pesar de que esta enésima entrega de la franquicia japonesa del dinosaurio mutante contaba con un generoso presupuesto para efectos especiales, todo el dinero se fue en dar vida a sus tres monstruos protagonistas y en confeccionar los decorados que iban arrasando a su paso. La película introducía uno de los enemigos más entrañables de Godzilla, Mechagodzilla, en realidad, un robot fabricado por los simiones, extraterrestres que viajaban a la Tierra animados por el interés turístico de siempre: la invasión. En *Godzilla contra Mechagodzilla* encontramos un concepto interesante que reaparecerá en *Interstellar*, el de blanetas (del inglés *blanet*, acrónimo de *black hole planet*). Es decir, hipotéticos exoplanetas que orbitarían alrededor de un agujero negro en lugar de una estrella. El agujero de los simiones se ha puesto bravo y amenaza con aniquilar su civilización. Esto conduce, inevitablemente, a la construcción de un lagarto mecánico de varios pisos de altura y a la conquista de la Tierra. Ningún espectador en su sano juicio querría perderse su combate a muerte contra Godzilla.

En «Los tres doctores», la serie de episodios que conmemoraban los diez primeros años en antena del doctor Who, no se escamoteaba el agujero negro a los espectadores, pero su representación era cualquier cosa menos memorable. Se reducía a un borrón negro irregular, que parecía exactamente lo que era: una salpicadura de pintura negra sobre la foto de un fondo de estrellas. El departamento de arte de otra serie británica, *Space: 1999*, aplicó algo más de entusiasmo a la tarea. *Space: 1999* seguía una línea argumental muy semejante a la de *Star Trek*, aunque en su caso los viajes de exploración no obedecían a la curiosidad sino a un accidente. La historia arrancaba en un futuro no muy lejano en el que los seres humanos llevan décadas utilizando la cara oculta de la Luna como un almacén de residuos radiactivos. En el primer episodio, «La escisión», se revela que esta idea de utilizar nuestro satélite como un inmenso vertedero nuclear es tan nefasta como parece. Fugas en el silo disparan una reacción en cadena que culmina en una formidable explosión termonuclear capaz de arrancar a la Luna de su órbita y lanzarla fuera del sistema solar. Los protagonistas de la serie son los científicos que trabajaban en la base lunar Alpha, que se convierten de la noche a la mañana en los involuntarios tripulantes de un gigantesco cohete cuya trayectoria no gobiernan. *Space: 1999* va narrando los sucesivos encuentros de esta Luna errante con un desfile de planetas desconocidos, naves espaciales inteligentes, flotas alienígenas, asteroides prisión, mundos de antimateria, estrellas binarias y... agujeros negros. Como bien señaló Isaac Asimov, una explosión nuclear capaz de sacar a la Luna fuera de su órbita muy probablemente también la haría pedazos. En todo caso, convertida en un colosal cohete con los motores instalados en la cara oculta, debería apuntar hacia la Tierra y provocar una desafortunada carambola cósmica, cosa que en «La escisión» no sucede. Incluso pasando por alto estas consideraciones, los científicos de la base lunar Alpha tampoco se embarcarían en la grandiosa odisea a través del universo que relata la serie, puesto que, con las velocidades que podría desarrollar su nave satelital, morirían antes de alcanzar otros sistemas planetarios.

El tráiler del décimo episodio de la primera temporada de *Space: 1999*, que se emitió en noviembre de 1975, intentaba captar la atención de los espectadores con una advertencia formidable: «¡Prepárense para viajar a través del fenómeno más peligroso y extraño del universo! Para viajar hasta donde nadie ha llegado antes... ¡Un viaje a través del sol negro!». ¿Cómo era este sol negro, que interceptaba la trayectoria de nuestra Luna peregrina y amenazaba con engullirla? Cuando los científicos de la base Alpha escudriñaban las pantallas de observación con una preocupación más que comprensible, descubrían un círculo negro envuelto en una bruma sideral. Allí había, literalmente, un agujero negro, que se recortaba contra el tenebroso telón de fondo del espacio gracias a unas habilidosas pinceladas blancas, que evocaban estrellas y nebulosas. Fue una solución recurrente. En la cubierta de la antología de Pournelle, la presencia del agujero negro se sugería mediante un simple borrón oscuro, rodeado de estrellas.

El disco negro —delimitado con mayor o menor precisión por estrellas o halos gaseosos oportunamente dispuestos— reaparece en *El día después de mañana*, de Gerry Anderson, el mismo productor de *Space: 1999*. La película se rodó en 1975, aprovechando la pausa entre la grabación de las dos únicas temporadas de la serie. El proyecto arrancó como un documental de divulgación sobre relatividad general dirigido a un público infantil y a punto estuvo de convertirse en una nueva serie de ficción. El lector suspicaz podría detectar coincidencias sospechosas con el argumento de *Interstellar*: el deterioro medioambiental de la Tierra motiva una ambiciosa misión espacial que tratará de buscar un nuevo hogar para la humanidad. Los protagonistas sufren los efectos de la dilatación temporal, que los proyectan hacia un futuro en el que ya no podrán reencontrarse con los familiares que dejaron atrás y, al final, la nave en la que viajan, la Altares, se precipita en un agujero negro. Anderson y John Christopher Byrne —el guionista de *El día después de mañana*—, reconocieron que no habían llegado a entender gran cosa de la relatividad general que pretendían divulgar, pero aquí y allá se percibe la mano del asesor científico, el físico británico John Taylor.

Mientras la Altares enfila hacia el horizonte de sucesos y la tripulación se prepara para lo peor, la doctora Anna Bowen deja caer un enigmático comentario: da la impresión de que el agujero negro está rotando. El resto de la tripulación parece considerar el comentario completamente fuera de lugar justo cuando están a punto de sufrir una muerte espantosa, pero la doctora Bowen se apresura a aclarar que ese movimiento de giro ofrece un atisbo de esperanza: «Significa que quizás tengamos una oportunidad. Hay quien dice que, si atraviesas un agujero negro que está rotando, vas a parar a un nuevo universo, puede que incluso a una nueva dimensión. Nadie lo sabe». ¿Y si el agujero no está rotando?, le preguntan, ahora sí, interesados. Si no está rotando, la película no tendrá el final que esperábamos para una producción infantil. La esperanza de la doctora Bowen se cifra en que, en un agujero de Kerr, la singularidad no se concentra en un solo punto, imposible de esquivar, sino que se extiende a lo largo de un anillo. ¿Qué sucede si uno, en un ejercicio cósmico circense, consigue atravesar el aro sin rozarlo? Ahondaremos un poco más en las implicaciones de esta distinción —entre agujeros de Schwarzschild, estáticos, y agujeros de Kerr, en rotación— cuando hablemos de *Interstellar*.

Los afortunados espectadores de 1975 pudieron disfrutar de más agujeros negros con el estreno de otra película de ciencia ficción, cuyo título no llamaba a nadie a engaño: *La invasión de la tarántula gigante*. En efecto, la historia iba de una tarántula gigante que desataba el terror en las afueras de Merrill, una apacible localidad de Wisconsin. Afortunadamente, esta clase de incidentes ocurren siempre en alguna zona rural de Estados Unidos. En favor de los guionistas, hay que decir que no recurrieron al viejo ardid argumental de los militares, el experimento nuclear y las consabidas mutaciones para justificar la presencia de una tarántula del tamaño de un elefante africano. La criatura aparece después de la caída a la Tierra de un extraño meteorito. ¿Venía la tarántula montada a lomos de esta artera pedrada del espacio exterior? La cuestión no está nada clara. De entrada, la araña no proporciona ninguna información al respecto, se limita a devorar a la población de Merrill, así que hay que conformarse con aventuradas conjeturas. Es lo que hacen los dos científicos protagonistas de *La invasión de la tarántula gigante*, la astrónoma Jenny Langer y el doctor Vance, de la NASA, que terminan por concluir que lo que ha caído en Wisconsin no es un meteorito cualquiera sino un microagujero negro. La doctora Vance es quien describe mejor la situación: «Parece que nuestro agujero negro se ha convertido en una puerta abierta al infierno».

El presupuesto de *La invasión de la tarántula gigante* no daba para muchas alegrías. Apenas llegaba para la araña y las personas que se comía, así que hubo que reducir el agujero negro a un tamaño lo más económico posible, es decir, volverlo microscópico y, por lo tanto, invisible. Esta decisión deriva en una encantadora antinomia: de un agujero negro microscópico emerge una araña descomunal. Tan contradictorio como la vida misma. La película se hizo muy popular y la ciudad de Merrill disfrutó de una campaña de promoción turística tan original como inesperada.

Hemos visto cómo los agujeros negros se fueron asentando en la ficción escrita a lo largo de los años sesenta del siglo pasado y cómo en la década siguiente su presencia se fue haciendo cada vez más acusada en el cine y la televisión. Los amantes de la ciencia ficción y la astronomía que se hubieran hartado ya de ver discos oscuros, borrones, salpicaduras de pintura o, peor todavía, de no ver absolutamente nada, y que ardieran en deseos de contemplar un agujero negro como dios manda en la gran pantalla tuvieron que esperar hasta 1979. Fue entonces cuando la fábrica de sueños quiso alumbrar una pesadilla espacial. Con el fin de cautivar y sobrecoger a su público, esta vez Hollywood no escatimó en gastos a la hora de dar vida al fenómeno más temible y enigmático del universo.

El regreso del Maelstrom

—¿Le interesan los agujeros negros?

*—¿Cómo no voy a sentirme abrumado por
la fuerza más letal del universo? Ese túnel largo
y oscuro que no conduce a ninguna parte.*

—O a alguna parte...

Gerry Day y Jeb Rosebrook, *El abismo negro*

En mayo de 1977, un terremoto sacudió las taquillas de cine de Estados Unidos: el estreno de *La guerra de las galaxias*. Las réplicas del seísmo no tardarían en hacerse sentir en el resto del mundo. Viendo cómo las colas de espectadores que esperaban con impaciencia comprar una entrada daban la vuelta a la mazana, los ejecutivos de Hollywood se lanzaron a producir copias más o menos miméticas de la película de George Lucas para lucrarse indirectamente del fenómeno. Disney tardaría muchos años en fagocitar la franquicia de *Star Wars*. Hasta entonces, el único modo de participar en esta fiebre del oro cinematográfica era competir con ella. ¿En qué elementos de la película había que fijarse para introducirlos en la coctelera del éxito? De entrada, no podían faltar las naves espaciales, una pareja de robots parlanchines y graciosos, duelos con pistolas láser, villanos imponentes ocultos tras una máscara siniestra y la banda sonora de un gran compositor al que no le temblara la mano con las fanfarrias.

También había que incorporar algún ingrediente novedoso para no cruzar la frontera que separa la sana emulación del plagio descarado. Como vimos en el capítulo anterior, la década de 1970 fue la década en la que los agujeros negros salieron del exclusivo círculo de expertos y fueron presentados en sociedad. Captaban la atención de la prensa, que les dedicaba artículos y reportajes, salían en la portada de la revista *Time,* protagonizaban documentales. Resultaban modernos y llamativos. Su aura de misterio estaba intacta. Eran el recurso perfecto para dar lustre a una superproducción de ciencia ficción. Así,

Disney dio luz verde a *El abismo negro* (en inglés, sencillamente, *The Black Hole*), que se estrenaría en la Navidad de 1979. El eslogan promocional de la película rezaba: «Un viaje que comienza donde todo lo demás termina».

Curiosamente, el proyecto había nacido antes de la fiebre de *Star Wars,* al abrigo de otra corriente de éxito, las películas de desastres que causaron furor en los años setenta. En estas películas, el fuego devoraba los rascacielos, los terremotos destruían Los Ángeles, se iban a pique grandes cruceros, ardían zepelines, enjambres de abejas asesinas invadían Texas. Taquillazo tras taquillazo, se iban agotando las desgracias. ¿Por qué no darle una nueva vuelta al género y trasladar la premisa al espacio? Fue la inspiración que tuvieron dos guionistas, Richard Landau y Bob Barbash. A partir de ahí, la idea fue rebotando como la bola de una máquina de *pinball,* de ejecutivo en ejecutivo, de guionista en guionista, de director en director, en ese azaroso trabajo colectivo propio de los estudios, en el que muchas manos entran a mejorar una historia para terminar pergeñando un Frankenstein argumental.

Después de tanto esfuerzo creativo, *El abismo negro* acaba narrando una historia muy sencilla. Unos exploradores descubren los restos de una expedición que les precedió. Encuentran un solo superviviente, un personaje misterioso y carismático. Poco a poco, los protagonistas se van dando cuenta de que este personaje les miente y esconde en su pasado algo siniestro. Podría ser *El corazón de las tinieblas,* pero aquí la selva recóndita es el espacio exterior, más en concreto, las inmediaciones de un agujero negro. Y nuestro Kurtz es un científico loco de manual, empeñado en arrojarse de cabeza al agujero negro para averiguar qué oculta el universo en su interior.

¿Logró Disney reproducir, con esta apuesta, el fenómeno de George Lucas? Basta con comparar un puñado de fotogramas de cada película para apreciar toda la distancia que media entre el éxito y el fracaso. Todo lo que en *La guerra de las galaxias* era acción y emocionante aventura, gente joven, guapa y luminosa, corriendo de un lado para otro, en *El abismo negro* son cuarentones solemnes y estáticos, perdidos en plomizas digresiones sobre campos de fuerza antigravitatoria. En un grupo puedes admirar la sonrisa irresistible de Harrison

Fotograma de la película *El abismo negro* de 1979,
dirigida por Gary Nelson.

Ford; en el otro, el semblante siempre torturado del protagonista de
Psicosis, Anthony Perkins. En uno, a la desafiante e independiente Ca-
rrie Fisher; en el otro, a la hierática y dócil Yvette Mimieux. La edad
media del reparto de *El abismo negro* superaba los cuarenta años, la
del reparto de *La guerra de las galaxias* no llegaba a los treinta. La
diferencia de energía es notable. *La guerra de las galaxias* traía nuevas
estrellas al paseo de la fama. *El abismo negro* sacaba del alcanfor una
colección de viejas glorias crepusculares. Estrellas muertas que venían
a rondar su agujero negro. Como ha sucedido otras veces en las que
los ejecutivos de los grandes estudios han tratado de copiar un éxito,
uno tiene la impresión de que no entendían del todo bien el fenómeno
que pretendían replicar.

Un protagonista invisible de *El abismo negro* es la gravedad. Ya en
la secuencia de créditos observamos un espectacular fondo de estrellas sobre el que se superpone un retículo que representa la lámina del
espaciotiempo. Una lámina en la que se abre súbitamente una profunda sima gravitatoria. ¿Qué se esconde en su fondo? La respuesta
que ofrece la película a esta pregunta combina de manera desacomplejada los preceptos de la relatividad general con los del Antiguo Tes-
tamento. El hecho de que las ecuaciones de Einstein dejen de arrojar
predicciones con sentido físico al llegar a la singularidad es interpretado por los guionistas como una generosa licencia para que dentro
de un agujero negro pueda ocurrir cualquier cosa. Hans Reinhardt,

el genio científico de la película, después de sondear las honduras del pozo espaciotemporal con sus «cálculos antigravitatorios», se convence de que más allá del horizonte de sucesos le aguarda: «un lugar en el que, con suerte, podría radicar lo que venimos en llamar el conocimiento supremo». Este secreto último de la naturaleza también le será revelado al espectador que aguante hasta el final de *El abismo negro*. Aprenderá entonces que Reinhardt se hubiera podido ahorrar décadas de estudios antigravitatorios y el azaroso viaje hasta el agujero negro. Bastaba con que se hubiera acercado a consultar al sacerdote de su parroquia. Si eres una mala persona, al cruzar el horizonte de sucesos acabarás en el infierno. Si eres una buena persona, atravesarás una especie de catedral de metacrilato e irás a parar a otra región del universo. No queda claro que será de ti si te internas en un espaciotiempo fuertemente distorsionado por la gravedad con una conciencia menos definida, ni demasiado limpia ni demasiado turbia.

Resulta interesante señalar que no era la primera vez que la entrada en un agujero negro se interpretaba en clave religiosa o mística. En el episodio de *Space: 1999* que acabamos de comentar, la Luna se internaba en el sol negro y los científicos de la base Alpha vivían allí un lance sobrenatural. Se volvían transparentes, envejecían súbitamente y eran interpelados por una deidad femenina. Esta línea mística continuará en el tiempo. La existencia de espacios inaccesibles —o que al menos deparan experiencias incomunicables— ha motivado que el misterio absoluto que aguarda al viajero tras el horizonte de sucesos se haya resuelto a veces en la ficción con una visión del cielo o del infierno, en cualquier caso, con una vivencia espiritual más que astrofísica.

Antes de que llegue el momento de las revelaciones, *El abismo negro* traiciona su origen como película de catástrofes y una lluvia de meteoritos acribilla la nave de Reinhardt. Sus impactos causan una masiva despresurización. Todo el aire escapa al espacio. Los protagonistas viven el desastre como si los azotara una violenta tormenta de nieve. Hay que abrigarse y agarrarse bien a alguna estructura firme, pero no parecen encontrar ninguna dificultad para seguir respirando en el vacío. De algún modo, la voz en *off* que acompañaba uno de los tráilers ya advertía de que no se trataba de una película apta para espíritus sensibles a la física: «Más allá del miedo, más allá de la ciencia».

¿Cuánto más allá de la ciencia? De manera un tanto exagerada, Neil deGrasse Tyson, uno de los divulgadores científicos más populares de Estados Unidos —como bien certifica su aparición en *The Big Bang Theory*—, dictaminó que *El abismo negro* era la película con menor rigor científico de todos los tiempos. Para poner en perspectiva esta crítica, hay que tener en cuenta que Tyson amonestó a James Cameron porque las estrellas que mostraba en *Titanic* no correspondían al firmamento que se pudo observar en la noche en la que se hundió el transatlántico. También, que Tyson ha distinguido con su título de ficción menos rigurosa de la historia a decenas de películas. Pero aun sin ponernos demasiado quisquillosos, hay que reconocer que la caída en un agujero negro que retrata la película de Disney la sitúa más en el terreno de la pura fantasía que en el de la ciencia ficción. El equipo no debió de contar con un asesor científico o, de contar con uno, este suplicó que lo borraran de los créditos. Por supuesto, el 99 % de los espectadores que salieron del cine descontentos con *El abismo negro* no le echaron la culpa a la física. La sensibilidad del gran público al respecto se encuentra más en la línea de lo que Cameron le contestó con ironía a deGrasse Tyson: «Bueno, la última vez que consulté cuánto había recaudado *Titanic* en todo el mundo acumulaba ya mil trescientos millones. ¡Cuánto más habría recaudado si hubiera mostrado el cielo correcto!».

El fenómeno que da título a *El abismo negro* era el viejo Maelstrom proyectado en el espacio, se puede decir que de manera bastante literal. El departamento de efectos especiales de Disney construyó un enorme tanque de plexiglás con un desagüe, lo llenó de agua cargada de pintura y, después de iluminarlo con focos potentes desde los laterales, retiró el tapón del fondo y rodó el remolino resultante con cámaras de alta velocidad colgadas del techo. Cuando los protagonistas de *El abismo negro* se ven arrastrados por este vórtice, la película abandona el bando de *Star Wars* y se arrima por un momento a otro gran icono de la ciencia ficción, *2001: Una odisea del espacio*. La caída en el agujero negro depara algo incomprensible, entendemos que trascendente, como la entrada en el monolito que orbita Júpiter en *2001*. Los guionistas de esta última película, Arthur C. Clarke y Stanley Kubrick, ¿tenían en mente una distorsión del espaciotiempo al concebir el momento en el que su protagonista, el astronauta David Bowman, cruza el umbral de la puerta de las estrellas? Según el filósofo y poeta estadounidense William Irwin Thompson, «cuando Arthur C. Clarke considera los agujeros negros, los ve como portales a otros universos. Clarke me contó que el monolito que órbita alrededor de Júpiter en la película *2001* era un agujero negro, un desgarrón en el espaciotiempo que permitía al astronauta trasladarse a otro mundo». Puede que sea cierto, aunque la trama de *2001* encomienda a los monolitos muchas otras funciones. Tampoco hay que perder de vista que en este proyecto Clarke estaba al servicio de Kubrick, que sabía bien que cuanto más potentes fueran las imágenes y más ambiguo su significado, más riqueza de significados admitirían y más profunda parecería la película.

En cualquier caso, la consideración que Irwin Thompson atribuye a Clarke se puede aplicar sin enmienda alguna a las caídas al interior de un agujero negro que sufren los protagonistas de *El abismo negro* o *Interstellar*. O, ya puestos, a la travesía que emprende Ellie Arroway en *Contact* a través de un agujero de gusano generado por una máquina alienígena. Todas estas ficciones, como *2001*, culminan con el desplazamiento de unos astronautas a otro mundo. Salen de un entorno natural, material, para acceder a un ámbito abstracto, de índole desconocida, que atraviesan rumbo a una meta incierta. Llevan a cabo la transición al cruzar una especie de conducto, o una estrecha hendidura que se abre entre dos superficies planas, o al atravesar la galería de una iglesia de cristal, o una lluvia de fulgores y centelleos. ¿Qué aguarda a todos estos viajeros al final del camino? Este abandono del espacio físico para entrar en otro metafísico es un ardid narrativo que ofrece carta blanca a los creadores de cada película. El símbolo del portal, sea un agujero negro o un monolito, conduce a cualquier sitio al que les interese llegar. El recurso invita, desde luego, a caer en lo pretencioso. Gary Nelson, el director de *El abismo negro,* un humilde y eficaz artesano, parece conformarse con unas pinceladas de catolicismo. En el fondo, da la impresión de que tampoco quiere demorarse demasiado en este pasaje trascendente y que desea llegar cuanto antes al otro lado, de nuevo a una dimensión física y terrenal: otro punto del universo donde brilla una estrella acompañada de un planeta.

No queda más remedio que señalar aquí que, justo al final de la aventura, *The Black Hole* se revela como un título inexacto, ya que su ominoso protagonista no oculta una singularidad sino un atajo a través del espaciotiempo (para aquellos que tengan la conciencia limpia, eso sí). Un motivo más de disgusto para deGrasse Tyson. Siendo justos, en una de sus peroratas, el villano de la función, Hans Reinhardt, sugería muy de pasada la posibilidad de que el agujero negro encubriera en realidad un agujero de gusano, expresión que hubiera dado, también es cierto, un título mucho menos comercial a la película.

Esferas azules recorridas por sombras inquietantes, discos negros envueltos en neblinas estelares, colosales remolinos... Si los agujeros negros no tienen nada que ver con ninguna de estas representaciones, ¿qué aspecto muestran verdaderamente?

Retratos de lo invisible

> *Y el fenómeno más emocionante, más misterioso, más violento y más extremo conocido recibe el nombre más aburrido, simple, aséptico y austero: sencillamente, «agujero negro».*
>
> Isaac Asimov, *El colapso del universo: la historia de los agujeros negros*

Cuando nos preguntamos qué aspecto debe presentar un agujero negro, la cuestión no tiene el mismo sentido que cuando formulamos la misma pregunta para los objetos de nuestro entorno cotidiano, de los que nos formamos una imagen a partir de la luz que emiten (por ejemplo, en el caso de la llama de una vela) o reflejan (el rostro de una persona, iluminado por la misma vela). Los agujeros negros no emiten ni reflejan luz. Se podría corregir esta última afirmación argumentando que, después de todo, los agujeros negros sí que desprenden algo de luz: la radiación de Hawking, un fenómeno cuántico y relativista que tendría lugar justo en la frontera del horizonte de sucesos. Con todo, nos podemos olvidar de ella para lo que vamos a discutir aquí, puesto que se trata de una luz más débil que el ruido de fondo del universo: esa radiación de microondas generada por los átomos primordiales poco después del Big Bang de la que hablamos en el primer capítulo. En suma, la radiación de Hawking resulta por completo indetectable a distancias astronómicas y, a efectos prácticos, podemos recuperar nuestra presunción de que los agujeros negros no emiten ni reflejan luz. ¿Cómo podemos verlos entonces? A diferencia de la materia ordinaria, la presencia gravitatoria de un agujero negro puede afectar profundamente la trayectoria de los rayos luminosos que se aventuran en su proximidad, provocando distorsiones ópticas notables y perceptibles. De ahí que se hable de sus efectos de lente gravitatoria.

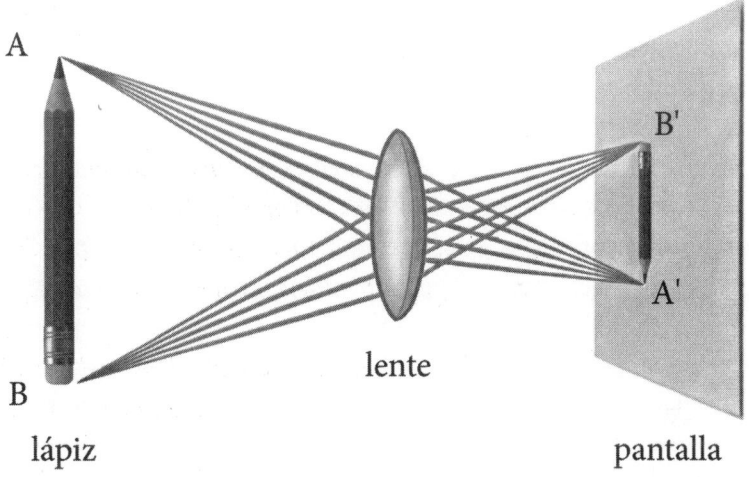

Figura 1. Los rayos de luz se desvían al atravesar el material que compone la lente (fenómeno que recibe el nombre de «refracción»). La curvatura convexa con la que se talla el vidrio de la lente también afecta a sus trayectorias. La suma de ambos efectos hace que todos los rayos de luz que partan de un determinado punto del lápiz, y atraviesen la lente, lleguen a un mismo punto de la pantalla.

Las lentes crean una imagen desviando la luz que emiten o reflejan los objetos. Tomemos, por ejemplo, el lápiz que se muestra en la figura 1. De cada punto de su superficie parten rayos luminosos en múltiples direcciones. Todos los rayos que partan del punto A, en su extremo superior, y que atraviesen la lente, se desviarán hasta otro punto, A', en la pantalla. Algo semejante sucede con los rayos que partan de B y toquen la lente: acabarán todos en B'. La misma acción se repite para cualquier punto de la superficie frontal del lápiz. La lente lleva a cabo, por tanto, una separación selectiva de rayos, debido a la propia geometría convexa de su contorno y al modo en que la luz se desvía al atravesar el vidrio que la compone. Esta suma de efectos hace que la lente asigne a cada punto del lápiz un punto distinto de la pantalla. Como resultado, en ella se proyectará una imagen invertida del objeto, que conserva toda la información que la luz había recogido sobre la forma del lápiz al reflejarse en su superficie. Esta transmisión de datos por mediación de la luz es lo que llamamos «ver», puesto que nuestros ojos contienen una lente —el cristalino— que proyecta una imagen invertida en las células fotosensibles de la retina.

Las lentes gravitatorias producen un efecto semejante sin necesidad de recurrir a un trozo de vidrio. No es el paso a través de un material transparente lo que desvía los rayos luminosos y los dirige a un mismo foco, sino la propia gravedad que los atrae. Estos rayos luminosos pueden proceder, bien de estrellas o galaxias situadas muy lejos de la perturbación gravitatoria, bien de su vecindad. En el primer caso, el agujero negro genera una imagen distorsionada del fondo estelar, creando halos o multiplicando las imágenes, por ejemplo. Su presencia puede volverse más conspicua cuando materia procedente de estrellas, polvo o gas interestelar comete la imprudencia de aproximarse demasiado al horizonte de sucesos. Entonces el espaciotiempo, que se encuentra rotando en torno a la singularidad, arrastra en su desplazamiento a toda esa materia, precipitándola en una caída en espiral dentro del sumidero gravitatorio. En el proceso, eleva su temperatura, que puede llegar a alcanzar miles de veces la temperatura de la superficie del Sol. Ese flujo de materia caliente adopta la forma de un disco que gira en el mismo sentido que el agujero negro y que recibe precisamente el nombre de «disco de acreción». Se trata de un disco de gas incandescente, cuyo brillo delata la presencia del escurridizo, invisible, agujero negro agazapado en su centro.

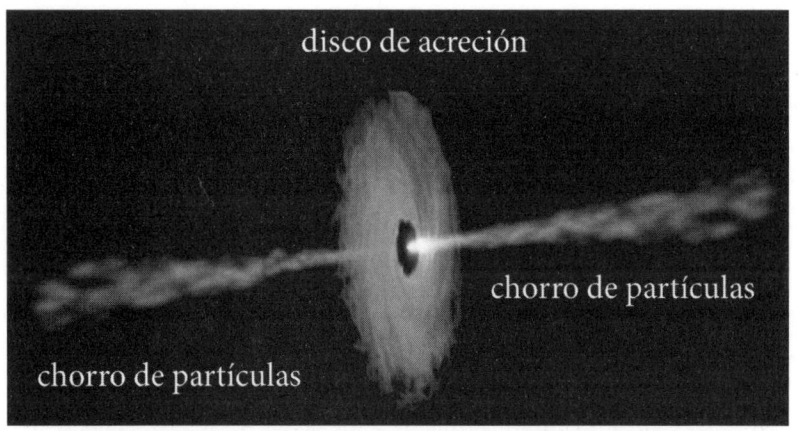

disco de acreción

chorro de partículas

chorro de partículas

Disco de acreción y chorros de partículas generados en torno a un agujero negro en rotación. Fuente: NASA-Wikimedia Commons.

La materia del disco de acreción se encuentra cargada eléctricamente y su movimiento de caída en espiral alimenta poderosos campos eléctricos y magnéticos que, a su vez, aceleran las partículas cargadas del disco. Debido a esta retroalimentación, el pozo gravitatorio instaura en el espaciotiempo una colosal bomba de extracción de partículas que opera a escala cósmica. Este mecanismo desvía parte de la materia que se dirigía al horizonte de sucesos y la expulsa a lo largo del eje de rotación. Se establecen así dos potentes chorros de partículas en sentidos opuestos, con un alcance extraordinario, que puede superar el millón de años luz. Esta descomunal emisión constituye la enigmática señal de los cuásares.

En los primeros años de la década de 1970, los físicos empezaron a estudiar cómo la distorsión del espaciotiempo en la vecindad de un agujero negro podía afectar a la luz procedente tanto de fuentes luminosas lejanas como del disco de acreción. Cuando un agujero negro se interpone entre nosotros y un fondo de estrellas o nebulosas, lo primero que hace es recortar en él una silueta oscura. En esa silueta echamos de menos todos los rayos de luz que nos hubieran alcanzado de no ser por la interferencia del agujero negro. Se trata de rayos que se pierden en la singularidad y que, por tanto, nunca llegan hasta nosotros. Su ausencia crea un vacío, un manchón negro que, en principio, podríamos asociar con el contorno circular del horizonte de sucesos (figura 2).

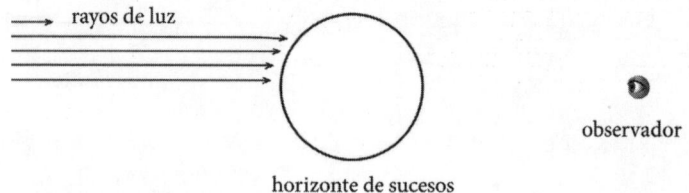

rayos de luz

observador

horizonte de sucesos

Figura 2. Los rayos de luz emitidos por estrellas lejanas que
atraviesan la superficie del horizonte de sucesos se pierden en la
singularidad y nunca alcanzan al observador. Su ausencia delimita
una región en la que el observador solo percibe pura oscuridad.

Podríamos asociar ese contorno al de una esfera opaca que se interpusiera entre nosotros y una fuente luminosa, como un balón de fútbol situado frente a una lámpara encendida. En el caso del balón, habría rayos de luz que nos alcanzarían después de casi rozar su superficie esférica, rayos que, sin embargo, no pasan de largo la superficie del horizonte de sucesos. No lo hacen porque el agujero negro distorsiona hasta tal punto el espacio de su entorno, que consigue desviar rayos más alejados. A pesar de que sus trayectorias no apuntaban al horizonte, la gravedad las tuerce hasta conducirlas hasta su fatal destino en la singularidad (figura 3). Un observador lejano también echa en falta su luz en la imagen que se hace del fondo estrellado, lo que agranda la región de perfecta oscuridad. Es decir, la negrura que percibe se extiende más allá del contorno del horizonte de sucesos.

Solo a partir de una cierta distancia, los rayos de luz que se internan en los vericuetos del espaciotiempo profundamente distorsionado por el agujero negro logran esquivar la singularidad y pueden alcanzar así a un observador remoto (figura 4). El boquete de negrura abierto en el fondo de estrellas por todos los rayos de luz perdidos —más amplio que el perímetro que encierra el horizonte de sucesos— recibe el nombre de «sombra» del agujero negro.

El primer científico que se aplicó a estudiar este laberinto de trayectorias con el propósito de comprender qué clase de imágenes

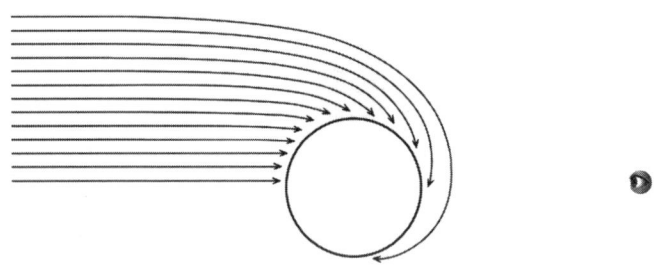

Figura 3. La atracción gravitatoria del agujero negro sustrae más rayos del fondo luminoso que aquellos que bloquearía el horizonte de sucesos si su superficie perteneciera a una esfera de materia ordinaria.

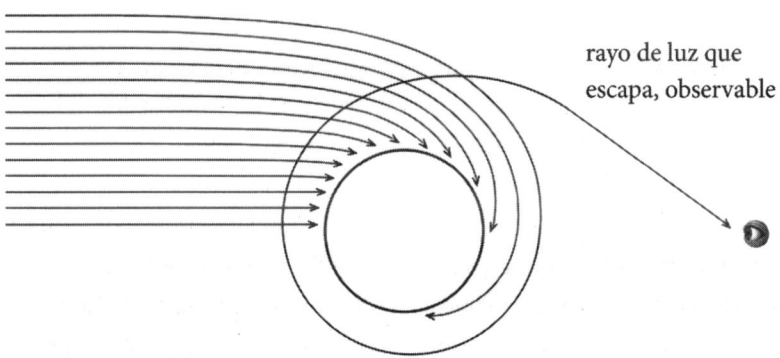

rayo de luz que escapa, observable

Figura 4. A partir de una cierta distancia, los rayos de luz procedentes del fondo estelar por fin se ven desviados hacia direcciones que no acaban en el horizonte de sucesos.

podría producir la interferencia de un agujero negro fue el físico estadounidense James Bardeen. Lo hizo en el verano de 1972, durante una estancia en Francia, en la École de physique des Houches. Cabría concluir que la sombra de un agujero negro se debería ajustar al contorno de un círculo perfecto, dado que la superficie del horizonte de sucesos es una esfera, y así sería en el caso de un agujero negro de Schwarzschild, es decir, de un agujero negro inmóvil. Bardeen se basó, empero, en la nueva solución de Kerr, que describía un agujero negro en rotación. Este movimiento de giro arrastra consigo el espaciotiempo e introduce una asimetría que afecta a las trayectorias de

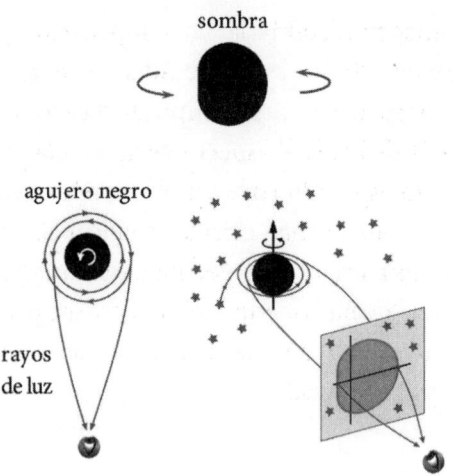

sombra

agujero negro

rayos
de luz

Figura 5. Sombra de un agujero negro que rota como una peonza frente al observador, en torno a un eje vertical. Se achata en el extremo que el movimiento de giro aproxima al observador (izquierda) y se abomba en el extremo que se aleja del observador (derecha). Fuente: una adaptación de la figura 6 de *Calculating black hole shadows: review of analytical studies*, de Volker Perlick y Oleg Yu. Tsupko.

los rayos luminosos, deformando la sombra circular: la achata por un extremo y la abomba por el otro (figura 5).

Bardeen siguió profundizando en la cuestión con la ayuda de uno de sus estudiantes de doctorado, Chris Cunningham. En 1973 publicaron un artículo en el que consiguieron determinar qué aspecto presentaría un sistema doble, compuesto por una estrella y un agujero negro de Kerr. La estrella giraba en torno al agujero en una órbita circular estable. Obviamente, la órbita que consideraron se extendía más allá del horizonte de sucesos. La estrella se hallaba, por tanto, a una distancia segura.

El artículo de Bardeen y Cunningham —«Apariencia óptica de una estrella que gira en torno a un agujero negro de Kerr extremo»— contenía un dibujo que mostraba cómo iría registrando un observador alejado el desplazamiento de la estrella alrededor del agujero negro. Su movimiento se representaba a través de una secuencia numerada de posiciones (figura 6). Lo primero que llama la atención del dibujo es que no presenta una sola órbita, sino dos. Es decir, el agujero negro produciría dos imágenes de la misma fuente luminosa: una imagen primaria y una imagen secundaria. Esta duplicación provoca el espejismo de dos órbitas, de dos estrellas. Además, el modo en el que la distorsión gravitatoria del espaciotiempo afecta a los rayos de luz emitidos por la estrella deforma el aspecto de las órbitas. No se ven como elipses, que sería lo esperado para un observador que contempla un cuerpo que describe una órbita circular frente a él. La estrella parece seguir en cambio una trayectoria peculiar, que dibuja el contorno de un sombrero. Esta forma hace que el agujero negro nunca llegue a eclipsar la estrella a pesar de que a veces, en su recorrido, se interponga entre ella y el observador.

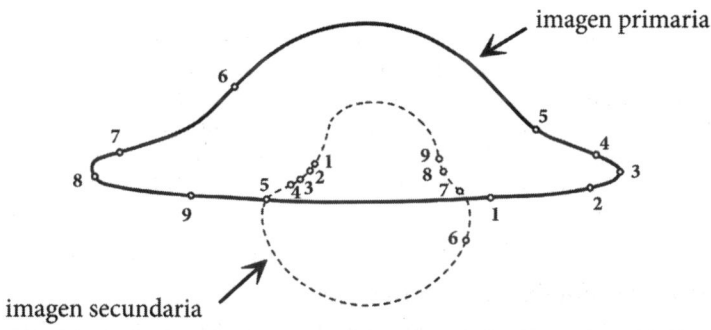

Figura 6. Imágenes primaria (línea continua) y secundaria (línea discontinua) de una secuencia de posiciones (numeradas) de una estrella que orbita un agujero negro. Se advierte cómo la secuencia se trastoca en la imagen secundaria respecto de la primaria. Es decir, las posiciones que se sitúan en el lado derecho de la figura en la imagen primaria aparecen en el lado izquierdo en la imagen secundaria. Y viceversa. Se aprecia también una inversión vertical.

La capacidad que tiene el agujero negro para torcer los rayos luminosos que cruzan sus inmediaciones explica la producción de imágenes dobles y la circunstancia de que la estrella nunca llegue a ocultarse detrás de él (figura 7). De hecho, la gravedad puede forzar a algunos rayos a dar infinidad de vueltas a su alrededor antes de dejarlos escapar, generando así imágenes terciarias, cuaternarias, quinarias... cada vez más débiles y ceñidas a la sombra.

a)

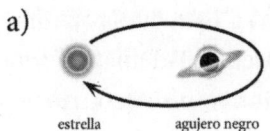

estrella   agujero negro

b)

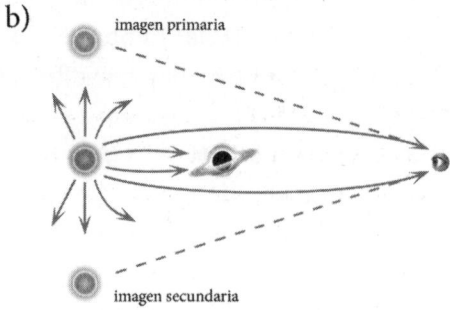

imagen primaria

imagen secundaria

Figura 7. a) Esquema del sistema formado por una estrella que orbita alrededor de un agujero negro. b) La estrella emite rayos de luz en todas las direcciones y el agujero negro tuerce muchas de sus trayectorias desviándolas hacia un observador remoto, generando múltiples imágenes de la estrella. En la figura se muestra solo la producción de dos imágenes, la primaria y la secundaria.

En el contorno del sombrero y en la órbita duplicada —que se dan a conocer por primera vez en *Apariencia óptica de una estrella que gira en torno a un agujero negro de Kerr extremo*— reconocemos ya el perfil icónico de Gargantúa, el agujero negro supermasivo de *Interstellar*. Bardeen y Cunningham estudiaron qué clase de imágenes produciría la gravedad a partir de un fondo de estrellas o de una fuente luminosa puntual, mucho más próxima, que girase alrededor de un agujero negro. El siguiente paso era sustituir la fuente puntual —una estrella— por algo mucho más aparatoso: un disco de acreción. Es lo que hizo Cunningham en 1975, en un artículo plagado de fórmulas que esta vez no venía acompañado de ninguna ilustración.

La primera imagen realista de un disco de acreción se debe al astrofísico francés Jean-Pierre Luminet. El sistema que consideró estaba compuesto por un agujero negro de Schwarzschild, estático, sin rotación, y un disco de acreción muy fino. El observador se situaba lejos, frente al disco, y lo contemplaba prácticamente de canto. Desde esta perspectiva recibía la impresión de un Saturno tenebroso, ceñido por

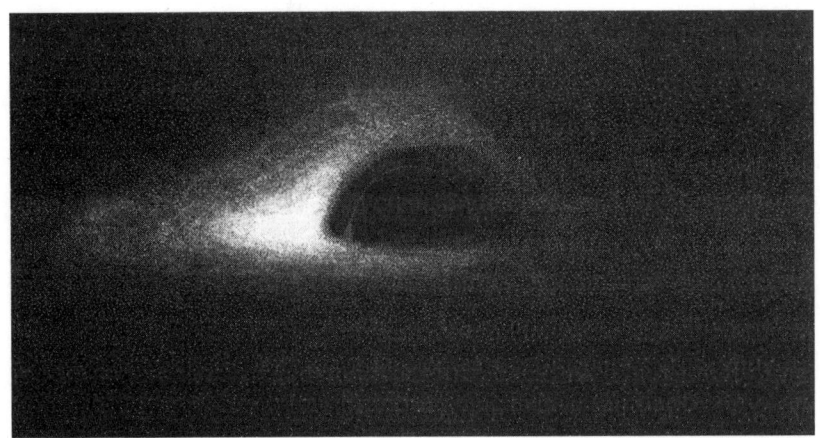

Figura 8. Dibujo de Jean-Pierre Luminet que muestra qué aspecto presentaría el disco de acreción en torno a un agujero negro.

un anillo resplandeciente, visto a través de una lente deformante (figura 8). En el caso de Saturno, si se observase de frente desde una posición ligeramente elevada, la sección del anillo más alejada quedaría oculta por el cuerpo del planeta. No sucede lo mismo con el disco de acreción, que el espectador ve completo, incluida la porción que queda detrás del agujero, porque esta se levanta como si se doblara hacia arriba el ala de un sombrero (figura 9). Quedan así a la vista tanto la cara superior del disco (imagen primaria) como la cara inferior (imagen secundaria). Es el mismo efecto que ya se apreciaba en la órbita duplicada de Bardeen y Cunningham. Si se comparan las figuras 6 —que corresponde a un agujero de Kerr— y 8 —de un agujero de Schwarzschild—, se advierte cómo la ausencia de rotación no modifica la estructura general de las imágenes primaria y secundaria.

Luminet elaboró su imagen calculando qué trayectorias seguirían —de acuerdo con las ecuaciones de Einstein— los rayos luminosos emitidos por las distintas regiones del disco de acreción. Lo hizo con la ayuda de una computadora IBM 7040, del tamaño de un armario, en la que había que introducir los datos mediante tarjetas perforadas. Como Luminet no disponía de un software gráfico capaz de traducir a una imagen los números que iba escupiendo la máquina, tuvo que ocuparse él mismo de crearla a mano alzada, con tinta china y recurriendo a una técnica impresionista. Compuso su dibujo a base de

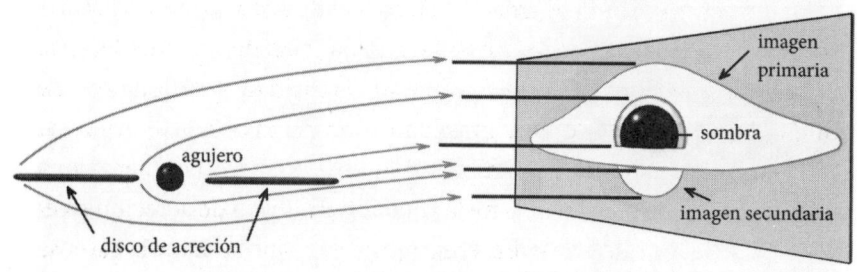

Figura 9. La estructura general que se aprecia en la figura 6, para la
órbita de una fuente luminosa puntual en torno a un agujero negro,
aflora de nuevo en el caso de todo un disco luminoso. La imagen
primaria muestra la cara superior del disco de acreción; la secundaria,
la cara inferior. Luminet trabajó con las ecuaciones de un agujero
negro de Schwarzschild, sin rotación. Por eso, la sombra es circular.

puntos, concentrando más puntos en aquellas zonas donde los cálculos indicaban que la intensidad luminosa era mayor. Luego obtuvo el
negativo de la ilustración resultante. El fondo blanco se convirtió así
en la negrura del espacio. Las gotitas de tinta china se transformaron
en puntos brillantes (figura 8).

Al margen de las matemáticas o de la física que encierre, se trata
de un dibujo de una ejecución notable, que pone de manifiesto los
múltiples talentos de Luminet, que exceden con mucho los límites de
la ciencia. El francés ha publicado varios libros de poesía y novelas
históricas, ha trabajado como grabador y escultor, y hasta ha sacado
tiempo para desarrollar una carrera musical. Su personalidad encarna
como pocas la simbiosis entre cultura y agujeros negros, así que tendremos que hacerle caso cuando afirma que el poema «El Cristo de
los olivos», de Gérard de Nerval, describe de manera metafórica, pero
ajustada, la experiencia de contemplar un agujero negro:

Al buscar el ojo de Dios, no vi más que una órbita
vasta, negra y sin fondo, donde la oscuridad que la habita
siempre se acrecienta e irradia su horror sobre el mundo.
Un extraño arcoíris bordea ese pozo sombrío,
umbral del caos antiguo, cuya sombra es la nada,
espiral que devora los Mundos y los Días.

Luminet no solo determinó el efecto de la distorsión gravitatoria sobre las trayectorias de los rayos. También investigó cómo afectaría a otras propiedades de la luz, como su intensidad y su longitud de onda. Así, comprobó que la gravedad estiraría las ondas luminosas y las debilitaría. Antes de completar su estudio, tuvo en cuenta una última cuestión: la influencia de la rotación del disco de acreción en el aspecto de la luz que emite. En el extremo en el que la materia gaseosa se aproxima al observador, esta se mostraría más brillante y desplazada al azul. En el extremo que se aleja de él, aparecería más apagada y desplazada al rojo. Por eso, en la figura 8 se advierte una clara asimetría en el resplandor del disco, más brillante a la izquierda, más mortecino a la derecha.

La revista de divulgación científica más popular de Francia, *La Recherche,* fue la primera en publicar el dibujo de Luminet, en 1978, en un artículo de título poco original, que remitía una vez más a Edgar Allan Poe: «Los agujeros negros: Maelstroms cósmicos». Mientras recorrían un texto en el que tropezaban una y otra vez con las palabras *lumière* (luz) y *lumineux* (luminoso), algunos lectores pensaron que el apellido del autor, Luminet, era una pequeña broma privada y que se trataba de un pseudónimo. El mismo dibujo volvió a aparecer un año después, en esta ocasión en un artículo científico en inglés, acompañado del correspondiente aparato de ecuaciones y datos técnicos. Luminet cerraba el artículo con la siguiente observación: «Así, nuestra imagen podría representar muchas fuentes relativamente débiles como, por ejemplo, el agujero negro supermasivo cuya existencia en el núcleo de M87 ha sido sugerida recientemente por Young et al. (1978)». Un comentario presciente, ya que la primera imagen de las inmediaciones de un agujero negro —obtenida, no a partir de las ecuaciones de Einstein, sino de los registros de varios radiotelescopios— correspondería precisamente al disco de acreción del agujero negro que se aloja en el centro de la galaxia elíptica Messier 87. Un bonito paralelismo entre el trabajo artesanal de Luminet con una plumilla y el software sofisticado que utilizó la colaboración del Telescopio del Horizonte de Sucesos (más conocido como EHT, por sus siglas en inglés: *Event Horizon Telescope*). Entre la primera imagen extraída de la teoría y la primera imagen extraída de la realidad. Cuarenta años las separan.

Se puede decir, por tanto, que en el intervalo de tiempo que media entre la publicación del artículo de James Bardeen, en 1972, y la publicación del artículo de Jean-Pierre Luminet, en 1979, los físicos lograron precisar qué clase de efectos ópticos produce un agujero negro razonablemente realista en tres escenarios: sobre un fondo de estrellas, sobre una estrella que orbite a su alrededor y sobre el flujo de materia de un disco de acreción. A lo largo de las décadas siguientes, los investigadores disfrutaron de una mejora exponencial en la capacidad de computación de sus ordenadores y en las prestaciones de sus programas gráficos. Con ellos generaron imágenes cada vez más complejas y detalladas, en color y en movimiento, que exhibían agujeros negros observados desde toda clase de ángulos y distancias. La difusión de estas obras tuvo un alcance desigual. Algunas se mostraron en congresos científicos y se discutieron en artículos de investigación. Otras se llegaron a proyectar en planetarios o se subieron a Internet. En cualquier caso, el grueso de la población no se apercibió, como es lógico, de la creación de todo este nuevo imaginario. A lo sumo, lo hizo la comunidad de aficionados a la divulgación científica.

Mientras tanto, los remolinos cósmicos siguieron campando a sus anchas en las pantallas de cine y televisión. Los podemos encontrar en el episodio «Cuestión de tiempo», de la serie *Stargate SG-1* (1998), en el piloto de la serie *Andrómeda* (2000) o en la nueva versión de *Star Trek* de Jeffrey Jacob Abrams (2009). La alternativa más popular al Maelstrom fue el disco negro, estilo *Space: 1999*. Rara vez el departamento de arte se apartaba de esta incipiente tradición iconográfica y, cuando lo hacía, generaba imágenes desconcertantes, como el colosal ojo de iris dorado y pupila nebulosa que todo lo devora en «El planeta imposible», una entretenida aventura protagonizada por la décima encarnación del doctor Who en 2006. El planeta imposible era, por cierto, un blaneta. Todas estas películas y series aplicaron el corta y pega a partir de producciones anteriores e ignoraron alegremente todo lo que habían aprendido los astrofísicos sobre el aspecto de los agujeros negros. Algo muy distinto sucedía por la misma época con la ciencia ficción escrita, en la que ya podemos encontrar descripciones rigurosas, debidas a autores con una sólida formación científica. Es el caso de «Aproximación al perimelasma», por ejemplo, o de «El buceo de Planck», dos relatos de 1998. El primero lo escribió Geoffrey Alan Landis (físico e ingeniero) y el segundo, Greg Egan (matemático). «Perimelasma» es el término que inventó Landis para designar la posición más próxima a un agujero negro de un cuerpo que lo esté orbitando (se inspiró en la unión de dos palabras griegas: *peri*, «cerca», y *melas*, «negro»).

En el terreno audiovisual, la transferencia de conocimiento no se produjo realmente hasta el estreno de *Interstellar*, en cuyos títulos de crédito descubrimos el nombre de un discípulo aventajado de John Wheeler: Kip Thorne.

BREVE INTERLUDIO MUSICAL

> *Por ser amable, dejaste atrás todas tus noches golfas./ Ahora atraviesas una crisis muy común./ Todo está en orden en un agujero negro,/ aunque nada parece tan hermoso como el pasado./ A ese Bloody Mary le falta tabasco. ¿Te acuerdas de cuando eras una gamberra?*

Arctic Monkeys, *Fluorescent Adolescent*

Cuesta imaginar algo menos emocional que un agujero negro, lo que quizá explique su discreta presencia en las composiciones musicales. Pocos letristas de baladas han sentido el impulso de recurrir a la imagen de una singularidad. Los horizontes de sucesos escasean en la música pop y pocos reguetones se internan en geometrías espaciotemporales comprometidas. Con todo, decía Friedrich Nietzsche en *Aurora* que el oído es el órgano del miedo. Suponía que este sentido había alcanzado su máximo desarrollo en la oscuridad de los bosques y cavernas, para una humanidad primitiva y amedrentada, atenta al más leve sonido que pudiera revelar el acecho de un depredador. Así, el aspecto más angustioso y amenazador de los agujeros negros ha encontrado su espacio en estilos musicales más dados a explorar sentimientos sombríos. En la discografía del rock —sobre todo de aquellas bandas que experimentaron con mayor o menor fortuna con el rock progresivo—, son más abundantes los ejemplos y comparecen casi siempre como metáforas para expresar estados de ánimo depresivos. Cumplen esa labor en «Shine On You Crazy Diamond», que Pink Floyd dedicó a uno de sus miembros fundadores, Syd Barret, que se vio obligado a abandonar el grupo ante el rápido declive de su salud mental.

> ¿Recuerdas cuando eras joven?
> Brillabas tanto como el Sol.
> Sigue brillando, loco diamante.
>
> Ahora hay en tus ojos una mirada
> como de agujeros negros en el cielo.
> Sigue brillando, loco diamante.

Parece apropiado que un grupo como Kiss —cuyos miembros se disfrazaban y adoptaban personalidades teatrales, con sobrenombres como el Hijo de las estrellas o el Astronauta— recurriera a agentes astrofísicos para intentar transmitir un abatimiento que no podría aliviar ni una triple dosis de Prozac:

> Voy perdiendo fuerzas y no sé por qué.
> No estoy muy seguro de si voy a vivir o de si moriré […].
> Hacia el vacío.
> Siento como si me estuvieran arrastrando al interior de un agujero negro.

«Black Holes (Solid Ground)», del dúo canadiense The Blue Stones, tampoco sonaría como música de fondo en el teléfono de la esperanza:

> Deshecho, así trato de no perder el equilibrio.
> Empapo mis heridas en yodo.
> Se me acaba el dinero, se me acaba el tiempo.
> Vuelo bajo como una flecha rota.
> El tiempo corre más despacio, mi visión se reduce.

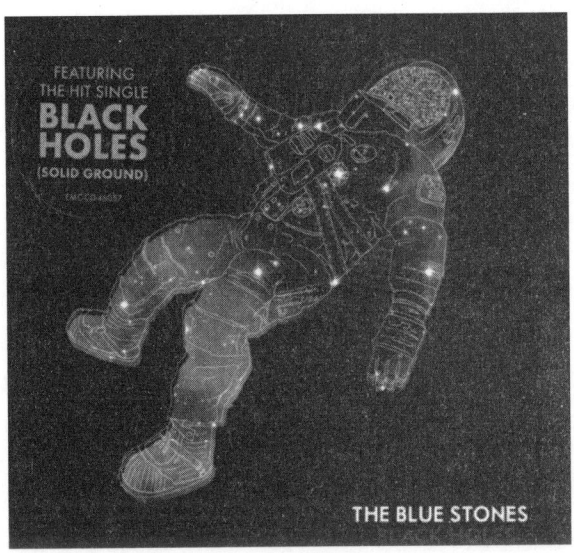

Portada del disco Black Holes, de 2015, del grupo The Blue Stones. Fuente: Entertainment One.

Se me acaba el dinero, se me acaba el tiempo.

Cantad con el corazón, cantad con fuerza.
Hacedme feliz, haced que me sienta orgulloso.
Agujeros negros, tierra firme.
Agujeros negros, tierra firme.
Mil voces los liberan,
porque me está matando este silencio.

Al oír una canción, nuestra mente suele prestar más atención a la música que a la letra, así que muchos creyeron que el tema más popular de Soundgarden, «Black Hole Sun» —todo un himno del movimiento *grunge*—, era optimista. La ilusión se intensifica en la dulce versión al piano de Norah Jones, pero se desvanece en cuanto uno presta un poco de atención a lo que está cantando:

Ante mis ojos, indispuesta,
con disfraces que nadie conoce,
esconde el rostro, yace la serpiente.
En el sol, en mi desgracia,
un calor abrasador, un hedor de verano.

Bajo lo oscuro, el cielo parece muerto.
Pronuncia mi nombre a través de la nata
y te oiré gritar de nuevo.
Sol de agujero negro,
¿por qué no vienes
y barres la lluvia?
Sol de agujero negro,
por qué no vienes.
Por qué no vienes.
Por qué no vienes.

Un grupo tan aficionado a los temas apocalípticos como Muse tampoco podía dejar de lado los agujeros negros —cuanto más grandes, mejor— y así los convirtieron en los protagonistas del primer sencillo de su cuarto álbum, «Supermassive Black Hole». Una canción de amor tóxico y despecho que recurre al colapso gravitatorio para evocar una sensación de catástrofe inminente. El efecto se potencia asociando los agujeros negros con el cambio climático. Forman una pareja perfecta.

¡Oh, cariño! ¿No sabes cuánto sufro?
¡Oh, cariño! ¿No me oyes gemir?
Me atrapaste con falsas promesas.
¿Cuándo vas a dejar que me vaya?

Glaciares que se derriten al morir la noche
y superestrellas que succiona el
agujero negro supermasivo.

Más escasas son las canciones que no buscan en los agujeros negros una alegoría para estados terminales del desánimo, sino que se detienen en su verdadera naturaleza astronómica. En el capítulo anterior, ya mencionamos una de las muestras más notables de esta especie, los dos temas oceánicos que Rush dedicó a Cygnus X-1. La obra de este grupo canadiense ejerció una poderosa influencia en el músico neerlandés Arjen Lucassen, que llevó la fusión de viajes espaciales y rock progresivo a su máxima expresión con *Ayreon*, todo un universo de ciencia ficción orquestal, habitado por muy diversas composiciones. Entre ellas figura «Flight of the Migrator», una ópera rock que narra el viaje, entre astral y astrofísico, del último superviviente de la especie humana. En su odisea cósmica, se cruzará con supernovas, estrellas de neutrones y un agujero negro casi tan célebre como Cygnus X-1: el monstruo supermasivo que alimenta el cuásar 3C 273, situado en la constelación de Virgo.

En la poesía, los agujeros negros han interpretado un papel semejante al que suelen asignarles los letristas de las canciones: un depurado símbolo del pozo sin fondo, no gravitatorio en este caso, sino del desaliento. Emily Dickinson había dado el mismo uso al abismo del Maelstrom. Aunque también ha habido poetas que han recurrido a la lírica para manifestar un interés genuino por la ciencia. Estos autores pertenecen a la misma estirpe que William Carlos Williams o E. E. Cummings que, como vimos en el segundo capítulo, reflejaron en sus versos una curiosidad legítima hacia la relatividad. A ese distinguido linaje pertenece, por ejemplo, Clara Janés. Sin embargo, la mayoría de los músicos y poetas solo han visto en los agujeros negros una figura retórica nueva, sin ningún anclaje material ni visual, una herramienta expresiva más que añadir al juego del lenguaje. Si el azar cruzara en su camino un agujero negro, muy probablemente no lo reconocerían. Ninguna de sus composiciones se resiente lo más mínimo por ello.

CINE Y RELATIVIDAD GENERAL: UNA CITA A CIEGAS

> *Igual que sucede con los unicornios y las gárgolas, parece que los agujeros negros encajan mejor en el ámbito de la ciencia ficción y los mitos antiguos que en el universo real.*

Kip Thorne, *Agujeros negros y tiempo curvo*

A pesar de las apariencias, la ciencia ficción suele hablar más del presente que del futuro. Con todo, aunque no tenga verdadera vocación de profeta, a veces sus vaticinios se cumplen. Muchos inventos increíbles que hicieron volar la imaginación de los lectores de *Amazing Stories, Astounding Stories* o *Science Wonder Stories*

—compartiendo espacio con alienígenas, dimensiones alternativas o plantas mutantes— se terminaron haciendo realidad mucho antes de lo esperado. A medida que el siglo xx maduraba, las relaciones entre ciencia e imaginación se fueron volviendo más estrechas. Las aplicaciones tecnológicas introdujeron los avances científicos en la vida cotidiana de las personas y, por tanto, también en sus sueños. En las décadas de 1960 y 1970, la ciencia ficción se había consolidado ya como uno de los pilares del entretenimiento, gracias sobre todo al concurso del cine y la televisión. Su popularidad sirvió para despertar numerosas vocaciones científicas en niños que siguieron cultivando su afición al llegar a la edad adulta. La figura del profesional que simultaneaba su trabajo de ingeniero, físico o biólogo con una carrera más o menos intensa como autor de ciencia ficción se fue volviendo cada vez menos anómala. La imagen que estos científicos se habían formado de la ciencia procedía, en buena medida, de las historias que habían leído o visto en una pantalla siendo muy jóvenes. En justa correspondencia, cuando crecieron contribuyeron a modificar la imagen del género, al volcar en él como autores la experiencia que habían ganado en los laboratorios o la universidad.

Estas idas y venidas, estos trasvases entre fantasía y experiencia, volvieron más borrosas las fronteras que separaban la ciencia de la ficción, dando lugar a amplios espacios en los que ambas podían integrarse y coexistir. En este contexto, a nadie extraña que James Cameron, uno de los directores que más ha hecho por renovar el cine de ciencia ficción (*Terminator, Aliens, Abyss, Avatar...*), comenzara a estudiar la carrera de física. O que uno de los mayores expertos en relatividad general, Kip Thorne, discípulo de John Wheeler y ganador del Premio Nobel de Física de 2017, interpretara un papel significativo en la génesis de dos hitos de la ciencia ficción popular: *Contact* e *Interstellar*.

No resulta exagerado afirmar que Kip Thorne ha consagrado su vida a la relatividad general. La teoría de la gravedad de Einstein captó su interés desde muy pequeño, después de que cayera en sus manos un libro de divulgación escrito por George Gamow, *Un, dos, tres... infinito*. Nada más obtener el grado de física en el Instituto Tecnológico de California, Thorne se propuso completar un doctorado en relatividad general, desoyendo el coro de voces piadosas que le advertían de que pocas áreas de investigación podía escoger que le ofrecieran peores perspectivas laborales. Si se empeñaba en seguir esa senda, se convertiría en un paria, en un excéntrico marginal del mundo académico. Huyendo del desánimo, sus pasos lo condujeron inevitablemente a la escuela que John Wheeler había fundado en Princeton. El gran gurú de la relatividad y sus discípulos lo recibieron con los brazos abiertos y calmaron su sed de paisajes espaciotemporales extremos, agujeros negros y singularidades. El propio Wheeler ofició como director de su tesis, que defendió en 1965, centrada en la exploración de espacio-tiempos con simetría cilíndrica.

Retrato de Kip Thorne. Fuente: Caltech Archives.

En Princeton, Thorne también frecuentó la compañía de Robert Dicke y se dejó contagiar por su ambición de ampliar el soporte experimental de la teoría de Einstein. Otro investigador, que se encontraba entonces de visita en Princeton, Joseph Weber, le reveló la existencia de una nueva vía para poner a prueba las ecuaciones de la relatividad general: la detección de ondas gravitatorias. Thorne se llevó de vuelta al Instituto Tecnológico de California el entusiasmo de Wheeler y Dicke, y la visión de Weber, y fundó en la Costa Oeste su propio grupo de investigación. Muy pronto se estableció como una figura de referencia en el campo de la astrofísica relativista, tanto en el frente teórico, explorando ideas con una fuerte carga especulativa, como en el experimental, colaborando de manera decisiva en el desarrollo de una incipiente tecnología para la detección de ondas gravitatorias, basada en el fenómeno de la interferencia. El coste de este último proyecto se fue incrementando hasta desbordar la capacidad presupuestaria del Instituto Tecnológico de California. A Thorne no le quedó más remedio que asociarse con la competencia, con otro proyecto muy semejante que estaba promocionando el MIT. Fusión que condujo, a través de un sinfín de conflictos y vicisitudes, a la construcción de LIGO (sigla en inglés de *laser interferometer gravitational-wave observatory*, es decir, «observatorio de ondas gravitatorias mediante interferometría láser»).

LIGO acabaría por convertirse en una obra digna de un faraón, la más cara financiada hasta la fecha por la Fundación Nacional para la Ciencia de Estados Unidos. Por suerte para sus instigadores, también se cobró uno de los mayores éxitos científicos del siglo XXI. El 14 de septiembre de 2015, LIGO participó en la celebración del centenario de la teoría de la relatividad general de Einstein con la primera detección de una onda gravitatoria, producida durante la colisión de dos agujeros negros. Si había una noticia capaz de sacar a John Wheeler, Joseph Weber y Robert Dicke de sus tumbas, era esa. El acontecimiento le valdría a Thorne el Premio Nobel de Física de 2017. Echando la vista atrás, no hizo tan mal al desoír a los agoreros que en sus tiempos de estudiante habían presagiado su muerte profesional en el campo de la relatividad general.

¿Qué llevó entonces a este brillante investigador a sacar las ecuaciones relativistas del puro y elevado santuario de las revistas científicas para arrastrarlas por el lodo del puro entretenimiento? ¿Cómo un físico de su prestigio fue captado para la causa más abyecta, la de alimentar la ilusión de que los viajes a otras galaxias resultan viables o de que es posible visitar el corazón de un agujero negro y regresar para contarlo? Toda la culpa recae sobre un sospechoso habitual de iconoclasia científica. Toca llamar al estrado a Carl Sagan.

A lo largo de su vida, Sagan se implicó en una asombrosa variedad de proyectos, que le permitieron dar rienda suelta a una curiosidad polifacética e infatigable. Dos puntos de anclaje le ayudaron a no perderse en el laberinto de su hiperactividad: su obsesión por la astronomía y su puesto de profesor en la Universidad de Cornell. Su interés por la ciencia despertó a través de la ficción. Primero, con la lectura temprana de las obras de Herbert George Wells y Edgar Rice Burroughs; poco después quedaría deslumbrado por la corte de escritores que nutrían las páginas de la revista *Astounding Science Fiction*. Burroughs fue uno de los grandes artífices de la cultura popular del siglo xx, sobre todo gracias a la creación del personaje de Tarzán, que supo sobreexplotar a través de toda clase de medios extraliterarios, con particular éxito en el cine y los comics. Sus novelas del ciclo de Barsoom, ambientadas en Marte y protagonizadas por John Carter, supusieron la vía de entrada a la ciencia ficción para varias generaciones de autores, como Ray Bradbury, que llegó a saludarlo como «el escritor más influyente en toda la historia del mundo». Sin necesidad de compartir el entusiasmo hiperbólico de Bradbury, se puede detectar la huella de Burroughs en un vasto linaje de personajes y mundos de fantasía, que podría arrancar en Buck Rogers, Superman o Flash Gordon y extenderse hasta *Avatar*. Nada tiene de extraño, pues, que Carl Sagan sucumbiera al encanto de Barsoom:

> Para trasladarse al planeta Marte, a [Carter] le bastaba con plantarse en un campo abierto, extender los brazos y expresar su deseo. Al menos, eso es todo lo que conseguí desentrañar acerca de cuál era su método. Y a una edad temprana, a los ocho o nueve años, traté con verdadero ahínco de someter el método de Carter a una prueba experimental. Dio igual cuánto lo intentara, siempre fracasé... puede que no del todo para mi sorpresa, aunque todas las veces pensé que tenía una posibilidad de éxito.

Aunque se vio forzado a descartar la estrategia de John Carter, el anhelo de viajar a otros planetas nunca abandonó a Sagan. Durante muchos años, un póster del Marte de Burroughs colgaría en el pasillo que conducía a su despacho en la Universidad de Cornell. Esta exposición inicial a las aventuras ambientadas en otros mundos se vio reforzada por las primeras oleadas de la histeria OVNI que azotó Estados Unidos durante la Guerra Fría. Con el tiempo, el espíritu crítico también desmontaría la fe de Sagan en los platillos volantes, pero no en la vida extraterrestre. En la ciencia encontraría vías más confiables para viajar a otros planetas con la imaginación. Dio un primer paso, medido y cauteloso, en esa dirección con su tesis doctoral: *Estudios físicos de los planetas*. Pronto se dejaría llevar por el deseo de explorar vías más heterodoxas. Sagan prestaba atención a la razón, pero también a su intuición, lo que le condujo a especular libremente, obteniendo como resultado aciertos notables e ideas un tanto peregrinas. Su obsesión por hallar vida fuera de la Tierra le impulsó a buscarla en cualquier rincón del sistema solar, aun en los más inhóspitos, ya fuera la superficie de la Luna, Júpiter, las nubes de Venus o Mercurio. Sus mayores logros se produjeron en el estudio de las atmósferas planetarias. Contribuyó a explicar los cambios estacionales de Marte, las elevadas temperaturas en la superficie de Venus y la niebla anaranjada de una de las lunas de Saturno, Titán.

El encanto irresistible de Sagan y su facilidad de palabra fueron un imán que atrajo multitudes. También le granjeó las inevitables envidias de un cierto sector del mundo académico, sobre todo después de que la serie *Cosmos* —el programa más visto de la televisión pública estadounidense— lo catapultara a la categoría de icono de la cultura popular, no a la altura de Tarzán, pero casi. Sagan encarnó la más efectiva campaña de publicidad a favor de la NASA, de la exploración espacial y de la búsqueda de vida fuera de nuestro planeta. En un momento delicado, en el que se miraba con suma desconfianza a los físicos —que habían sumido al mundo, sin pedirle permiso, en el pánico nuclear—, Sagan renovó la fascinación por la ciencia desviando la atención hacia las estrellas.

X, Instagram, LinkedIn... no hubieran introducido grandes cambios en la vida de Carl Sagan. Él mismo era una red social ambulante, que lo mismo podía presentarte a Paul Newman que al dalái lama. No tiene, por tanto, nada de particular que a lo largo de los años fuera

Retrato de Carl Sagan. Fuente: Foto de Eduardo Castaneda.

forjando una amistad con Kip Thorne. Un continente los separaba. Sagan vivía en Nueva York y Thorne en California, pero ambos iban y venían de una costa a otra de Estados Unidos. Sagan se desplazaba a menudo al Laboratorio de Propulsión a Reacción para trabajar en las misiones Mariner, Viking, Voyager y Galileo, que enviaron sondas espaciales a casi todos los planetas del sistema solar. El Laboratorio de Propulsión a Reacción se encontraba en Pasadena, sede también del Instituto Tecnológico de California. Por su parte, Thorne fue profesor visitante en Cornell. Ambos cultivaban el mismo campo, la astrofísica, pero lo hacían desde márgenes opuestos.

Prueba de que la relación entre los dos científicos se había vuelto estrecha es que, en septiembre de 1980, Sagan le propuso a Thorne una cita a ciegas con una de sus mejores amigas, Lynda Obst. Thorne llevaba entonces tres años divorciado y arrastraba todavía la resaca emocional de un matrimonio que había durado diecisiete y en el curso del cual habían nacido sus dos hijos, Bret y Kares Anne. Por su parte, Obst se encontraba en un punto de inflexión profesional que, entre otras cosas, también había precipitado su divorcio. Había dejado atrás su puesto como editora en *The New York Times* para trasladarse a Los Ángeles y trabajar en una productora de cine. Allí se encargaba de valorar la pila de guiones que descargaban a diario en el correo y andaba a la caza de toda clase de ideas que pudieran inspirar una buena película. Como parte de estas labores de prospección, le propuso a Sagan que desarrollara una historia en la que se plasmara su visión de la búsqueda científica de vida extraterrestre. Sagan no pudo decir que no a una oferta que, de algún modo, cerraba un círculo muy personal. Un círculo que arrancaba en las aventuras de ciencia ficción que lo habían engatusado de niño con la posibilidad de vida en otros mundos. El testigo había pasado de la ficción a la investigación científica y ahora regresaba a la ficción, que le permitiría cumplir anhelos inconfesables que la prosaica realidad de la investigación no había logrado satisfacer. En la historia que desarrollaría con Obst, *Contact*, una radioastrónoma, Ellie Arroway, ve realizado el sueño de Sagan y detecta una señal de origen extraterrestre, que procede del entorno de una de las estrellas más brillantes del firmamento, Vega, situada a unos veinticinco años luz del Sol.

La historia describe, desde una perspectiva plausible para un científico, cómo sería un primer contacto con una civilización extraterrestre y el subsiguiente viaje de Ellie Arroway hasta Vega. Es decir, se trata, en esencia, de la vieja fantasía *pulp* que había cautivado a Sagan en su niñez, pero depurada de toda la escoria de científicos locos, violaciones flagrantes de las leyes físicas, alienígenas con delirios imperialistas y tecnologías abracadabrantes que harían rechinar los dientes a cualquier astrónomo profesional. Mantener este equilibrio entre rigor y fantasía no fue nada fácil de conseguir. «En mi vida he hecho nada más difícil», recordaría Obst. «Fue un ejercicio socrático agotador. Intenté infundir en Carl las reglas del drama que debe seguir cualquier guion de cine, pero él era tan crítico que no me dejaba». Después de un largo tira y afloja —en el que también tuvo una participación crucial Ann Druyan, coguionista de *Cosmos*, que más tarde se casaría con Sagan—, consiguieron completar un tratamiento de sesenta páginas y mantener su amistad intacta. El argumento encantó al jefe de Obst, que quiso comprarlo de inmediato. A continuación, *Contact* siguió el camino de tantos otros proyectos cinematográficos que tratan de abrirse camino en Los Ángeles y pasó por las manos de incontables guionistas que dieron lo mejor de sí mismos para volver completamente irreconocible el concepto original.

Mientras el tratamiento se perdía en el acostumbrado limbo hollywoodiense, Sagan decidió explorar la idea por su cuenta y se sentó a escribir una novela. Llama la atención que en la médula de *Contact* encontramos una historia muy semejante a la de «El siseo cósmico» de Edmond Hamilton, aunque su forma de abordarla no pueda resultar más diferente. En el mensaje que recibe Ellie Arroway se cifran las instrucciones detalladas para que los científicos terrestres construyan una máquina. Hamilton incorporó un solo ingrediente de ciencia genuina en su relato, el descubrimiento de Jansky de ondas de radio de origen extraterrestre. Ondas que llegaban, por cierto, desde Sagitario A*, el agujero negro supermasivo situado en el centro de nuestra galaxia. Curiosamente, Ellie Arroway detecta su señal procedente de Vega gracias a una red de radiotelescopios instalada en México que lleva el nombre de Jansky. Donde difieren las dos historias es en el propósito de las máquinas alienígenas. Sagan resiste la tentación de invadir la Tierra con un ejército de pulpos mecánicos autorreplicantes y, en su lugar, presenta un medio de transporte interestelar.

A todo esto, ¿qué fue de la cita a ciegas entre Thorne y Obst? El encuentro tuvo lugar en el estreno mundial de *Cosmos,* que se celebró por todo lo alto en el Observatorio Griffith de los Ángeles, una de las principales atracciones turísticas de la ciudad, gracias en gran medida a su aparición en infinidad de películas, aunque su encanto como localización tenga más que ver con la arquitectura del edificio y con las soberbias vistas que ofrece de la ciudad que con sus prestaciones astronómicas. Es en una terraza del Observatorio Griffith donde, por ejemplo, James Dean se pelea a navajazos en *Rebelde sin causa.* De un humor más romántico, también es allí donde se besan por primera vez Emma Stone y Ryan Gosling en *La La Land.* Thorne y Obst no arrancaron a volar en el planetario ni se pusieron a bailar sobre un reguero de estrellas al son de la banda sonora de Justin Hurwitz, pero tampoco acabaron a navajazos. Se cayeron bien y quedaron más veces, iniciando una relación intermitente que fue perdiendo interés romántico hasta dejar paso a una amistad.

En ese punto podría terminar la primera temporada de una serie dedicada al triángulo Sagan-Thorne-Obst. La segunda temporada retomaría a los mismos personajes cinco años después de la cita a

Fotograma de la película *Contact* de 1997, dirigida
por Robert Zemeckis. Fuente: Warner Bros.

ciegas en el Observatorio Griffith. Encontraríamos a Sagan a punto
de publicar *Contact*. El libro atraviesa su fase final de edición, la corrección de pruebas de imprenta, en la que el autor hace una última
lectura del texto a la caza de erratas, introduciendo aquí y allá alguna
pequeña corrección de estilo. Pero a medida que Sagan va leyendo,
crece un runrún de fondo en su cabeza que no le deja tranquilo, que
no tiene nada que ver con cambiar tiempos verbales o pescar faltas
de ortografía. El mecanismo que ha ideado para trasladar a sus protagonistas hasta Vega no le satisface del todo. La estrella se halla a
veinticinco años luz de la Tierra y la lógica de la narración exigía un
viaje más corto, que no convirtiera a Ellie Arroway en una jubilada
o, peor todavía, en una momia, antes de alcanzar su destino. Puestos
a pedir, vendría bien que no tardara más de una hora, para no cortar
el ritmo de la historia en un momento en el que esta se precipita ya
hacia su desenlace.

Con el fin de recortar drásticamente la duración del trayecto, Sagan había recurrido a un agujero negro, que debía ejercer las funciones de un portal dimensional, pero ahora le entraban dudas de que
pudiera desempeñar con dignidad científica el papel que le había encomendado. A fin de cuentas, él era un experto en atmósferas planetarias, no en relatividad general. ¿Por qué no consultar a alguien más

ducho en las prestaciones del espaciotiempo? ¿Por qué no levantar el teléfono y preguntarle a su viejo amigo Kip Thorne? Dicho y hecho. Sagan sorprendió a Thorne justo en el momento en el que este se dejaba caer plácidamente en la butaca de su despacho en la universidad, después de impartir la última clase del semestre. «Perdona que te moleste, Kip», le saludó Sagan, «pero estoy dando los últimos retoques a una novela que trata sobre el primer contacto entre los seres humanos y una civilización extraterrestre, y hay algo que me preocupa. Quiero que la ciencia resulte lo más correcta posible y temo haber metido la pata con la física gravitacional. ¿Podrías echarle un vistazo y decirme qué te parece?».

Dos semanas después, Thorne recibía por correo un voluminoso paquete con el manuscrito de *Contact*. Como a Sagan le corría prisa el favor, Thorne embutió como pudo el tocho en el equipaje y lo fue leyendo durante un viaje en coche desde Pasadena a Santa Cruz, tirado en el asiento de atrás, mientras su exmujer y su hijo se turnaban al volante. Los tres iban a asistir a la graduación de la otra hija del matrimonio, Kares. ¿El veredicto de Thorne? «La novela era entretenida, pero Carl, en efecto, estaba en apuros». Cuando al final de la novela Ellie Arroway cruzaba el horizonte de sucesos de un agujero negro, en realidad no estaba comprando un billete a Vega, como pretendía Sagan, sino al más allá. Nada podía evitar que el sofisticado vehículo alienígena que la transportaba acabara siendo aniquilado en la singularidad. Esas fueron las malas noticias del viaje de ida a Santa Cruz. En el viaje de vuelta, después de la graduación de Kares, en algún punto al «oeste de Fresno, en la autopista interestatal 5», Thorne tuvo una súbita inspiración: «Tal vez Carl podría sustituir su agujero negro por un agujero de gusano a través del hiperespacio».

Ya examinamos en el cuarto capítulo las diferencias entre los pliegues del espaciotiempo que dan forma a un agujero negro y los que dan forma a un agujero de gusano. Esta última expresión, «agujero de gusano», había sido acuñada precisamente por el director de tesis de Thorne, John Wheeler, enfatizando el papel que pueden interpretar estas estructuras como atajos espaciotemporales. ¿Cuál es el camino más corto entre dos puntos situados en extremos opuestos de una manzana? Para un gusano que se desenvuelva solo en el ámbito bidimensional de su superficie, será una curva que siga el contorno de la fruta. Pero el gusano también puede explotar el hecho de que existe una dimensión adicional y no limitarse a la superficie. Así, puede adentrarse en el volumen de la manzana y abrir un camino más corto, un atajo en línea recta (figura 10).

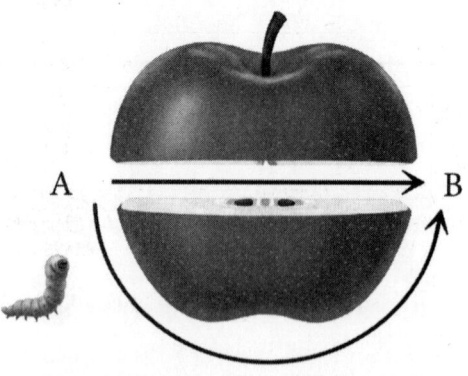

Figura 10. El juego dimensional del gusano y la manzana. Si los movimientos del gusano se restringen a la superficie de la manzana, no le quedará más remedio que contornearla para ir del punto A al punto B. Sin embargo, si tiene acceso a las tres dimensiones del espacio, podrá abrirse un atajo a través del volumen de la manzana.

Podemos extrapolar las dos perspectivas dimensionales con las que estamos considerando la manzana (limitarnos a su superficie bidimensional o aprovechar su hechura tridimensional) y aplicarlas a la geometría del espaciotiempo. Si Ellie Arroway desea trasladarse desde el sistema solar a Vega a una velocidad muy cercana a la de la luz, invertirá un cuarto de siglo aproximadamente en el trayecto. Siempre y cuando se restrinja al espacio de tres dimensiones que nos muestran nuestros sentidos. Pero ¿qué sucedería si ese espacio estuviera inmerso en un ámbito de más dimensiones? Entonces, igual que la extensión bidimensional de la piel de la manzana se curva a lo largo de una tercera dimensión, albergando en su seno atajos invisibles para una criatura que solo perciba su superficie, el espacio que conocemos podría curvarse en una cuarta dimensión, encerrando atajos que nos pasan inadvertidos. Esos atajos serían como el camino que abre el gusano a mordiscos en la carne de la manzana (figura 11). De ahí que Wheeler los denominara agujeros de gusano. Si Ellie Arroway se adentrara en ellos, podría tardar mucho menos tiempo en llegar a Vega. ¿Por qué no una hora?

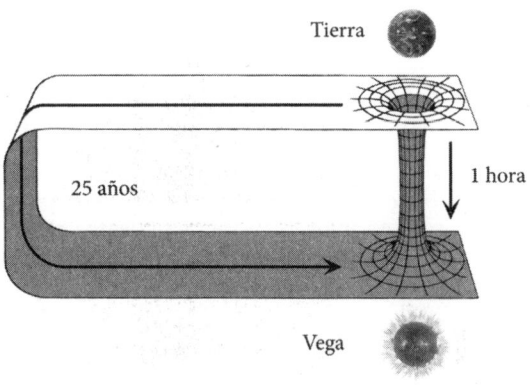

Figura 11. Recuperamos aquí el agujero de gusano de la figura 3 del capítulo 4, en este caso, adaptándolo al argumento de *Contact*.

Thorne comunicó la buena nueva a Sagan al regresar a Pasadena. «Kip me contestó con una larga carta», recordaría años después Sagan, sin poder evitar una sonrisa, «que contenía unas cincuenta líneas de ecuaciones argumentadas con todo rigor. Lo que suponía un nivel de detalle en su respuesta a mi llamada telefónica que no me esperaba». Aquellas cincuenta líneas de ecuaciones habían dictado una sentencia inapelable. La imprenta tendría que esperar. Para desesperación de los editores de *Contact*, que habían pagado un adelanto de dos millones de dólares por el libro, Sagan les pidió que retrasaran la impresión de más de doscientos cincuenta mil ejemplares que tenían programada. Acto seguido, se sentó a reescribir una decena de páginas, con el fin de transformar su agujero negro en un agujero de gusano. Si el revisor de la novela hubiera sido Edmond Hamilton, o incluso Isaac Asimov, las cosas hubieran acabado ahí. Pero Thorne era un experto en relatividad general y la resolución del problema planteado por el viaje de Ellie Arroway hizo saltar una

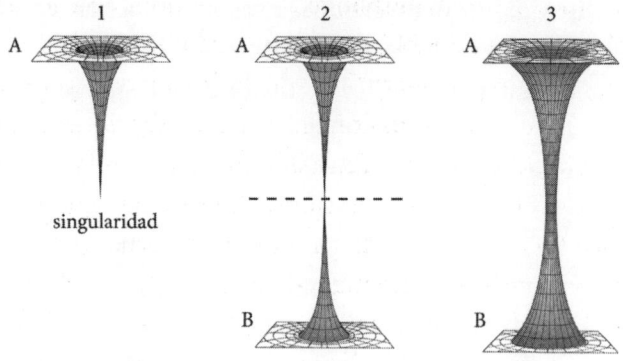

singularidad

Figura 12. El embudo espaciotemporal del agujero negro (1) se prolonga hasta perfilar un reloj de arena (2). El agujero negro se extiende así a través de su reflejo en un espejo. Al engrosar el punto de contacto de la singularidad (3), se forma un conducto que conecta dos espaciotiempos (A y B).

chispa que le llevó a cuestionarse su propia comprensión de algunas sutilezas acerca de cómo funciona el espaciotiempo einsteiniano.

De una forma u otra, los agujeros de gusano venían rondado la relatividad general desde prácticamente sus orígenes. En 1916, solo un año después de que Einstein sentara los cimientos de la teoría, el físico austriaco Ludwig Flamm había descubierto una solución a sus ecuaciones que describía un espaciotiempo peculiar. Lo que hizo fue extender matemáticamente la solución de Schwarzschild —que perfila un sumidero temporal que desagua en la singularidad—, reflejándola en un espejo. De ese modo, las paredes del pozo gravitatorio se van estrechando hasta alcanzar un punto de inflexión en el que la tendencia se invierte y comienzan a separarse cada vez más (figura 12). En el acto, toma forma un pasadizo que conecta dos espaciotiempos, A y B (o dos secciones separadas del mismo espaciotiempo). El hallazgo de Flamm fue recibido como una simple curiosidad, merecedora de una atención puntual, y se perdió entre la multitud de artículos que cada año engrosan las revistas científicas. La idea salió a flote ocasionalmente, solo para volver a hundirse en las aguas del olvido. Albert Einstein y Nathan Rosen la redescubrieron de manera independiente en 1935, por ejemplo, en un intento de desarrollar una nueva teoría atómica a base de combinar las ecuaciones clásicas del electromagnetismo de Maxwell con la relatividad general. Por ese motivo, durante un tiempo los agujeros de gusano recibieron el nombre algo más largo, pero también más honorable, de «puentes de Einstein-Rosen».

En su concienzudo escrutinio de la relatividad general, John Wheeler no pasó por alto las configuraciones espaciotemporales que habían encontrado Flamm o Einstein y Rosen. Con la ayuda de sus estudiantes, incorporó a las ecuaciones toques cuánticos y descubrió que, al hacerlo, los agujeros de gusano se convertían en estructuras dinámicas y, sobre todo, tremendamente inestables. Las leyes de la física no parecían prohibir su existencia, pero, en el caso de formarse, colapsarían de inmediato. Cualquiera que se aventurase a cruzar un puente de Einstein-Rosen, ya fuera un fotón, un átomo o una radio-astrónoma con prisas por llegar a Vega, sería aniquilado en el proceso de colapso antes de alcanzar el otro extremo.

Wheeler estaba definiendo esta imagen de los agujeros de gusano en 1962, justo cuando Kip Thorne llamaba a la puerta de su Shangri-La relativista para hacer el doctorado, así que Thorne conocía bien las conclusiones a las que había llegado su mentor. Sin embargo, en su viaje en coche de Santa Cruz a Pasadena, de manera inadvertida, se sorprendió buscando un modo de volver estables los puentes de Einstein-Rosen. Posibilidad que nunca hubiera explorado como investigador, ya que consideraba zanjada la cuestión. Con todo, las necesidades argumentales de *Contact* le empujaron a preguntarse si una civilización mucho más avanzada tecnológicamente que la nuestra podría explotar las leyes de la física para abrir atajos dimensionales transitables. Descubrió que había una manera de evitar el colapso de Wheeler. Para ello, el tejido del espaciotiempo tendría que incorporar entre sus fibras materia que él denominó «exótica». ¿Exótica en qué sentido? Para el viajero que atravesara el puente, debía presentar una densidad de energía negativa. Cumplido este requisito, las ecuaciones de Einstein permitían a la materia exótica antigravitar y generar la imagen invertida del agujero negro, la base del reloj de arena que se muestra en la figura 12.

Si la gravedad fuerza en un agujero negro de Schwarzschild a que todo converja hacia un punto, estrechando el embudo del espaciotiempo, la antigravedad hace precisamente lo contrario, que todo diverja a partir de un punto, dilatando el embudo. Este argumento parece sacado de un diálogo de *El abismo negro*, pero la mecánica cuántica admite, en efecto, la creación de materia exótica. Tampoco hay que dejarse llevar por el entusiasmo y preparar las maletas para Vega porque, de momento, en los laboratorios solo se producen cantidades ínfimas de materia exótica que, desde luego, no bastarían para cimentar la arquitectura de un agujero de gusano como el que podría transportarnos fuera del sistema solar.

El trabajo de Thorne con los agujeros de gusano no hizo sino reconocer el poder de la ficción para dar de sí los marcos conceptuales establecidos por la ortodoxia académica. En colaboración con uno de sus estudiantes de doctorado, Michael Morris, elaboró un primer artículo para dar a conocer sus hallazgos, «Agujeros de gusano en el espaciotiempo y su uso para el viaje interestelar: una herramienta para la enseñanza de la relatividad general». Lo envió a una revista de física orientada a la educación superior, amparándose, como se advierte en el título, en una pretensión didáctica que quitaba hierro a una especulación que muchos teóricos de la época podían juzgar demasiado aventurada. El mismo año, sin embargo, Morris y Thorne reincidieron con un artículo más breve en una de las revistas de investigación pura y dura más prestigiosas, *Physical Review Letters*. Para un colega de Thorne, Ígor Nóvikov, la aparición de este segundo artículo fue un regalo caído del cielo. Llevaba años queriendo abordar la física de los agujeros de gusano, pero no se atrevía a hacerlo por miedo a que lo ridiculizaran. La desprejuiciada ciencia ficción acudía así al rescate de los investigadores más imaginativos.

Después de sustituir *in extremis* su agujero negro por un agujero de gusano, Sagan entregó por fin el libro a sus editores. La espera mereció la pena. *Contact* entró como un cohete —o como una sofisticada nave interdimensional— en la lista de libros más vendidos. En 1989, cuatro años después, Lynda Obst consiguió recuperar los derechos cinematográficos de la novela. Para entonces ya se desenvolvía como pez en el agua en el inhóspito, caprichoso y a menudo traicionero ecosistema de Hollywood. Había contribuido al desarrollo de *Flashdance* y había producido *Aventuras en la gran ciudad*. «Fue un bumerán kármico maravilloso», comentó satisfecha. «Recuperamos la pieza. Y lo primero que hice fue llamar a Carl y Annie para que subieran de nuevo a bordo». Aun así, la producción de la película tuvo que atravesar todavía algunos sobresaltos. Varios directores entraron y salieron del proyecto y se barajaron diversos guiones, en los que se ensayaron algunas variaciones un tanto delirantes del argumento que Sagan había fijado ya en su novela. Por fin, las aguas volvieron a su cauce, Robert Zemeckis se hizo cargo de la dirección y las cámaras comenzaron a rodar a finales de septiembre de 1996. Para entonces Sagan, al que habían diagnosticado dos años antes una mielodisplasia, se encontraba muy enfermo. Llegó a pisar el set de rodaje y a ver cómo Jodie Foster encarnaba a Ellie Arroway, pero murió antes de que se completara el montaje definitivo de la película.

Podemos considerar el trabajo de Kip Thorne en *Contact* como un ensayo general para su principal contribución al mestizaje entre relatividad general y cine palomitero: *Interstellar*. Se advierten varios paralelismos entre la génesis de las dos películas. Thorne intervino en ambas para garantizar que la ciencia de la ficción fuera rigurosa y obtuvo como recompensa una comprensión más profunda de la física. En *Contact* hizo que eliminaran un agujero negro para sustituirlo por un agujero de gusano. En *Interstellar* no se privó de nada y se dio el gusto de incluir en el menú las dos variedades de geometría espaciotemporal. En el origen de esta segunda película volvemos a encontrar a Lynda Obst. Después del éxito de *Contact*, le tentó la idea de desarrollar una nueva historia de ciencia ficción con la ayuda de un científico profesional. Por desgracia, no podía repetir su colaboración con Sagan, que ya había muerto. ¿Qué tal resultaría el experimento con su antiguo amante y amigo Kip Thorne? El físico relativista no se hizo precisamente de rogar. De niño había vivido experiencias muy semejantes a las que había tenido Sagan con el Barsoom de Burroughs. En su caso, habían sido las novelas de Isaac Asimov y Robert Heinlein las que habían despertado su anhelo de convertirse en un científico. La vieja ambición de Gernsback —y de otros editores y autores de la ciencia ficción *pulp*— de utilizar la ficción como palanca para fomentar vocaciones científicas había funcionado a la perfección con él. Thorne estaba convencido de que el cine podía operar la misma magia. Por eso, soñaba con hacer un tipo de película muy particular:

En la que el director, los guionistas y los productores respeten la ciencia, se inspiren en ella y la integren de forma completa y convincente en la trama. Una película que ofrezca al público una muestra de las maravillas que las leyes de la física podrían, y pueden, crear en el universo, y de los grandes logros que los seres humanos pueden alcanzar al dominar las leyes de la física. Una película que despierte el interés de muchos espectadores por la ciencia e incluso, por qué no, el deseo de dedicarse a ella profesionalmente.

Steven Spielberg se entusiasmó con el primer tratamiento de *Interstellar* que le hizo llegar Obst, contrató a Jonathan Nolan para que escribiera el guion y estuvo en un tris de rodar la película. Sin embargo, otros proyectos, otros intereses contractuales, se cruzaron en su camino y lo sacaron de escena. Uno de los hermanos mayores de Jonathan, Christopher Nolan, vino a ocupar su lugar. Como es de rigor, las nuevas incorporaciones pusieron todo su afán en transformar de arriba abajo el argumento. En este sentido, *Interstellar* acabó contando otra historia, que no era la historia original de Obst y Thorne, sino una historia de los hermanos Nolan. Al mismo tiempo, no se puede decir que estos se alejaran un ápice de los deseos expresados por Thorne unas líneas más arriba.

PAGAR LOS ERRORES CON TIEMPO

> *Barcos sin marineros yacen pudriéndose en el mar.*
> *Sus mástiles se hundieron pedazo a pedazo; mientras caían,*
> *se durmieron en el abismo de aguas inertes.*
> *Las olas estaban muertas; las mareas, en su tumba./ Antes*
> *había sucumbido su amante, la luna./ En el aire estancado,*
> *se marchitaron los vientos/ y perecieron las nubes; la*
> *Oscuridad no necesitaba/ su ayuda. Ella era el universo.*
>
> Lord Byron, «Oscuridad»

El punto de partida de *Interstellar* nos sitúa en un escenario familiar para los aficionados a la ciencia ficción: el mundo tras una catástrofe global que amaga con extinguir a la humanidad. Un motivo casi tan antiguo como el género. A comienzos del siglo XX, la fantasía de una destrucción universal se solía relacionar con accidentes poco probables, como invasiones alienígenas, colisiones con la Luna o microorganismos que transformaban el mar en una enorme masa de gelatina. El progreso de la ciencia y la tecnología fue perfilando, sin embargo, causas más preocupantes. La posibilidad del apocalipsis cobró una inusitada verosimilitud mediado el siglo, tras las bombas de Hiroshima y Nagasaki. Cerca de su final, el miedo a la hecatombe nuclear encontró en la amenaza del cambio climático una fuerte competidora. Se aprecia aquí una indudable justicia poética, ya que una de las primeras fantasías apocalípticas de la literatura —al margen de mitos y religiones— es precisamente un poema de Lord Byron, «Oscuridad». Byron se inspiró para escribirlo en la erupción del volcán Tambora producida en 1815, la más poderosa de la que se tiene noticia. Igual que una gota de tinta que se dispersa en el agua, la ceniza del volcán se diseminó por la atmósfera, formando un velo sutil que bloqueó parte de la luz solar. Las temperaturas descendieron en todo el planeta, arruinando las cosechas y castigando con hambrunas a gran parte de la población del hemisferio norte. El año siguiente, 1816, sería recordado como el «año sin verano». El poema de Byron desgrana un rosario de estampas desoladoras de una Tierra helada. El Sol se ha extinguido, el fuego ha consumido los bosques, el hambre acaba por aniquilar a nuestra especie.

En *Interstellar* se dibuja una Tierra abocada al colapso ecológico, perfectamente en sintonía con «Oscuridad» y sus versos: «toda la tierra era un solo pensamiento, y ese pensamiento era la muerte». Las tormentas de arena azotan el planeta mientras las plagas se ceban en las cosechas. Quizá para los insectos o las bacterias la situación no resulte particularmente alarmante, pero la humanidad, que se muere de hambre, se encuentra en un atolladero que parece brindar una única salida: su mudanza a las estrellas. Esta exigencia del argumento se resuelve recurriendo al juguete preferido de Kip Thorne, un agujero de gusano, que muy oportunamente surge cerca de Saturno unas décadas antes de que la crisis climática nos ponga contra las cuerdas. Este portal cósmico conduce hasta un sistema planetario situado en una galaxia remota. El nuevo domicilio presenta sus ventajas e inconvenientes. Ofrece un tentador catálogo de tres planetas potencialmente habitables, pero, a cambio, la humanidad que prospere en ellos tendrá que acostumbrarse a unas vistas deprimentes. Los planetas no orbitan una estrella amigable y cálida, como nuestro Sol, sino un siniestro y colosal agujero negro: Gargantúa, que toma su nombre del gigante de las novelas de Rabelais. Este último era benévolo; el agujero negro, no lo será tanto.

Los protagonistas que recorren esta tramoya científica son un antiguo piloto de pruebas de la NASA, Joseph Cooper, interpretado por Matthew McConaughey, y sus hijos, Tom y, sobre todo, Murph. De hecho, el motor emocional de *Interstellar* es la relación entre Cooper y Murph. Antes de completar el guion, Christopher Nolan le pidió al compositor de la banda sonora, Hans Zimmer, un breve tema musical que le sirviera de inspiración. No le mencionó que pretendía rodar una película de ciencia ficción monumental. Tampoco le habló de apocalipsis climáticos, éxodos interplanetarios ni agujeros negros supermasivos. Se limitó a informarle de que la historia trataba de un padre que debía abandonar a su hijo para acometer una tarea importante. De ahí, que la mejor escena de *Interstellar* tenga lugar en el dormitorio de una granja, en el momento en el que Murph toma conciencia de la magnitud de la separación. El relato adopta, por tanto, la forma de una tragedia, en la que el héroe se ve abocado a perder a sus seres queridos a cambio de salvar a la humanidad. Solo al final, la tragedia colapsa en un *happy ending*. Muchas películas de Nolan parecen sufrir de un síndrome de hiperactividad mental y del estrés de servir a la vez a varios amos. Intenta manufacturar una superproducción para todos los públicos que reviente las taquillas y, al mismo tiempo, crear una película personal, de autor, con una narrativa sofisticada, que se adentre en profundidades existenciales. Este eclecticismo se traduce en obras que a veces exhiben un fascinante carácter poliédrico y otras producen la impresión de perder por completo el foco. En *Interstellar* la relación entre Cooper y Murph se revela como un eje vertebrador inquebrantable, capaz de soportar todas las pretensiones y motivos que Nolan quiera colgar de su película.

El viaje de Cooper resulta más movidito de lo esperado, como cabe esperar, por otra parte, de cualquier expedición ambiciosa. Y cuesta imaginar una expedición más ambiciosa que la que proponen los hermanos Nolan. La nave que pilota Cooper, la Endurance, es un arca de Noé que surca el espacio con una carga monótona y postmoderna: miles de embriones humanos congelados en los que se cifra el destino de nuestra especie. En este futuro postapocalíptico, Noé va a lo suyo y no está para preocuparse por la supervivencia de los leones o las jirafas. En cada lance de la aventura, Cooper pagará con tiempo que sacrificará a la relatividad general, haciendo cada vez más improbable el reencuentro con sus hijos. El primer planeta que visita, el más próximo a Gargantúa, se ve severamente afectado por su imponente distorsión gravitatoria, que lo vuelve inhabitable. Los efectos de la dilatación temporal son tan intensos allí que esta parada le costará a Cooper veintitrés años. Es la primera de una rápida sucesión de calamidades, que dejarán a la Endurance sin combustible. El único modo de que su cargamento de embriones alcance otro de los planetas consiste en ganar impulso explotando el pozo gravitatorio del agujero negro. Esta maniobra desesperada tiene lugar muy cerca del horizonte de sucesos y consume otros cincuenta años. Además, esta acción exige el contrapeso de una reacción, que fuerza a Cooper a precipitarse al corazón del agujero negro mientras la Endurance escapa. La escena recuerda el desenlace de *Pórtico*.

Los guionistas dan aquí un golpe de timón argumental para que Cooper esquive una muerte atroz en la singularidad —el final que, sin duda, hubiera preferido un dramaturgo de la antigua Grecia— y dirigirlo en su lugar hacia un... teseracto. ¿Hasta qué punto resulta inverosímil este giro de los acontecimientos? Hay que reconocer que, a estas alturas de la película, pasadas dos horas de épica descontrolada, aturdidos por la música de Hans Zimmer, las impactantes imágenes en 4K de Gargantúa y el carisma de Matthew McConaughey, aceptaríamos hasta la aparición de Kung Fu Panda. También es verdad que el interior de un agujero negro que rota es más complejo que el de un agujero estático de Schwarzschild, como bien apuntamos al hablar de *El día después de mañana*, de Gerry Anderson. Dijimos entonces que en un agujero de Kerr la singularidad no se reduce a un punto, sino que se extiende a lo largo de un anillo. Esta nueva arquitectura espaciotemporal abre una tímida puerta al turismo dentro de los agujeros negros, con visitas guiadas que no tendrían por qué acabar forzosamente en tragedia. Mucho se ha debatido al respecto y la cuestión no es fácil de dilucidar, sobre todo si tratamos de introducir un flujo de materia —o astronautas— en las ecuaciones.

Sea como fuere, Gargantúa esconde una perla, un teseracto. El símbolo místico y matemático del acceso a dimensiones superiores se presenta como una tabla de salvación inesperada, una vía de salida del agujero negro, para, al abrigo de un cierto abracadabra pseudocientífico, posibilitar *in extremis* el reencuentro de Cooper con una centenaria Murph. El juego del tiempo, que desgarraba al espectador mientras asistía a la separación irreversible entre padre e hija, se resuelve así con una ligera sensación de trampa. Sin embargo, aquella fracción de la audiencia que todavía no se haya rendido al cinismo celebrará el hábito hollywoodense de no dejar un mal sabor de boca con sus superproducciones, sobre todo después de retener al respetable en su butaca durante casi tres horas.

Si Arthur C. Clarke se inspiró, en efecto, en un agujero negro a la hora de caracterizar el monolito que orbita Júpiter en *2001: Una odisea del espacio,* ese movimiento habría propiciado una interesante carambola. Nolan ha reconocido la influencia de Kubrick en *Interstellar* y el paralelismo entre el acceso de David Bowman al interior del monolito y la entrada de Joseph Cooper en Gargantúa resulta evidente. La misma afinidad se advierte en la manera que tienen las dos películas de representar el tránsito de un ámbito físico a otro metafísico. La caída en un agujero negro habría inspirado así la entrada en un monolito negro que, a su vez, habría inspirado la caída en un agujero negro. Un juego de referencias cruzadas cuya dinámica enriqueció el imaginario de estos hijos de la singularidad y su imbricación en la cultura.

Al mismo tiempo que nos cuenta su conmovedora historia de un padre que debe renunciar a sus hijos para salvar a la humanidad, *Interstellar* funciona como un vehículo de divulgación científica particularmente eficaz, tanto de aspectos que sí se pueden rastrear en ficciones anteriores como de otros que se presentan aquí por primera vez ante el gran público. En la película encontramos los dramáticos efectos de la dilatación temporal causada por la gravedad, algunas pinceladas de mecánica cuántica, espacios con más de cuatro dimensiones, agujeros de gusano artificiales, bucles temporales, fuerzas de marea, blanetas, teorías del todo, mecanismos de Penrose... Pero, sobre todo, *Interstellar* imprimió en nuestras retinas la imagen icónica de los agujeros negros. El carácter de canon visual de Gargantúa solo le ha sido disputado, muy relativamente, por la propia realidad, por la primera imagen de un agujero negro, obtenida a partir de los datos de la red de radiotelescopios de la colaboración EHT. En cualquier caso, la rotunda espectacularidad de Gargantúa, que toma al asalto los sentidos con la abrumadora banda sonora de Hans Zimmer de fondo, gana la partida al borroso dónut incandescente de M87, aunque solo sea a los puntos.

A veces se ha dicho que hasta *Interstellar* no se había producido una imagen veraz de un agujero negro. Ya sabemos que, fuera del ámbito del cine y la televisión, esa afirmación es falsa. Como tuvimos ocasión de comprobar al comienzo del capítulo, unos cuarenta años antes del estreno de la película, los físicos ya se habían formado una idea bastante aproximada de lo que observaría un astronauta que se aproximara con precaución a un horizonte de sucesos. La calidad de la representación y la riqueza de sus detalles es harina de otro costal, claro. El estudio de efectos especiales Double Negative recibió el encargo de generar las memorables escenas presididas por Gargantúa. Un equipo de cuatrocientas cincuenta personas se puso a disposición del arte de Christopher Nolan y la ciencia de Kip Thorne. Para descifrar y procesar esta última, más críptica, contaban con la mediación del jefe científico del estudio, Oliver James, que, por fortuna, venía armado con un grado en física. Thorne suministró explicaciones, ecuaciones relativistas y código, una auténtica avalancha de información que los técnicos de Double Negative supieron digerir y traducir a lenguaje cinematográfico. Plasmaron las distorsiones de lente gravitacional y la dinámica del flujo gaseoso del disco de acreción en ultra alta definición. Ninguna animación científica había suscitado hasta la fecha semejante ilusión de realismo, dando a un agujero negro relativista el cuerpo y la presencia necesarios, no ya para llenar una pantalla en formato IMAX, sino para desbordarla. La era de los remolinos

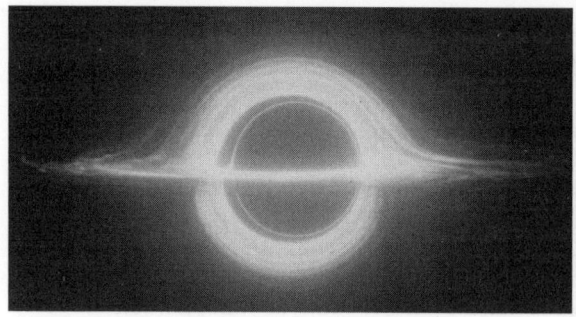

Composición de un fotograma de la película *Interstellar*
(izquierda) y de la imagen de M87 publicada por la colaboración
EHT (derecha). Fuente: Wikimedia Commons.

había concluido. Había llegado la hora de enviar al Maelstrom de vuelta a los océanos.

El hecho de que en Internet se cantaran las alabanzas de *Interstellar* con el mantra de que la película reproducía el entorno de un agujero negro con un rigor sin precedentes estimuló seguramente las críticas de Jean-Pierre Luminet a ciertos aspectos científicos de la película. Hizo particular hincapié en la visualización del disco de acreción de Gargantúa, que no incorporaba un efecto que sí refleja su dibujo a tinta china de 1978: la asimetría en su resplandor inducida por la rotación de la masa gaseosa. No se puede culpar a Thorne de esta ausencia. El código que envió a Double Negative generaba ese brillo desigual, pero Nolan consideró —no se sabe muy bien por qué— que confundiría a los espectadores y dio instrucciones para que se eliminara de las imágenes.

Luminet ha llegado a sostener que la asimetría en el brillo del disco de acreción constituye la seña de identidad de un agujero negro. El retrato de M87, compuesto a partir de los datos de la colaboración EHT, le daría en parte la razón. A pesar de su grosera falta de definición, el dónut incandescente exhibe claramente esa luminosidad desigual. Cuando el observador de un agujero negro entrecierra los ojos, pierde gran parte de los detalles de la imagen que se está formando de él, pero la asimetría permanece. Además, esa asimetría encierra un tesoro de información. Analizando las diferencias de brillo entre los extremos de la imagen de M87, los científicos han sido capaces de deducir que este agujero negro supermasivo está girando a una velocidad muy próxima a la de la luz: el espaciotiempo arrastra al disco de acreción en su rotación, forzándolo a recorrer cuarenta y dos millones de metros cada segundo.

Los esfuerzos del equipo de Double Negative fueron premiados con un Óscar y un BAFTA, pero no terminaron de convencer a Luminet. «La imagen de *Interstellar* resulta sin duda impresionante, pero no refleja qué aspecto tendría de verdad un agujero negro», fue su dictamen. En su opinión, el mismo trabajo se había hecho mejor veinte años antes del estreno de la película y no habían hecho falta cientos de técnicos en efectos especiales ni un presupuesto multimillonario. Había bastado una sola persona, provista de una computadora con una memoria RAM de 256 megabytes. En 1991, un antiguo colaborador de Luminet, Jean-Alain Marck, había realizado un vídeo en color que mostraba lo que veía un observador que describiera diversas trayectorias en torno a un agujero negro, cruzando el disco de acreción y atravesando el horizonte de sucesos. Su animación ofrecía una resolución mucho más pobre que la de *Interstellar,* faltaría más, pero en opinión de Luminet se ajustaba más a la realidad astrofísica. Entre otras cosas, porque tomaba en cuenta la asimetría en el brillo del disco de acreción.

Marck elaboró además una secuencia de imágenes de un disco de acreción captadas desde múltiples perspectivas. Si se aplica un filtro de desenfoque a una de ellas en concreto, tomada no de canto, sino desde un ángulo cenital, se obtiene algo muy parecido al anillo ardiente de M87. El trabajo de Marck se pudo ver en un documental sobre relatividad general producido para el canal de televisión francoalemán Arte y en diversos congresos de física, pero no llegó a publicarse en un artículo científico, lo que dificultó su difusión dentro de la comunidad de astrofísicos.

Un aspecto importante, que hemos omitido hasta ahora, es que el disco de acreción de un agujero negro emite luz dentro de un amplio rango de longitudes de onda, tanto visibles como invisibles. Qué tipo de radiación emita con mayor intensidad depende de una serie de factores, como el espesor del disco o la velocidad con la que esté rotando.

Por lo general, sin embargo, el grueso de la emisión se concentra en longitudes de onda que el ojo humano es incapaz de percibir. ¿Qué significado tienen entonces todas las visualizaciones de agujeros negros que circulan por Internet? Se suele asumir que son versiones adulteradas, que se elaboran asignando diferentes colores a distintas longitudes onda no visibles, para adaptar a nuestra percepción un fenómeno que de otro modo escaparía a nuestros sentidos. Esta operación de traducción se asemeja a la que llevan a cabo las gafas de visión nocturna, que detectan luz infrarroja y la muestran en un visor como luz verde. En el caso de *Interstellar*, el propio argumento de la película invalidaba la aplicación de este procedimiento.

Si la temperatura del disco de acreción de Gargantúa superase el millón de grados —como ocurre con M87, por ejemplo—, emitiría suficiente radiación de alta energía como para esterilizar los tres planetas que lo orbitan y aniquilar a la Endurance en cuanto asomara el morro fuera del agujero de gusano. Para evitar que Joseph Cooper y su precioso cargamento de embriones acabaran achicharrados, Thorne tuvo que enfriar el disco. ¿Cómo lo consiguió? Adelgazándolo. Debilitó el flujo de materia gaseosa en torno a Gargantúa, hasta dejarlo a la misma temperatura que la superficie de una estrella común, volviendo visible en el acto gran parte de su luz. Eso sí, en lugar de tumbarse a tomar el sol, la nueva humanidad tendrá que conformarse con tumbarse a tomar el disco de acreción.

Interstellar enriqueció y contribuyó a poner al día la cultura astronómica de millones de espectadores. El trabajo de Thorne, Nolan y Double Negative fijó en la mente del gran público la imagen moderna de los agujeros negros. Después de salir del cine, el aficionado que viera una película como la nueva versión de *Star Trek* de Jeffrey Jacob Abrams —estrenada tan solo cinco años antes— sentiría que estaba admirando una reliquia. De golpe, *Interstellar* volvió anticuadas todas las representaciones populares de agujeros negros ensayadas hasta el momento, desde la esfera negra de *Space: 1999* a los remolinos de *El abismo negro* o Stargate SG-1. Por no hablar de las descripciones de *Pórtico* o «La máscara del desplazamiento al rojo», que quedaron directamente relegadas al Pleistoceno.

Interstellar fijó un nuevo estándar de lo que se podía considerar aceptable a la hora de mostrar un agujero negro en una pantalla. Hay quien opina que producciones posteriores lo hicieron incluso mejor, como es el caso de la perturbadora *High Life,* escrita y dirigida por la francesa Claire Denis. Esta película de 2018 se puede considerar como el reverso tenebroso de la obra de los hermanos Nolan. Muchos personajes de *Interstellar* parecen dominados por un arrebato mesiánico, interpretan el papel de salvadores; en *High Life* todos son condenados. En la primera, los protagonistas exhiben a menudo un comportamiento luminoso y altruista; en la segunda, resultan casi siempre oscuros y depravados. La función que desempeña en la trama el agujero negro refleja estas disparidades de temperamento. Si en *Interstellar* la caída en un agujero negro suponía en realidad una elevación metafísica, en *High Life* depara una muerte espeluznante. *Interstellar* es un típico producto estadounidense, que hace todo lo que está en su mano por entretener y agradar al espectador. *High Life* es un típico producto de arte y ensayo europeo, que hace todo lo posible por aburrirlo y desagradarlo. Es muy probable que Claire Denis considerase que, a cambio de maltratar a su audiencia, también estaba mostrando más respeto por su inteligencia. En lo que respecta a la relatividad general, contó con el asesoramiento del astrofísico francés Aurélien Barrau, que se aseguró de que el disco de acreción del agujero negro se viera distorsionado por los efectos de lente gravitacional, generando la célebre curva de ala de sombrero levantada. Además, Denis consideró, con acierto, que los agujeros negros, cuanto más extraños y desconcertantes, más descolocarían e impresionarían al espectador, y no censuró como Nolan la asimetría en el brillo del disco. Así que *High Life* pasa el test de Luminet que había suspendido *Interstellar.* De hecho, algunos fotogramas de la película de Denis parecen una versión coloreada del viejo dibujo a plumilla de Luminet. Todo queda en casa. *Vive la France!*

De lo que no cabe duda es de que sin *Interstellar* los borrones oscuros y los remolinos hubieran seguido dominando los rincones más inescrutables del cosmos, quién sabe si durante décadas. Pocas obras han sabido encarnar como la película ese cruce entre agujeros negros y cultura que ha servido de hilo conductor a lo largo de todo este libro.

Los agujeros negros relativistas inspiraron gran parte del argumento y sus creadores se esforzaron por tratarlos con el máximo rigor posible, sin perder tampoco de vista que se hallaban al servicio de una historia, y no a la inversa. La influencia de la ciencia en la ficción produjo una retroalimentación inesperada. El equipo de Double Negative y Kip Thorne publicaron en una revista científica un artículo en el que daban a conocer el código que habían utilizado para resolver las ecuaciones de Einstein, no para rayos de luz individuales —la técnica más extendida entre los físicos— sino para haces de rayos, ofreciendo a la comunidad de astrónomos nuevas herramientas para la visualización de los agujeros negros. De este modo, el proyecto culminó su perfecta hibridación entre ciencia y ficción.

EPÍLOGO

Todo el trabajo teórico que hemos venido explorando a lo largo del quinto capítulo sobre la iconografía de los agujeros negros —desde los inicios de Bardeen, Cunningham y Luminet hasta el *Interstellar* de Thorne— se vio refrendado por la física experimental en abril de 2019. En una hazaña que pocos hubieran considerado posible en la década de 1970, la colaboración EHT logró componer una imagen del agujero negro emboscado en el centro de la galaxia M87. Lo hizo a partir de una ínfima parte de la luz que emite su disco de acreción y que nos llega tras recorrer más de cincuenta millones de años luz. Karl Jansky y Grote Reber se hubieran sentido orgullosos de su legado. Los radiotelescopios que formaban parte de la red planetaria que registró los datos para la imagen eran los hermanos mayores de los instrumentos que ellos habían concebido y construido con sus propias manos. Los mismos instrumentos que habían identificado una enigmática fuente de radio en el centro de la Vía Láctea. Para cerrar el capítulo que Jansky y Reber habían comenzado a escribir en la década de 1930, la colaboración EHT publicó en mayo de 2022 una segunda imagen, correspondiente esta vez al disco de acreción de Sagitario A*. Cabe esperar que estos hitos observacionales sean los primeros de una larga serie, que termine por definir una imagen nítida de un agujero negro real. Está por ver si la ganancia en resolución revelará entonces discrepancias con las predicciones que dicta la relatividad. Si esas discrepancias proporcionarán pistas para una nueva física, para la fusión de relatividad general y mecánica cuántica que vislumbraron John Wheeler y Stephen Hawking.

Los agujeros negros han supuesto sucesivamente un enigma conceptual y experimental, que sigue aguardando una solución satisfactoria. Al margen de lo que determine al respecto la ciencia, los escritores, los artistas, los músicos, se han rendido ante su sombrío poder alegórico. Los agujeros negros han inspirado la metáfora perfecta de la muerte, del viaje sin retorno, del destino del que nadie regresa. Han hecho vibrar una cuerda muy semejante como símbolo del desánimo y la pérdida total de esperanza. Han dado nueva expresión al Maelstrom, un mito náutico que abandonó el océano para poner un punto de ansiedad entre las estrellas. Incluso han llegado a representar el horror absoluto, sirviendo de cauce para revitalizar en el espacio el terror gótico, lovecraftiano, como sucede en la película *Horizonte final*, donde el portal que abre la gravedad conduce al infierno. El propio Stephen Hawking reparó en que la inscripción que presidía el infierno de Dante: «Quienes aquí entráis, abandonad toda esperanza», perfectamente podía ubicarse en la frontera de un horizonte de sucesos. Quizá todo este imaginario terrible afloró en la mente del periodista de *The New York Times* que comparó el anillo de M87 con el ojo de Saurón. Hemos visto cómo la esfera recóndita del agujero negro ha inspirado también visiones menos funestas, que llegaban a rozar el éxtasis místico.

Parece incuestionable que, a pesar de su intrincada complejidad, de su naturaleza radicalmente ajena a cuanto nos pueda resultar familiar, los agujeros negros han terminado por integrarse en el acervo popular. Hoy los encontramos en boca de un desconocido en la calle, que se queja de que las actividades extraescolares de sus hijos son un agujero negro, en una canción de Muse, en una serie de dibujos animados de Netflix, en un *blockbuster*, en el logotipo de un asistente de inteligencia artificial, en un cuento infantil. La taxonomía astronómica ha ganado con ellos en sofisticación. Muy lejos quedan los tiempos en los que el mundo era un juego de construcción elemental, que se armaba solo a base de estrellas, cometas y planetas. La irrupción de la materia oscura, del entrelazamiento cuántico o de los agujeros negros confirma las sospechas de muchos filósofos antiguos de que el universo no nos depara un ámbito cotidiano, de que no está calibrado a escala humana. Los agujeros negros son una señal y emblema de esa extrañeza, de ese misterio consustancial, un recordatorio de que habitamos una porción ínfima de un cosmos inabarcable para nuestra imaginación, que nunca dejará de sorprendernos y desafiarnos.

Este libro terminó de imprimirse en el mes de febrero de 2026 en Liberdúplex, S.L. (Barcelona).